中国非物质文化遗产

都匀毛尖茶制作技艺

主　编◎宋光智　张金华　何　娟　欧平勇　张子全

副主编◎万东操　冯　霞　陈　鹏　沈远强　夏传金

ZHONGGUO FEIWUZH IWENHUA
YICHAN DUYUN MAOJIANCHA
ZHIZUO JIYI

西南财经大学出版社

四川·成都

图书在版编目(CIP)数据

中国非物质文化遗产都匀毛尖茶制作技艺/宋光智等主编.—成都:西南财经大学出版社,2020.8
ISBN 978-7-5504-4474-4

Ⅰ.①中… Ⅱ.①宋… Ⅲ.①茶叶加工—都匀 Ⅳ.①TS272

中国版本图书馆 CIP 数据核字(2020)第 140444 号

中国非物质文化遗产都匀毛尖茶制作技艺

主编 宋光智 张金华 何娟 欧平勇 张子全

责任编辑:冯雪
封面设计:墨创文化
责任印制:朱曼丽

出版发行	西南财经大学出版社(四川省成都市光华村街 55 号)
网 址	http://www.bookcj.com
电子邮件	bookcj@foxmail.com
邮政编码	610074
电 话	028-87353785
照 排	四川胜翔数码印务设计有限公司
印 刷	郫县犀浦印刷厂
成品尺寸	185mm×260mm
印 张	14.75
字 数	317 千字
版 次	2020 年 9 月第 1 版
印 次	2020 年 9 月第 1 次印刷
印 数	1— 3500 册
书 号	ISBN 978-7-5504-4474-4
定 价	35.00 元

前言
QIANYAN

中国是茶的原产地。在中国，上至帝王将相，下至平民百姓，无不以茶为好。人们常说："开门七件事，柴米油盐酱醋茶"，由此可见茶已深入社会各阶层。茶以文化面貌出现，是在两晋北朝。若论其起源就要追溯到汉代，当时已有正式文献记载(汉人王褒所写《僮约》)。最喜好饮茶的多是文人雅士。在我国文学史上，提起汉赋，首推司马相如与扬雄，这二位都是早期著名的好茶之人。司马相如曾作《凡将篇》、扬雄作《方言》，一个从药用角度，一个从文学角度都谈到了茶。晋代张载曾写《登成都楼诗》："借问杨子舍，想见长卿庐"，"芳茶冠六情，溢味播九区"，诗中也提到了茶。

而都匀毛尖，则是中国十大名茶之一，又名"白毛尖""细毛尖""鱼钩茶""雀舌茶"，是贵州三大名茶之一。都匀毛尖产于贵州都匀市，属黔南布依族苗族自治州。其外形条索紧结纤细卷曲、披毫，色绿翠。香清高，味鲜浓，叶底嫩绿匀整明亮。味道好，还具有生津止渴、清心明目、提神醒脑、去腻消食等多种功效。

2014年3月7日，全国两会期间，习近平总书记在参加贵州代表团审议时，对都匀毛尖给予高度赞誉，并做出了"关于都匀毛尖茶，希望你们把品牌打出去"的重要指示。其后，黔南州围绕"以茶兴业、以茶惠民、以茶养文"目标，出台了一系列促进茶产业发展的政策，颁布地方标准，推行立法保护，走上了规模化、标准化、品牌化、产业化发展之路，推动了茶产业的跨越式发展。都匀毛尖(国际)茶人会、华鑫杯茶艺大赛、"都匀毛尖"杯斗茶大赛、茶都匀毛尖杯制茶大赛等有影响力的活动接连举办，助力都匀毛尖发展。

本教材就是在此基础上形成的，作者通过精心设计，分别从茶树栽培技术、茶树病虫害防治技术、茶叶加工技术、茶叶审评技术、茶叶市场营销、茶叶电子商务、都匀毛尖茶文化与茶艺七个项目入手，向学生及广大读者讲解都匀毛尖茶的相关内容，具有很强的理论性和实操性。本书具体的编写分工如下：何娟、欧平勇负责撰写学习情境一，罗来银、夏传金负责撰写学习情境二,宋光智、张子全负责撰写学习情境三,宋光智、张金华负责撰写学习情境四,张金华、沈远强负责撰写学习情境五,万东操、陈鹏负责撰写学习情境六,冯霞、陈鹏、张金华负责撰写学习情境七,最后由张金华负责统稿。

本教材在编写过程中参考了众多相关书籍、文章,在此向各位作者表示感谢! 由于编者水平有限,在编写过程中难免出现一些疏漏,恳请读者予以指正,

编者

2020 年 7 月于都匀

目录
MuLu

学习情境一　茶树栽培技术

项目一　茶区分布与茶树栽培发展概述

任务目标

1. 了解世界茶区分布及主要茶叶生产国。
2. 了解中国茶区分布情况及主产茶类。
3. 了解茶树栽培简史。

任务一　世界茶区分布及中国茶区分布

1. 世界茶区概况

茶树经人工栽培、传播后，适应范围已远远超过其原始生长地区。目前世界茶树分布区域北从北纬49°的乌克兰外喀尔巴纤，南至南纬33°的南非纳塔尔，其中以北纬6°~32°地区茶树种植最为集中。世界种茶国家有60多个，主要分布在亚洲、非洲、美洲、大洋洲和欧洲。据2016年统计显示，就茶树种植面积而言，世界各茶区主要产茶国中，中国茶树种植面积居世界第一，位居世界前八的分别是中国、印度、肯尼亚、斯里兰卡、土耳其、越南、印尼和缅甸。

（1）亚洲茶区主要产茶国家

亚洲茶区的主要产茶国家有中国、印度、斯里兰卡、孟加拉国、印度尼西亚、日本、土耳其、伊朗、马来西亚、越南、老挝、柬埔寨、泰国、缅甸、巴基斯坦、尼泊尔、菲律宾、韩国、阿富汗、朝鲜等。

（2）非洲茶区主要产茶国家

非洲茶区的主要产茶国家有喀麦隆、布隆迪、扎伊尔、南非、埃塞俄比亚、马里、肯尼亚、马拉维、乌干达、莫桑比克、坦桑尼亚、刚果（金）、毛里求斯、几内亚、摩洛哥、阿尔及利亚、卢旺达、津巴布韦等。

（3）美洲茶区主要产茶国家

美洲茶区的主要产茶国家有阿根廷、巴西、秘鲁、墨西哥、玻利维亚、哥伦比亚、危地马拉、厄瓜多尔、巴拉圭、圭亚那、牙买加、美国等。

（4）大洋洲茶区主要产茶国家

巴布亚新几内亚、斐济、澳大利亚等。

（5）欧洲茶区主要产茶国家

俄罗斯、葡萄牙、格鲁吉亚、乌克兰等。

2. 中国茶区概况

我国茶区辽阔，东自东经122°的台湾阿里山，西至东经98°的西藏察隅河谷，南自北纬18°附近的海南三亚，北至北纬39°的河北太行山南麓。

依据中国茶区地域差异、产茶历史、品种类型、茶类结构、生产特点，可以将全国国家一级茶区划分为4大茶区。

（1）江北茶区

江北茶区位于长江以北，南起长江，北至秦岭、淮河，西起大巴山，东至山东半岛沿海地区。江北茶区气温低、积温少、降水少，茶树生长期短，因地形复杂，有的茶区土壤酸碱度偏高，属茶树生态适宜性区划的次适宜区，品种以灌木型中小叶种为主，抗寒性较强。

江北茶区为我国最北的茶区，以发展绿茶为主。名茶有六安瓜片、紫阳毛尖、信阳毛尖、霍山黄大茶、舒城兰花茶等。

（2）江南茶区

江南茶区位于长江以南，北起长江，南到南岭，东临东海，西连云贵高原，包括广东和广西北部，福建中北部，安徽、江苏和湖北省南部以及湖南、江西和浙江等省。江南茶区气候温暖湿润，四季分明，雨量充沛，无霜期和茶树生长期均长。茶区土壤基本上是红壤，部分为黄壤或黄棕壤，pH 值为 5.0～5.5，属茶树生态适宜性区划的最适宜区。茶树品种主要是灌木型中叶种和小叶种，也有小乔木型的中叶种和大叶种，品种资源丰富。

江南茶区以发展红茶、绿茶为主，砖茶、乌龙茶为辅，还生产白茶、黑茶以及各种特种茗茶。名茶有西湖龙井、君山银针、碧螺春、黄山毛峰、太平猴魁、武夷岩茶和庐山云雾等。

（3）华南茶区

华南茶区位于欧亚大陆东南缘，是我国最南部的茶区，包括福建和广东中南部，广西和云南南部以及海南和台湾。华南茶区南部为热带季风气候，北部为南亚热带季风气候。终年高温，常夏无冬，降水量常年在 1 200～2 000 毫米，茶区土壤大多为砖红壤和赤红壤，部分是黄壤。由于生态条件适宜，茶树生长良好，茶叶品质优良。华南茶区茶树资源丰富，品种主要为乔木型或小乔木型茶种，灌木型的茶种也有分布。属于茶树生态适宜性区划的最适宜区。

华南茶区以发展红茶、乌龙茶为主，名茶有铁观音、凤凰单枞、冻顶乌龙等。

（4）西南茶区

西南茶区位于我国西南部，米仓山、大巴山以南，红水河、南盘江、盈江以北，神农架、巫山、方斗山、武陵山以西，大渡河以东，包括贵州、四川、重庆、云南中北部和西藏东南部等地。西南茶区大部分属亚热带季风气候，水热条件优越，气温较高，阴雨天和雾日多。大部分地区是盆地、高原、土壤类型，属茶树生态适宜性区划的适宜区，品种资源丰富，栽培的茶树品种类型有灌木型、小乔木型和乔木型茶树。

西南茶区是我国最古老的茶区，也是茶树原产地，以发展红茶、绿茶和边销茶为主，还生产普洱茶和花茶。名茶有滇红、云南沱茶等。

任务二 茶树栽培简史

中国是茶树的原产地，是世界上最早发现、栽培茶树和利用茶叶的国家。世界上的产茶国，都是直接或间接将我国的茶子、茶苗引入，逐渐发展而形成产茶地，故中国被誉为世界茶叶的祖国。

1. 茶的发现、利用起始时期

秦以前（公元前221年以前）是发现、利用茶和茶树栽培的起始时期。唐代陆羽在《茶经》中记载："茶之为饮，发乎神农氏，闻为鲁周公。"他认为自茶在神农时代发现以后，就逐步加以利用。因此我们认为从发现茶开始，距今已有4 000~5 000年的历史。

2. 茶树原产地

茶树原产地位于我国西南地区，主要证据有两点。

证据一：野生大茶树的发现。

在四川南部及东南部发现树高6~14米，叶大14.4厘米×6.7厘米的野生大茶树。在贵州发现树高13米，叶大21.2厘米×9.4厘米的野生大茶树。而在云南是发现野生大茶树最多的地方。其中有寿命达1 700多年的野生茶树王。最高的野生茶树达31.2米，是目前世界上保存下来的最高茶树。

证据二：山茶属植物的地理分布。

目前，山茶属植物有200余种，其中90%以上分布于我国西南部及南部，以云南、广西及广东横跨北回归线前后为中心，向南北扩散面逐渐减少。著名植物学家张宏达认为，山茶属植物在系统发育上的完整性和分布方面的集中性，足以说明我国西南部及南部不仅是山茶属的现代中心，也是它的起源中心。

3. 茶树栽培的发展时期

公元前221年至公元589年，即秦汉到南北朝时期，这一阶段是我国有确切历史记载的茶树栽培发展时期，茶树的栽培从巴蜀扩展到整个长江中下游地区。茶叶在这一时期得到发展的原因有两个，一是秦始皇统一中国，二是佛教的传入道教的兴起，因为当时道教视茶为养生之"仙药"。

4. 茶树栽培的兴盛时期

公元581—1911年为茶树栽培的兴盛时期，经历了从隋唐到清代的历史变迁。唐代的茶叶产地就达到了与近代茶区相当的局面。至清代已形成以茶类为中心的栽培区域。茶树栽培及茶树繁殖技术也达到较为先进的水平。

5. 茶树栽培的衰落期

公元1911—1949年，即清末至新中国成立前。衰落的原因一是国外种植茶业的兴起导致中国茶产业市区市场失去竞争优势。二是国内战乱频起，致使种茶面积大幅度下降。

6. 茶树栽培的恢复和再发展时期

1949年到现在，我国建立了茶学研究和技术推广机构体系。分别建立了国家、省、地（市）各级茶叶研究所，茶叶示范场，茶树良种繁育基地，茶树种质资源圃。1952年全国大专院校进行院系调整，设立了茶学学科，专门从事茶学专业人才的培养，并设有博士、硕士、本科、专科学历教育，茶艺师、评茶员、茶叶加工工等职业技能培训教育。

思考题

1. 简述中国茶区分布概况和主产茶类及生产的主要名优茶。
2. 为什么说我国是茶树原产地？

项目二　茶树生物学特性

任务目标

1. 了解茶树在植物学上的分类地位。
2. 了解茶树的根、茎、叶、花、果等器官的生育特性。
3. 掌握各时期茶树生长发育的特性特征。
4. 掌握茶树的适生环境，为生产措施的合理制定与运用打好基础。

任务一　认识茶树在植物分类学上的地位

植物学分类的主要依据是形态特征和亲缘关系，分类的主要目的是区分植物种类和探明植物间的亲缘关系。茶树是一种多年生、木本、常绿植物，属山茶科山茶属的茶种。茶树学名为：Camellia sinensis（L.）O. kuntze。其中，Camellia是属名，指山茶属；sinensis为种名，指中国种；L. 为瑞典植物学家林奈命名的第一个字母；O. kuntze为德国植物学家孔采。（L.）O. kuntze是为茶树定名者的姓名。茶树在植物学中的分类学地位如下：

界：植物界（Regnum Vegetabile）

门：种子植物门（Sperma tophyta）

亚门：被子植物亚门（Angiospermae）

纲：双子叶植物纲（Dicotyledoneae）

亚纲：原始花被亚纲（Archichlamydeae）

目：山茶目（Theales）

科：山茶科（Theaceae）

亚科：山茶亚科（Theaideae）

族：山茶族（Theeae）

属：山茶属（Camellia）

种：茶种（Camellia sinensis）

任务二　认识茶树形态特征

茶树植株是由根、茎、叶、花、果实和种子等器官构成的整体。根、茎、叶为营养器官，既负责营养生长，也有繁殖功能；花、果实和种子是生殖器官，主要负责繁衍后代。茶树的各个器官是有机的统一整体，彼此之间有密切的联系，相互依存、相互协调。

1. 茶树的根系

茶树的地下部根系起着固定、吸收、贮藏、合成等多方面作用，也可作为营养繁殖的材料，了解与认识其生育规律是制定茶园土壤管理生产措施的重要生物学依据。

（1）根的种类

按根的发生部位分为定根和不定根。

定根：由胚根发育而成的主根及各级侧根。

不定根：由茶树茎、叶、老根或根茎处发生的根，如扦插苗形成的根。

不同时期茶树的根系形态也不同。有性繁殖的茶树，根由幼年期的直根系逐渐过渡到成年期的分生根系，而衰老期则为丛生根系。

（2）根系的组成

茶树的根系由主根、侧根、吸收根和根毛组成。

主根：由胚根发育向下生长形成的中轴根，有很强的向地性，扎入地下可达 1~2 米，甚至更深。

侧根：由主根上发生的根。按螺旋线状排列，由于主根生长速度不均衡，各土层营养条件也有差异，因此茶树的根系呈现层状结构。

主根和侧根呈红棕色，寿命长，起固定、贮藏和输导的作用。

吸收根：侧根前端呈乳白色的根，其表面密生根毛。主要作用是吸收水分和无机盐，也能吸收少量二氧化碳，寿命短，不断衰亡更新，少数未死亡的吸收根可发育成侧根。

根毛：吸收水分和养料的部位。

（3）茶树的菌根

茶树的菌根是一些真菌与茶树的共生复合体。

种类：根据菌丝在根中存在的部位不同，可分为外生菌根、内外生菌根、内生菌根。外生菌根只在表皮细胞之间延伸，内外生菌根的菌丝除在表皮细胞延伸外，有的已进入细胞内部，内生菌根的菌丝有的甚至会进入内表皮细胞。

茶树根菌的作用是分解土壤中根系无法吸收的物质，提高土壤养分利用率；保护根系不受积累在土壤中有毒物质的毒害。

2. 茶树的茎

茶树的茎上着生地上部的叶、花、果，与地下部根系相连，起着支撑、输导、贮藏等作用。不同品种茶树茎的着生状态差异较大，了解和认识其生育特点，是指导茶树树冠管理和合理利用茶树茎的依据。

（1）茶树的树型

根据分枝部位不同，将茶树分成乔木型、小乔木型和灌木型三种。

乔木型：植株高大，有明显主干。

小乔木型：植株较高大，基部主干明显。

灌木型：植株较矮小，无明显主干。

在生产上，我国栽培最多的是灌木型和小乔木型茶树。

（2）茶树的树姿

茶树的树姿是指茶树树冠类型。根据分枝角度不同，可将茶树树冠分成直立状、披张状和半披张状三种

直立状：分枝角度小（小于35°），枝条向上紧贴，近似直立。

披张状：分枝角度大（大于45°），枝条向四周披张伸出。

半披张状：分枝角度介于直立状和披张状之间。

（3）茶树枝条分类

茶树枝条按着生位置和作用分为主干、侧枝和鸡爪枝三种。

主干：由胚轴生育而成，指根茎至第一级侧枝的部位，是区分茶树类型的主要依据。

侧枝：从主干枝上分生出的枝条，依分枝级数进行命名，其中一级侧枝与二级侧枝构成骨干枝。粗度是影响茶树骨架健壮的指标之一；细枝（生产枝）是树冠面上生长营养芽的枝条，对形成新梢的数量和质量有明显的影响。

鸡爪枝：在茶树树势衰退或过度采摘的条件下，树冠表层出现的一些结节密集而细弱的分枝。

3. 茶树的芽

茶树的芽是枝叶的雏形，不同品种的芽因其的发生时间、着生部位不同，其形态结构有所不同。

茶芽一般分为叶芽（又称营养芽，发育为枝条）和花芽（发育为花）两种。

叶芽依其着生部分分为定芽（含顶芽，即生长在枝条顶端的芽，和腋芽，即生长在叶

腋的芽）和不定芽（潜伏芽，在茶树茎及根茎处非叶腋处长出的芽）。

按形成季节分为冬芽（芽较肥壮，秋冬形成，春夏发育，外部包有鳞片 3~5 片，表面着生茸毛）和夏芽（芽细小，春夏形成，夏秋发育）。

按生长状态分分为休眠芽（驻芽和尚未活动的芽。"驻芽"指停止生长的芽）和活动芽（正在膨大或展叶的芽）。

4. 茶树的叶

（1）茶树的叶分类

茶树的叶分鳞片、鱼叶和真叶 3 种类型。

鳞片无叶柄，质地较硬，呈黄绿或棕褐色，表面有茸毛与蜡质，随着茶芽萌展，鳞片逐渐脱落。鱼叶形似鱼鳞而得名。叶柄宽而扁平，叶缘一般无锯齿，或前端略有锯齿，侧脉不明显，叶形多呈倒卵形，叶尖圆钝。每轮新梢基部一般有鱼叶 1 片，多则 2~3 片，但夏秋梢基部亦有无鱼叶的。真叶是发育完全的叶片，其基本特点有：主脉明显，叶缘有锯齿，呈鹰嘴状，嫩叶背面着生茸毛。

（2）茶树真叶的外部形态

茶树真叶在外部形态上表现出多种差异。

如叶形有圆形、倒卵形、椭圆形、长椭圆形、披针形等形状。叶色有淡绿、绿、浓绿、黄绿、紫绿。叶色与茶类适制性有关。叶尖有急尖、渐尖、钝尖、圆尖。叶尖尖凹，是茶树分类依据之一。叶面有平滑、隆起、微隆。隆起的叶片，叶肉生长旺盛，是优良品种特征之一。光泽分强、弱。光泽性强属优良特征。叶缘分平展、波浪。叶质分厚、薄、柔软、硬脆。

（3）叶的解剖结构

在叶的解剖结构上，大叶种与小叶种存在着以下的区别：

大叶种：栅状组织大多数为 1 层，且排列稀疏。

小叶种：有 2~3 层栅状组织，排列紧密。

栅状组织越厚，层次越多，排列紧密，抗寒性越强；海绵组织愈发达，则内含物愈丰富，制茶品质愈佳。

5. 茶树的花

茶树的花为两性花，由花柄、花萼、花冠、雄蕊和雌蕊 5 部分组成。

花萼：位于花的最外层，由 5~7 个萼片组成。萼片近圆形，为绿色或绿褐色，起保护作用；受精后，萼片向内闭合，保护子房直到果实成熟也不脱落。

花冠：白色，少数呈粉红色。由 5~9 片发育不一致的花瓣组成，分 2 层排列，花冠上部分离，下部与雄蕊外面一轮合生在一起，花谢时，花冠与雄蕊一起脱落。

雄蕊：一般每朵花有雄蕊 200~300 枚，每个雄蕊由花药和花丝组成。花药有 4 个花粉囊，内含无数花粉粒。花粉粒为圆形单核细胞。

雌蕊：由子房、花柱和柱头三部分组成。柱头 3~5 裂，开花时能分泌黏液，使花粉粒易于黏着，而且有利于花粉萌发。柱头的分裂数目和分裂的深浅可作为茶树分类的依据之一。花柱是花粉进入子房的通道。雌蕊基部膨大的部分是子房，内分 3~5 室，每室有 4 个胚珠，子房上大都着生有茸毛，也有少数无茸毛的。子房茸毛的有无，也是茶树分类的重要依据之一。

6. 茶树的果实与种子

（1）茶树的果实

茶果为硕果，成熟时果壳开裂，种子落地。果皮未成熟时为绿色，成熟后变为棕绿或绿褐色。果皮光滑，厚度不一，薄的成熟早，厚的成熟迟。茶果形状和大小与茶果内种子粒数有关，一般 1 粒为球形，2 粒为肾形，3 粒为三角形，4 粒为方形，5 粒为梅花形。

（2）茶树的种子

茶树的种子又称为茶籽，由种皮和种胚两部分构成，茶籽大多数为棕褐色或黑褐色。茶籽形状有近球形、半球形和肾形 3 种，以近球形居多，半球形次之，肾形茶籽只在西南少数品种中发现，如贵州赤水大茶和四川枇杷茶。

任务三　认识茶树总发育周期

1. 定义

茶树总发育周期是指茶树一生的生长发育进程。茶树生物学年龄是指茶树在自然下生长发育的时间。

2. 茶树各生育时期的划分

茶树的一生可达 100 年以上，而经济生产年限一般只有 40~60 年。按照茶树的生育特点和生产实际应用，我们常把茶树划分为 4 个生物学年龄时期，即幼苗期、幼年期、成年期和衰老期。

（1）幼苗期

幼苗期是从茶籽萌发到茶苗出土直至第一次生长休止时为止。无性繁殖的茶树，是从营养体再生到形成完整独立植株止的这段时间，大约历时 4~8 个月。

实生苗生长特点：地下部生长优于地上部，向土壤深处伸展，主干和主根分枝很少。

栽培管理重点：加强对温度、水和肥料的管理。温度：一般在 10℃ 开始萌动，最适温度为 25~28℃；水分：种子的水分在 50%~60% 为宜，土壤持水量在 60%~70% 为宜；肥料：施足基肥，并加施适量的速效肥。

扦插苗的生长特点：在生根以前主要依靠茎、叶中贮藏的营养物质。生根后根系吸收水分、矿质营养。

栽培管理重点：加强水肥管理，及时供水保水，如搭建塑料小棚，保湿；遮阴，减少叶片蒸腾作用。施足基肥，注意苗期追肥。

（2）幼年期

幼年期是从第一次生长休止到茶树正式投产这一时期。一般为 3~4 年，幼年期的长短与栽培管理水平、自然条件有密切关系。该时期茶叶的生理功能很活跃，根系和枝条均迅速扩大；营养生长十分旺盛，3 年生前后，茶树开始开花结实，但花蕾少，结实率也低；地上部生长旺盛，自然生长状态 3 年生之前长表现出明显主干，但在人为修剪干预下，主干现象不明显。实生苗幼年期茶树根系主根明显并向土层深处伸展，以后侧根逐渐发达。

栽培管理重点：抓好茶树的定型修剪，培养粗壮的骨干枝、形成浓密的分枝树型，为高产优质打下良好的基础；对土壤的要求是土壤深厚、疏松，利于根系生长；注重培养树冠采摘面，坚决不乱采；注意抗旱、防冻以及病虫害防治。

（3）成年期

成年期是从茶树正式投产到第一次进行更新改造时为止（亦称青壮年时期），一般为 20~30 年，是茶树一生中最有经济价值的时期。这一时期，茶树由营养生长为主转变为营养和生殖生长并重；后期在树冠面上形成鸡爪枝，在根茎处出现徒长枝。

栽培管理重点：尽量延迟这一时期的年限，在投产初期，注意采养结合，培养树冠，扩大采摘面；加强培肥管理，使茶树保持旺盛的树势，采用轻修剪和深修剪交替进行的方法，更新树冠，整理树冠面，清除树冠内的病虫枝、枯枝和细弱枝；采用农业综合措施防治病虫害。

（4）衰老期

衰老期是茶树从第一次自然更新到整个植株死亡为止。这一时期的长短因管理水平、环境条件、品种的不同而异。一般可达 100 年以上，而经济生产年限一般为 40~60 年。

栽培管理重点：采用重修剪、台刈等修剪方式进行茶树树冠更新。更新修剪后要加强培肥管理，延缓衰老进程；进行定型修剪，培养树冠；经数次台刈更新后，产量仍不能提高的，应及时挖除改种。

任务四　认识茶树的年生育周期

茶树的年生育是指茶树在一年中的生长发育进程。茶树在不同的季节具有不同的生育特点，表现在芽的萌发、休止，叶片的展开、成熟，根的生长和死亡，开花、结实等等。

1. 年生育规律的特点

茶树的年生育规律具有年生育阶段的顺序性、营养物质运动的方向性、生长的周期性和季节生长的周期性。年生育阶段的顺序性是指在年生育周期内，茶树的营养生长和生殖生长、地上部和地下部生长之间具有一定的顺序性。

营养物质运转的方向性是指在一年中的不同时期，养分运转的方向是不同的，而运转的重点都是茶树各时期中生长最活跃的器官。

生长的周期性是指茶树的生长有一定的周期性变化，即从生长开始到生长停止，总是初期生长缓慢，随后生长加快，而后又渐渐减弱，生长到一定水平时即相对停止，这种规律性称为生长周期。它与气候和其他环境条件无关，与采摘叶无关。对指导生产有实际的作用。

季节生长周期性是茶树生长随季节而变化的生长特性。我国大部分茶区，茶树新梢生长和休止，一年有 4~5 轮，栽培管理好的茶园可发生 6 轮，海南茶区每年可发生 8 轮，北方茶区只发生 3 轮。生产上可以通过增加采摘轮次，缩短每轮间的间隔时间以获得高产。

下面，我们就各个器官的年生育情况分别予以阐述。

2. 茶树枝梢的生长发育

（1）茶树新梢的生长阶段

茶树新梢的生长过程包括萌芽期和展叶期。在茶树新梢的生长过程中，叶片开展状态可分为初展、开展及展开三个阶段。

（2）茶树新梢的种类

未成熟新梢：未形成驻芽，正在伸长和展叶的新梢。

成熟新梢：已形成驻芽的，停止生长的新梢。成熟新梢包括正常新梢及对夹叶，即叶片节间短，展叶数少（2~3 片）。

随着新梢和叶片成熟，纤维素含量增加，茶多酚、游离氨基酸等含量降低。

（3）茶树新梢生长的轮性

轮性是指一年中茶树生长、休止交替进行的现象。在我国大部分茶区，自然生长的茶树，新梢 1 年的生长和休止，通常分为三次，即：越冬芽萌发→第一次生长（春梢）→休止→第二次生长（夏梢）→休止→第三次生长（秋梢）→冬眠。

自然生长条件下的茶树新梢每年生长三轮。

形态特点：①同一新梢真叶两端小，中间大。②新梢上节间两端长、中间短。这是由于年生长发育的周期性使生长速度呈现"慢—快—慢"的变化规律。

采摘条件下，可缩短每一轮的生长周期，增加轮次，一年一般为 4~5 轮。

生产中增加全年发生的轮次，特别是增加采摘轮次，缩短轮次间的间隔时间，是获得高产的重要环节。

（4）新梢的生长速度

腋芽形成新梢时间比顶芽多 3~7 天。展叶速度：新梢上叶片展开所需天数为 1~10 天。春季：5~6 天/片叶；夏季：1~4 天/片叶；一般多为 3~6 天。

叶片定型时间：叶片展开后 30 天左右成熟。

叶片寿命：不到一年，着生在春梢上的叶片寿命比在夏秋梢上的长 1~2 个月，落叶在全年进行，每个品种都有一个大量落叶期。

高产优质茶树品种的新梢特点：叶大，长、宽比值大；新梢展叶数多；叶片向上斜生；生长迅速；新梢持嫩性强；新梢生育轮次多。

3. 茶树根系的发育

（1）茶树根系的生理作用

茶树根系一方面起到支持和固定作用，另一方面还要从土壤中吸收水分和养分，如矿物质、有机质（脲、天门冬酰胺、生长素、维生素）、气体（二氧化碳、氧气）；贮藏有机物质；合成某些有机物质：酰胺类（谷氨酰胺、天门冬酰胺）；茶氨酸。

（2）茶树根系喜铵耐铵的特性

喜铵性：当土壤中同时存在多种形态氮化物（铵态氮、硝态氮或有机态氮）时，茶树总是优先选择铵态氮吸收，表现出明显的喜铵特性。

生产上的应用：选择氮肥时优先选用铵态氮肥。

（3）根系生长

茶树根系生长的总规律是与地上部分交替进行，每年有二次生长高峰，即10月上旬（施基肥最好），6月上旬和8月中旬根系生长旺盛（吸肥能力强）。

在茶树生长活跃、根系活性强、吸收能力最强的时期进行茶园耕作、施肥均能取得良好的效果。7月根系的再生能力强，发根速度最快，愈合15天，发根25天，最快的10天愈合，12天后开始发根。适宜中耕和衰老茶树断根促生长。

（4）根系分布

茶树根系的分布与生物学年龄、土质、繁殖方式、培肥管理、灌溉、种植方式等有关。酸性土壤上根系较发达。有性苗的主根明显，吸收根发达，深层土壤有相当数量的根系；无性苗没有明显的主根，水平分布较宽，垂直分布较浅。

根系具有趋肥性。浅施化肥，根系集中在表层；施基肥，有利于根系向下层发展；坡地茶园常在上坡施肥，根系集中在上方。

根系具有向水性。要求土壤含水量大于70%，具有喜湿怕淹的特性。

4. 茶树开花结实

（1）茶树的花芽分化

茶树的花芽分化期为6~11月，个别品种到翌年春季。花芽分化迟的，开花结实率低。夏季和初秋形成的结实率较高。花芽分化到开花，需100~110天。

（2）茶树开花期

茶树开花的始花期为9~10月下旬；盛花期为10月中旬~11月中旬；终花期为11月下旬~12月。小叶种开花早，大叶种开花迟。当年冷空气来临早，开花提早；短日照促进提早开花。

5. 茶子的成熟与采收

种子的成熟标准为10月份，外种皮变为黑褐色，子叶饱满且很脆，种子含水量为40%~60%，脂肪含量为30%左右，果皮呈棕色或紫褐色，开始自果背裂开，达到蜡熟期，可以采收。采收时间一般在霜降前后。

任务五　认识茶树适生环境

1. 水分对茶树生育的影响

对茶树生育产生影响的水分有降水、空气湿度和土壤水分。

（1）降水与茶树生育

茶树生长所需的水分多来自自然降水。茶树性喜湿怕涝，适宜栽培茶树的地区，年降水量必须在 1 000 mm 以上，茶树生长期间的月降水量要求大于 100 mm。一般认为，茶树栽培适宜的降水量为 1 500 mm 左右。

（2）空气湿度与茶树生育

茶树对生育环境中的空气湿度有一定要求。适宜茶树生育的空气相对湿度为 80% ~ 90%，若小于 50%，新梢生长就会受抑制。空气湿度大时，一般新梢叶片大、节间长，新梢持嫩性强，叶质柔软，内含物丰富，因此茶叶品质好。空气相对湿度还会影响茶树的光合作用和呼吸作用，当相对湿度达 70% 左右时，光合、呼吸作用速率均较高，当空气湿度大于 90% 时，虽然对茶树新梢生长有利，但易导致与湿害相关的病虫害发生。

（3）土壤水分与茶树生育

茶园土壤的水分状况直接影响着茶树根系的生长，进而影响着茶树地上部的生长，茶树适宜生长在相对含水量为 70% ~ 90% 的土壤中，所获茶叶的品质也较好。因此适当灌溉有利于提高茶叶品质。

2. 温度对茶树生育的影响

对茶树生育产生影响的温度主要指气温、地温和积温。

（1）气温与茶树生育

一般认为，茶树在春季日平均气温稳定在 10℃ 左右时开始萌动，这一温度被称为茶芽萌发的生物学零度。

气温对茶树生育的影响，因时间、茶树品种、树龄、茶树生育状况和当时的其他生境条件不同而不同。就绿茶而言，往往春茶品质最好，秋茶其次。茶树生长的最适宜温度为 25 ~ 30℃，大于 35℃ 和小于 5℃ 光合功能都会受到影响。

（2）地温与茶树生育

研究表明，地温在 14 ~ 20℃ 时，茶新梢生长速度最快。生产上，为了促使茶树生育，可以采取某些栽培措施调节地温。如早早春气温低，为促使茶芽早发，人们常采用耕作施肥的措施，疏松土壤，加强地上与地下气流的交换，提高地温。此外，利用地表覆盖技术，也可有效地改变地温，促使根系生长。当夏季到来时，地下 5 ~ 10 厘米土层温度可升至 30℃ 以上，通过行间铺草货套种牧草等措施，可以降低地温；秋季增施有机肥以及提高种植密度均能明显提高冬季茶园土壤温度。

（3）积温与茶树生育

茶树生物学最低温度为10℃，其全年至少需要≥10℃的活动积温3 000℃，对于活动积温低于3 000℃的茶区，应当注意冬季防冻。

茶树的一切生长、生理活动都需要在一定的温度条件下进行，温度是茶树高产优质最基本的生态因子之一。

3. 光对茶树生育的影响

对茶树生育产生影响的光有光质和光强。

（1）光质与茶树生育

茶树叶绿素吸收最多的为红橙光和蓝紫光，红橙光促进糖类的形成，也就有利于茶多酚的形成；蓝紫光则促进氨基酸、蛋白质的合成。在一定海拔高度的山区，雨量充沛，云雾多，空气湿度大，漫射光丰富，蓝紫光比重增加，这就是高山云雾茶氨基酸、叶绿素和含氮芳香物质多，茶多酚含量相对较低的主要原因。

（2）光强与茶树生育

茶树具有喜光怕晒的特性。茶园应适当遮阳，降低光照强度，可提高茶叶中氨基酸总量，芽叶含水量高、持嫩性强。特别是夏秋茶高温干旱季节，适当遮阳对改善绿茶茶汤滋味有着积极作用。研究表明，遮光率达到30%～40%时，有利于物质积累和产量的提高。

就红茶品质而言，过度遮阳会导致儿茶素含量降低，茶汤浓度受一定的影响，因此，遮光程度要因地、因时制宜。

4. 土壤条件与茶树生育的关系

（1）茶树的营养特点

连续性：茶树在个体发育和年发育周期中所需要的营养物质不能间断，上一年的营养条件会影响下一年的产量，前期的积累为后期生长提供需要。

阶段性：个体发育和年发育的不同阶段，对各种营养元素的吸收有所侧重。根据这一特点确定施肥的种类、时期、方法，充分发挥施效果。

集中性：在年发育周期中，形成生长旺期和相对休止期，旺期需集中供肥。

适应性：茶树对营养条件的适应范围广泛。主要表现为：第一，对营养元素需求的多样性；第二，茶树的耐肥力强，耐瘠力也强。

（2）茶树对矿质营养的需求特性

多元性：茶树体内含有40多种元素，不论其含量高低，在茶树体内都各有自己特殊的功能，彼此之间不能相互代替。所以，在茶园施肥时，要根据茶树对营养元素需求的多元性特点，施足各种必需的矿质元素物质，保证茶树生长过程对各种元素的需求。

喜铵性：土壤中同时存在多种形态氮化物（铵态氮、硝态氮或有机态氮）时，茶树总是优先选择铵态氮吸收，表现明显的喜铵特性。在茶园追肥施用氮肥时，应优先选择铵态氮肥，如硫酸铵、尿素等。

聚铝性：茶树由于长期生长在酸性的富铝化土壤上，在其个体发育过程中，树体各器官都聚集了大量的铝化物，茶树在富铝化土壤上的生长，比在其他土壤上更好。肥料施用：对于 pH 值偏高的茶园，应施用一定量的硫酸铝肥料，以满足茶树对铝元素的需求。

低氯性：茶树老叶含氯量一般低于 0.5%，芽叶含氯量低于 0.2%。当老叶含氯量超过 0.8%，芽叶含氯量低于 0.4% 时，就会表现出氯害症状。幼年茶树对氯离子极为敏感，最易发生氯害。在茶园特别是幼年茶园施肥时，应尽量选择不含氯离子的肥料。

嫌钙性：茶树对钙的需求比一般作物低得多，如果与同时生长在酸性土壤中的桑树和橘树相比，几乎要低十几倍甚至几十倍。当土壤中活性含量钙含量超过 0.5%（以氧化钙计）时，茶树生长就会不正常，严重时还会引起死亡。

富锰性：茶树体内含锰量可达 0.1% 以上，老叶与成叶中含锰量高达 0.3%～0.4%，高于一般农作物。茶树对锰的吸收与土壤活性锰的含量、土壤 pH 值及其他营养元素的平衡有关。

（3）土壤物理因子与茶树生育

土层厚度：茶树要求土层深厚，有效土层应达 1 米以上，茶园表土层（耕作层）要求厚度为 20～30 厘米。实践证明，土层越深，茶树生长越高，树幅越大，产量越高。

土壤质地：茶树生长对土壤质地的适应范围较广，但在富含有机质的沙壤土中生长最为理想，在沙土和黏土上生长较差。

（4）土壤化学因子与茶树生育

茶园土壤酸碱度：茶树是喜酸嫌钙的植物。适宜种茶的土壤 pH 值在 4.0～5.5。土壤中氧化钙含量与土壤 pH 有密切关系，pH 值越高，氧化钙含量越高，而土壤含钙量超过 0.05% 时，对茶叶品质有不良影响；超过 0.2% 时，对茶树生长有害。

茶园土壤的有机质和矿质营养：茶园有机质含量是反映茶园土壤熟化度和肥力的指标，因此对茶树的生育有重大影响。除此之外，土壤中大量的矿质元素如钾、钠、钙、镁、铁、硫、锰、锌等含量的多少，也直接或间接地影响茶树的生育和品质。

思考题

1. 简述茶树不同生育期的特点和管理重点。
2. "云雾高山出好茶"的原因是什么？
3. 茶树对矿质营养有哪些需求特性？

项目三　茶树繁殖

任务目标

1. 掌握茶树繁殖的种类及特点。

2. 掌握茶树有性繁殖的主要技术措施。

3. 掌握茶树无性繁殖的主要技术措施。

任务一 认识茶树繁殖的种类及特点

茶树的繁殖分为有性繁殖和无性繁殖两类。

1. 茶树的有性繁殖

茶树的有性繁殖是指通过种子繁殖茶树苗木的方式。对于有性系良种，采用有性繁殖方法育苗和建园，省工、省力，并可大大减少建园投资，是重要的育苗和建园手段。

（1）有性繁殖的主要优点如下：

具有复杂的遗传性，适应环境能力强，有利于引种驯化和提供丰富的选种材料；茶苗主根发达，入土深、抗旱、抗寒能力强，繁殖技术简单；苗期管理方便、省工，种苗的成本低，比较经济易行；茶籽便于贮藏和运输，有利于长距离引种和良种推广。

（2）有性繁殖的主要缺点如下：

植株间经济性状杂，生长差异大，生育期不一，不便于管理；鲜叶原料粗细不匀、嫩度不一，不便于加工和名优茶的开发；结实率低的茶树品种，难以用种子繁殖加以推广。

2. 茶树的无性繁殖

茶树的无性繁殖是指用茶树的营养体繁殖茶树苗木的方法，主要方法有扦插、压条、分株、嫁接等。生产上最常用的方法是扦插。

（1）无性繁殖的优点如下：

能保持良种的特征特性，后代性状比较一致，便于机采，采摘功效高；繁殖系数大，有利于迅速扩大良种茶园；能克服某些不结实良种在繁殖上的困难，有利于名优茶开发。

（2）无性繁殖的缺点如下：

技术和条件要求较高，所费劳力和成本较多；容易引起母株病虫害的传播；对母株的茶叶产量有一定的影响。

任务二 茶树的有性繁殖技术

茶树的有性繁殖技术相对比较简便易行，栽培上主要应掌握以下技术措施。

1. 采种园的建立

（1）茶籽的来源

专用采种茶园：专门采收良种而不采叶的茶园。

兼用采种茶园：以采叶为主、采种为辅的。

从现有采叶茶园中选择兼用采种茶园，应符合茶树品种性状一致、茶树生长健壮、无严重病虫害、茶丛分布较均匀、地势平缓开阔、土壤深厚肥沃等要求。建立专用采种茶园时，为了避免茶树自然杂交，必须具备良好的隔离条件，如利用森林、山坡等自然障碍物与普通采叶茶园隔离。要求茶园土壤肥沃，缓坡向阳，以利茶树结果。专用采种茶园，宜单株种植。茶子产量以行株距 1 米×0.3 米为最好，1.5 米×0.3 米为次之。

（2）采种茶园的管理

对于采叶采种兼用的茶园，解决采叶和留种的矛盾是关键。每年的 6 至 10 月，茶树上既有当年的花芽分化孕蕾与开花，又有上年的果实迅速生长与成熟。尤其是 6 月，既是夏茶采摘期，又是茶子开始积累有机养料最快的时期；而 5 月前后又是老叶脱落最多的时期，这样一来，茶树不仅大量的营养物质消耗于种子，而且落叶也对茶树制造有机物质带来很大影响，从而造成养料的制造、分配的采摘之间的矛盾。解决这个矛盾的主要措施就是改进采叶的方法，即春茶留叶采、夏茶不采，这样既可提高茶树结实率，又较少影响茶叶产量。

加强培肥管理：适当增施氮、磷、钾肥，比例以 1∶3∶2 为好。

适当修剪：冬季剪去枯枝、病虫枝及一部分由根茎处抽出的细弱枝、徒长枝，并剪短沿树冠面较突出的枝条。

抗旱和防冻：留种园在旱季来临之前，应加强种耕除草，在旱季进行灌溉或行间铺草，冬季注意防寒。

防治病虫害：特别注意对危害花和茶籽害虫的防治。对于发生较普遍的茶籽害虫的防治，主要通过茶园秋季深挖杀灭幼虫，利用假死性摇动茶树捕杀成虫。

促进授粉：于开花季节在采种园中放养蜂群，传播花粉，提高授粉率，从而增加结实率。

2. 茶籽的采收与贮藏

茶籽的采收：茶果成熟以后即可采收，茶果成熟的标志是变为绿褐色且稍带裂缝，籽粒饱满呈乳白色。成熟时期一般在霜降前后。

茶籽的贮藏：茶籽采收后，如不在当年播种则必须进行贮藏。采回的茶果应摊放在干燥和荫凉通风之处，要经常翻动，以免霉烂。在贮藏过程中，应保持低温、干燥和适当的通风。贮藏的适宜温度是 5~7℃，相对湿度为 60%~65%，含水量保持在 30% 左右。贮藏的方法有室内沙藏和室外沟藏两种。贮藏好茶籽，应掌握以下几个生理方面的环节：

第一，要贮藏的茶籽，一般以含水量为 30% 左右为宜。如低于 20%，发芽率会下降到 80% 左右；若低于 10%，其发芽率则不超过 30%；若低于 7% 则丧失发芽能力，这是由于含水量过低，会影响后熟作用的完成。因此，将茶籽含水量保持在 30% 左右，是贮藏技术的理论指标。

第二，茶籽休眠期要求的最适宜温度一般在 5~7℃。温度过高会使茶籽含水量迅速下降，不利于后熟作用的正常进行，同时，茶籽内贮藏有机物质消耗多，内生活力迅速下降。

第三，贮藏堆内通气良好，利于茶籽在贮藏过程中氧气供应，以维持其最低生理活动的需要。否则，会影响茶籽呼吸和热量不易散发，引起霉变。

茶籽贮藏中影响茶籽生命力的各因素是互相联系的，因此必须全面进行控制，只有科学的贮藏，才能保持较高的发芽率和适当延长茶籽的寿命。

3. 茶籽育苗

（1）选择苗圃地

茶籽的苗圃地应选择在地势平坦或缓坡的地方，并且是微酸性或酸性壤土。此外，以排灌条件良好、交通便利的生荒地或绿肥地为宜，不要选用之前作为烟、麻、菜、花生地做苗圃。

根据上述苗圃地的选择条件选好地点后，全面深耕 30~35 厘米，结合施底肥，每亩地（1 亩≈666.7 平方米）施腐熟厩肥或堆肥 1 000~1 500 千克，饼肥则施 0.4~0.5 千克/亩，过磷酸钙施 25~30 千克。深耕后耙平，做苗床，苗床走向以东西向为好；苗床宽 100~130 厘米，长 15~20 米；地势较低、土壤黏重、排水不良的可以将苗床做高一些；用作短穗扦插育苗的畦比种子育苗要低约 5 厘米，以备铺心土，畦间留沟道，底宽 40 厘米左右。

（2）播种时期

要使茶苗出得早、全、快，掌握适宜的播种时期是一个重要环节。通常，当年 11 月至翌年 3 月为茶籽播种期。冬播与春播均可以，应依具体条件而定。但春播不宜太迟，如迟到 4 月，茶籽的发芽率就会大大降低，茶苗出土也迟，夏季阳光强烈或天气干旱，就会使茶苗灼伤或旱害。冬播比春播早出土 10~15 天，苗高、苗粗，利于渡过夏季干旱。另外，苗圃育苗面积相对较小，易于管理，还是随采种随冬播为好。

（3）播种前的菜籽处理

秋冬播种的菜籽，可不经处理，选择种粒大，外壳棕褐色，种仁乳白色的茶籽直接播下即可。如遇春播，为保证出苗早、出苗全，则应进行种子处理。

播种前对菜籽的处理方法主要有清水浸种、药剂浸种两种。

清水浸种：在播种前用清水浸泡茶籽 4~5 天，取出沉底的先播，浮在水面上的再泡 3 天左右，然后将面上的捞去育苗，沉底的进行播种。茶籽浸泡期，要求每天换水一次，并注意防冻，水不结冰即可。

药剂浸种：经清水浸泡后的茶籽，用生根粉（萘乙酸）等水溶液处理，能使茶苗出土早。清水浸泡 1~2 天后的茶籽，用 100 ppm 浓度的药剂水浸泡 2 天进行播种，能比不浸种的提早 15~20 天出土。

（4）播种深度和方法

茶籽播种的深浅，对发芽率、出土期及幼苗的生长情况有很大影响。菜籽播种深则覆土的压力大，幼苗出土困难；菜籽播种过浅，覆土容易被雨水冲掉，茶子露出土面，影响发芽率。因此，播种适宜的深度应根据播种时间、土质情况而定。通常播种深度以 3~5 厘米为宜，一般冬播比春播稍深。

茶籽播种有穴播、单粒条播等方式。穴播时在苗床上开横向播种沟，行距为 20 厘米左右，再在沟中每隔15厘米挖一穴，每穴播茶籽5~6粒，即条列式的穴播。穴播由于每穴播茶籽较多，茶苗容易出土，生长整齐健壮，抗旱能力强，出苗率高。为了提高土壤温度，抑制杂草生长，可覆盖一层厚2~3厘米的茅草，但必须在出苗时，及时掀去。

（5）苗期管理

为能做到出苗齐、生长快、茶苗壮、出圃早，我们还必须做好如下的管理工作：

及时除草：幼苗大量出土时，杂草也普遍滋生，要趁雨后拔除杂草，以利幼苗生长。每间隔一定时间应拔除一次杂草，到茶苗第一次生长结束，一般约7厘米以上时，可用小头锄除草，也可用化学除草剂除草。

多次追肥：应掌握"薄施勤施"的原则，一般在6~9月追肥4~6次，用稀薄人粪尿或畜液肥（加水5~10倍），或用0.5%浓度的硫酸铵，结合除草剂在行间浇施，之后随茶苗生长，逐渐增加施肥浓度。

及时防治病虫害：通常危害茶苗根部的害虫可以用堆草诱集法诱杀。危害幼嫩芽叶的害虫，常有茶蚜、卷叶蛾、茶小绿叶蝉等。农业防治：及时采摘新梢，可减少茶小绿叶蝉的产卵场所，并摘除大量虫卵。可见，加强管理、及时清除园内杂草可减少虫源；喷药前清除杂草，更有助于提高治虫效果。

任务三 茶树的无性繁殖技术

大力推广无性繁殖技术，是实现茶园良种化、栽培生态化、管理机械化、生产规模化，发展无性良种茶园是做大做强茶产业的必由之路。本任务主要介绍茶树短穗扦插技术。

1. 确定扦插时间

茶树全年都可进行扦插繁殖。但由于各地的气候、土壤和品种特性不同，扦插效果也有一定差异。

（1）春插

春插时间：华南茶区为2~3月，江南茶区为3~4月，江北茶区为4月间。

插穗：上年秋梢或春季修剪的枝条。

优点：管理得当，苗木可当年出圃，园地利用周转快，管理上比较方便和省工。

缺点：扦插发根慢，成活率不高，矮苗和瘦苗的比率大。因此春插前期的保温和加强苗木后期的培肥管理尤为重要。

（2）夏插

夏插时间：6月中旬至8月上旬。

插穗：当年春梢或夏梢。

优点：发根快，成活率高，幼苗生长健壮。

缺点：对光照和水分要求高，管理周期长，生产成本较高。

（3）秋插

秋插时间：8 月中旬至 10 月上旬。

插穗：当年夏梢或夏秋梢。

优点：发根速度较快，成活率高，管理周期较夏插短，成本较低。

缺点：苗木较夏插小，因此加强苗木后期的培肥管理是提高秋插苗木质量的关键。

（4）冬插

冬插时间：10 月中旬至 12 月。

插穗：当年秋梢或夏秋梢。

优点：可充分利用枝梢。

缺点：对冬春季管理要求较高。

因此，从扦插苗木质量来看，以夏插为优。从综合经济效益来看，选择早秋扦插最为理想。

2. 短穗扦插技术

（1）采穗枝条的选择与剪取

枝梢标准：新梢大部分已木质化，呈红色或黄绿色。

剪取时期：本地取枝最好是当天剪穗，当天扦插。异地取枝需要贮运的，应贮放在阴凉潮湿的地方，注意浇水，运输时要放在透气的竹筐中，充分喷水，枝条铺放厚度以 5~10 厘米为度。贮运不能超过 3 天。

剪穗的标准：剪穗长 3~4 厘米，带有 1 片成熟叶和 1 个饱满腋芽。节间长枝条的可 1 节剪取一个插穗，节间短的枝条 2 个节间剪取 1 个插穗，并将下部叶片及腋芽沿枝条基部剪除。插穗剪口应平滑、稍斜、完整。

（2）插穗处理

处理插穗的目的是促进发根。不处理的插穗，茶树发根慢，在适宜的环境条件下，要 30 天才开始发根，形成一级侧根要 60~90 天。

处理插穗的方法有以下几种：

插穗浸拌：将整个插穗在药液中拌一下，与喷母株的药液相同。

插穗基部速浸：将激素配成较高浓度的溶液，并用 50% 的乙醇配制，以加速渗透。扦插时将插穗下端剪口在药液中速蘸一下即可扦插。

适宜浸拌的生长素浓度：α-萘乙酸为 80 ul/L；4-D50 为 ul/L；增产灵为 30 ul/L；三十烷醇为 8~12 ul/L；α-萘乙酸 50 ul/L+吲哚丁酸 50 ul/L。

适宜速浸的剂量：为上述药剂浓度的 10 倍，并用 50% 的乙醇配制。ABT 生根粉的用量为 100~300 毫克/千克。

（3）扦插密度的确定

一般行距为 7~10 厘米，株距以叶片互不遮叠为宜（中小叶种一般为 2~4 厘米）。深度以露出叶柄为宜，稍微倾斜，避免叶片贴土。

（4）扦插方法

喷湿苗畦：在扦插前2~3小时或前一天傍晚，先将苗畦充分洒水，待水分下渗透后，土壤呈"湿而不黏"的松软状态时，进行扦插最为适宜，不仅可防擦破茎皮，而且插穗的下端也容易与泥土密合。如果苗畦的土壤太潮湿，扦插时容易粘手、质量差、工效亦受影响。

扦插：按株行距要求把插穗直插或稍斜插入土中，露出叶柄，避免叶片贴土，叶片朝向应视扦插当季风向而定（必须顺风），从叶基到叶尖吹过，否则，母叶易受风吹而脱落，影响成活。边插边将土壤稍加压实使插穗与土壤密接，有利于发根.

浇水：扦插后应立即浇水，要浇到插穗基部所达土层范围内都湿润。

覆膜与遮阴：采用塑料薄膜与遮阳网相结合的方法，注意预防热害。

（5）扦插苗培育管理

水分管理：保持土壤持水量在70%~80%，发根前每天浇水，以土壤不发白为宜，晴天早晚各1次，阴天每天1次，雨天不浇，注意排水。

光照管理：遮阳度在60%~70%为宜。大叶种遮阳度高些，中小叶种遮阳度低些。根据各地经验，夏秋扦插的苗木，需遮阳到翌年4月。

培肥管理：看苗追肥，应注意先淡后浓，少量多次。一般扦插当年不施肥，待第二年春芽萌发后开始追肥，以后视苗木生长情况20天左右追施一次。

中耕除草、搞好病虫害防治、冬天前未出圃的苗木注意防寒保苗。

（6）苗木出圃与装运

茶苗出土的最低标准：苗木高度不低于20厘米；直径不小于0.3厘米；根系发根正常；叶片完全成熟，主茎大部分木质化；无病虫为害。

起苗：起苗前一天将土壤浇透，这样可多带泥土，少伤细根。起苗的最佳时间为阴天或早晨与傍晚。

包装：外运茶苗，途中需用二天以上的必须包装。将茶苗每100株捆成一束，用泥浆蘸根，然后用稻草捆扎根部，上部约一半露在外面。再把5~10束绑成一大捆，起运前用水喷湿根。如长远运输，最好外面再用竹篓或篾篓等装载。

起苗后用ABT生根粉3号，浓度为1×10^{-5}（100升水放1克生根粉）的溶液进行浆根，促使茶苗根系恢复，提高茶苗成活率。

运输途中的管理：运输过程中，茶苗不要互相压得太紧，注意通气，避免闷热脱叶，防止日晒风吹。

假植：选择避风背阳的地段，掘沟25~30米深，一侧的沟壁倾斜度要大，将茶苗斜放在沟中，然后用土填沟并压实。覆土的深度以占全株的一半或盖至茶苗根茎部上面4~5厘米处为度。茶苗排放的密度，根据苗木的数量、苗体大小及假植的时间而定，一般5~6

株茶苗为一小束即可。

思考题

1. 简述茶树繁殖的种类和主要优缺点。

2. 茶籽贮藏应注意哪些问题？

3. 播种前为何要进行种子处理？种子处理的方法有哪些？

4. 扦插前插穗处理的目的是什么？插穗处理的方法有哪些？

5. 简述短穗扦插的主要关键技术。

项目四　建立生态茶园

任务目标

1. 掌握生态茶园的概念和建园标准。

2. 掌握新茶园建设规划的关键技术。

3. 掌握茶苗移栽的方法。

任务一　认识生态茶园及建设标准

1. 生态茶园的概念

生态茶园是指运用生态学原理，因地制宜地开发和充分利用光、热、水、气、养分等自然资源，提高太阳能和生物能的利用率，有效、持续地促进茶园生态系统内物质循环和能量循环，极大地提高生产能力，达到优质、高产、高效益的一种崭新种植模式。在栽培上的关键控制点：茶园选址、施肥和病虫害控制。

2. 生态茶园建设标准

（1）茶区园林化

树种选择：选树种时应因地制宜，选择适宜本地栽种的速生优质树种，以深根、不与茶树争夺水肥、无共同病虫害、枝叶疏密适中的果树、经济树种为佳。茶园中覆阴树种可选择海南黄花梨、海棠果、沉香木、肉桂、铁刀木、银合欢、金合欢、香樟、樱桃、山海檀、神衰果、银杏、山苍子、天竺桂、油茶、水冬瓜、旱冬瓜等；在空地及道路两旁的行道树可选择灯台树、香椿、香樟、苦楝、桂花、罗汉松、山茶花、杉木、澳洲坚果等，乔灌结合种植；防护林和山顶可选柯子、杨梅、香樟、罗汉松、杉木、楠木、天竺桂等树种。

生态位配置：在以茶为主体的茶园复合生态系统，可建设上、中、下三层结构，即树木—茶树—绿肥植物（矮秆）。茶园内覆阴树每亩种植乔木树 8~10 株，株行距为 10~12 米；茶园道路、沟渠两旁种植绿化树，每 3~5 米种植 1 株或适当密植。

绿化树管理：应加强对防护林、行道树、覆阴树的培肥管理，提高成活率。当覆阴树树冠和根系过于庞大，应及时进行适当整枝、修剪，使其保持适宜的遮阴面积，为茶树创造良好的通风透光条件，保持茶树的正常生长。

（2）茶树良种化

茶树栽培品种：全国审（认）定的茶树品种共有 95 个，其中有性系地方品种有 17 个，中华人民共和国成立后育成的无性系品种有 65 个。

黔南主要栽培种：福鼎大白、黔南本地中小叶品种、贵定鸟王种。

形成品质特色：用一个主栽品种，其面积应占种植面积的 70% 左右，搭配品种约占 30%。

提高茶叶品质：将不同品质特色的品种按一定的比例栽种，可以提高茶叶品质。如：香气特高的、滋味甘美的或汤色浓艳的品种，分别加工后将其拼配，可以提高茶叶品质，并形成企业的产品特色。

克服"洪峰"现象：早、中、晚生种搭配。浙江临海涌泉区南屏山茶场的经验是早生种 65%，中生种 25%~30%，晚生种 5%~10%。

（3）茶园水利化

茶树苗期需要足够的水分，否则会大大降低移栽后茶苗的成活率。但是土壤地下水位过高、土壤湿度过大，又会导致茶苗根系发育不良、茶苗死亡，使成园后产量大幅度下降。因此在新茶园规划中，必须结合本地情况，认真设计排灌统。一般茶园排蓄水系统应包括隔离沟、等高截水沟和纵排水沟。

（4）生产机械化

适当配备茶园机械，例如微耕机、采茶机、修剪机等，降低生产成本，提高茶园管理效率。

（5）栽培科学化

严格按照生态茶园管理标准制定科学合理的栽培技术。

任务二　茶园规划

1. 园地选择

茶树建园时应考虑茶树适宜生长的生态条件，包括以下几个方面。

温度：年平均温度在 13℃ 以上，活动积温在 3 500℃ 以上。

空气湿度：在茶树生长期间，空气温度以 80%~90% 为最好，小于 50% 时，将影响茶树生长。

降雨量：年降雨量在 1 500 毫米左右，生长期间月降水量最好达到 100 毫米以上。

土壤：pH 值在 4.0~6.5，酸性土壤的指示性植物有映山红、铁芒箕、杉木、油茶、马尾松等。石灰性紫色土和石灰性冲积土不宜种茶。

地势：有句话叫"雪冻高山，霜打洼地"。因此，山间峡谷、风口和洼地、山顶和山脚不宜种茶，半山坡种茶最适宜。

坡向与坡度：南坡最适宜种茶，且坡度应在25°以下（最好为3°~15°）。

海拔：在海拔1 500米以下，每升高100米，温度要降低0.3~0.4℃。因此，茶园随着海拔的增高，积温减少，茶树生长期缩短。在海拔200~700米时，茶树生长良好。低纬度地区海拔可高些，高纬度地区海拔应适当低些。

水源：充足或取用方便。

交通：方便。

无污染：大气、水质和土壤符合无公害茶叶生产环境标准。

茶园选地应遵循一定原则，总结起来就是：背风向阳酸性土，土层深厚水源足，坡度小于25°。

2. 园地规划

（1）园地规划总体要求

新茶园建设要在选择好园地的基础上，搞好统一规划，合理布局。尽量连片开发、规模发展，做到"山、水、园、林、路"总体规划，经济实用。即符合生态茶园标准的"园林化、水利化、机械化"要求。

规划的内容包括：土地利用与主要建筑物布局、茶园区块划分、道路网设计、水利网设置、防护林网与遮阴树设置。

（2）茶园区块划分

种茶区域确定后，应将土地分区划块。大型茶场可下设分场、茶叶加工厂等。

一般中小型茶场，可将土地分成区、片、块，用防护林、隔离沟、主干道作为区的分界线，独立的地形或支道可作为片的分界线，片内可用人行道划分成若干地块，块的大小以3 335~6 670平方米为宜，茶行长度为50米左右，这样做便于田间管理、采茶和今后的机械化操作，能充分提高土地利用率。

（3）道路设计

主干道设计：以场部为中心联络各区，贯穿全场每个作业区（若原有公路贯穿全场，则不必重建），路宽6~8米，可供拖拉机、汽车行驶。纵向坡度小于6°，转弯处的曲率半径不小于15米。

支道设计：支道一般与主干道垂直，与人行道连接，贯穿整个茶园，是主干道的辅助道路，支道路宽3米左右，可供手扶拖拉机、手推车行驶。

步道设计：供采茶人员进出茶园和护理茶园时使用，这也是茶园分块的界限，一般路宽1米左右。坡度在20°以上的茶园，应设"之"字形上山步道，以避免路面被水冲刷及降低送肥上山时的劳动强度；坡度小于10°的缓坡步道可开成直道。道路以控制在总场面积的5%左右较为适宜。

（4）排灌系统的设计

隔离沟设计：在坡地茶园上方和茶园下方交界处开设等高隔离沟，目的是避免雨季时大量地表水冲入茶园和农田，而在干旱前又能积蓄部分雨水，用于施农药、叶面肥或灌溉。隔离沟要求宽、深各 0.5 米左右、沟壁呈 60°倾斜。在沟的适当部位建一蓄水池，水池容量为 5~10 吨，隔离沟两端连接纵排水沟，通过纵排水沟排出雨水至蓄水塘堰。

等高截水沟设计：坡面较长或坡度较陡的茶园需设等高截水沟，其作用是积蓄雨水，并排泄多余的水入纵沟。坡地茶园每隔 10 行开一条横沟。梯式茶园在每台梯地的内侧开一条横沟，沟宽、深各为 0.35 米左右，在沟内每隔 3~4 米筑一小土埂或挖一个小坑，以便拦蓄部分雨水，使之渗入土中，供茶树吸收利用，并可减少表土随水流失，做到小雨不出园，大雨保泥沙。

排水沟设计：目的是汇集隔离沟、等高藏水沟和蓄水沟中的多余积水，并将积水排出茶园外，一般可利用天然沟修整而成，也可在茶园支道和步道两侧修筑。纵排水沟应修筑成排蓄并用的梯级形，并在沟内每隔十余米修筑小凹凸横坝，以减缓水土冲刷。

（5）防护林的设置

设置防护林的目的：减少寒灾、旱灾、风灾的危害，改善茶园小气候，最终达到高产优质。

设置防护林的位置：防护林一般种在茶园四周、路旁、沟边、陡坡和山顶迎风处。风害严重的地段应在与风向垂直的方向设置防风林。

设置防护林的树种选择与搭配：受害不严重的茶区，以经济林、水土保持林或风景林为主。

设置防护林的防护林树种选择：第一，生长迅速，防护效果好，适应本地气候；第二，与茶树无共同病虫害，根系分布深；第三，有一定经济价值，如杉树、樟树、八角、油茶、油桐、桉树、棕榈树等。

任务三　茶树种植

1. 种植前整地与施底肥

种植前整地：种植前未曾深垦的地必须深垦，已经深垦的地可开沟施底肥。平地茶园以种植沟轴线为中心，整理成宽 80 厘米，深 10 厘米的种植畦面。坡地茶园沿等高线整地挖沟种植，坡度较陡需修建窄幅梯田进行种植。

底肥的施肥方法：肥料多时，可以全面施肥，如果数量少，则进行集中条施。条施时，表土移开，开深 50 厘米的沟，沟底挖松，按层分施，层层覆土，表土移回。施肥后经过几个月的腐解，待土壤下沉后方可整地，并在沟上种茶。种茶时，茶苗或茶籽不可直接与底肥接触，应相距 15 厘米以上，即施肥至离地面 20 厘米左右，再用表土填。

底肥的肥料用量：每亩地施腐熟有机肥 3~5 吨，饼肥 0.15~0.2 吨，磷、钾肥各 30~

50 千克（磷肥应提前一个月与有机肥混合堆沤）。若种植前基肥使用不足，需要以后逐年加施，才能快速成园。

2. 茶苗移栽

适时移栽：移植应选择在茶树休眠阶段、土壤湿度大、土壤含水量高的时期进行。茶苗移栽的最佳时间是 10 月中旬～11 月中旬，其次为 2 月下旬～3 月上旬。

茶苗规格：苗木高度不低于 20 厘米；直径不小于 0.3 厘米；根系发根正常；叶片完全成熟，主茎大部分木质化；无病虫为害。

栽植时应保持根系的原来姿态，使根系舒展。对主根过长的（超过 33 厘米），可酌情剪短。但应注意保存侧根多的部位。

填土时，要边覆土边踩紧，使茶根与土粒紧密接触，不可上紧下松。待覆土至 2/3～3/4 沟深时，即浇定根水。水要浇到根部的土壤完全湿润，边栽边浇，待水渗下再覆土，填满踩紧。加土直至与茶树基部泥门相平为止，过深过浅，都会影响移栽茶苗的成活率。

茶树沟栽：挖沟时，表土放一边，底土放另一边。表土先回沟底，然后施下有机肥和磷肥做底肥，再填上细土（直播的多填些），即可栽茶或直播。

种植规格是指茶园中的茶树行距、株距（丛距）及每丛定苗数。

茶树种植规格分为三种：

单行条植：行距 110～130 厘米，丛距 33 厘米，每丛 3～4 株茶苗。

双行条植：行距 120 厘米，丛距 40 厘米，每丛 2～3 株茶苗或 4～6 粒茶籽。

三行条植：大行距 150 厘米，小行距和丛距各 33 厘米，每丛 2～3 株茶苗。

3. 提高移栽成活率的方法

浇水抗旱。首次移栽后浇足定根水，以后每隔 1～2 周浇一次水，天干浇水次数可再多一些，浇到成活为止。成活后可施一些发酵后的稀薄人粪尿。

遮阴防晒。栽后第一二年，可进行季节性遮阴。可用狼萁草、稻草、麦秆等插在茶苗的西南方向遮阴。高温干旱季节过后，拔除遮阴物铺于茶行之间，既保水又增加土壤有机质。

根际覆盖。用稻草、麦秆等作为根际覆盖的材料，于旱季到来之前，在茶苗根茎两旁根系分布区覆盖。秋冬栽培的茶苗，栽后立即覆盖，可以起到抗寒保温的作用。

间作绿肥。幼龄茶园合理间作绿肥，既可增加土壤覆盖率，防止水土流失，增加生物多样性，又可以提高移栽成活率。

假植和药剂处理。未能及时当天运输或栽植的茶苗，应将其集中埋植在泥土沟中，可防止茶苗失水，提高成活率。用 50 毫克/升的萘乙酸处理根系（黄泥浆蘸根）可提高运输过程中茶苗移栽成活率。

4. 种植后苗期管理

有句话叫："成园不成园，关键头一年。"幼苗期茶树"怕旱、怕晒、怕冻"，必须做好"抗旱保苗""及时间苗补苗""合理施肥、促苗养苗"工作才能达到茶园出齐苗、出壮苗，早日成园的目标。

抗旱保苗：茶苗出土后，采取插遮阴枝（树枝、作物秸秆等）和间作遮阴物（大豆、玉米等）的方法及时遮阴，将遮阴度达到60%左右，及时浇灌，每隔3~5天需浇一次水，使土壤持水量为70%~90%。

间苗补苗：每丛2~3株茶树为宜。播种时，每穴一般播种4~6粒，如全部出齐，则密度过大，需留优汰劣，把生长势较差的弱小苗、受冻较重的茶苗、紫芽叶苗等性状差异较大的茶苗拔除，如果间苗时被拔除的是健壮茶苗，则可作补苗用。

促苗养苗：幼龄茶园中虽已施过底肥和基肥，但在不同时期仍需追肥。如：幼苗出齐后，可用稀粪水追施，并经常喷施复合型叶面营养液。翌年4月下旬和6月下旬，常规茶园每亩追施尿素5~6千克，密植速成茶园追施尿素7~10千克，离根茎15厘米左右开沟，沟深5厘米，施后盖土。

思考题

1. 简述生态茶园的概念。
2. 生态茶园的建设标准有哪些？
3. 如何进行茶园道路规划？
4. 怎样提高茶苗移栽成活率？

项目五　茶园肥水管理

任务目标

1. 掌握丰产茶园培肥管理措施。
2. 掌握茶园一年中不同时期的施肥方法。
3. 掌握茶树施肥的原则。

任务一　茶园施肥

1. 肥料选择的依据

（1）根据茶树的生物学特性选择肥料

喜酸：选用酸性肥料或中性肥料，如过磷酸钙、硫酸钾、尿素等。

喜铵：多施铵态氮肥，如硫酸铵、碳酸氢铵等。

嫌钙：在pH值偏高的土壤中，不施含钙的肥料，如过磷酸钙等。

忌氯：不施含氯的肥料，如氯化铵。

富铝：在pH值偏高的土壤中，施用硫酸铝肥料。

（2）根据茶园土壤特性选择肥料

土壤有机质丰富：多施含肥丰富的饼肥。

质地黏重，通气性差的茶园：多施土杂肥。

质地粗、沙性重，通气性较好的茶园：多施塘泥、河泥等。

pH 值偏高的茶园：多施酸性肥料。

极度酸化的茶园：施用中性肥料或含钙质较多的肥料。

（3）根据气候特点选择肥料

我国北方茶区，年降雨量少，土壤淋溶程度弱，宜施用酸性肥料，其增产效果好。在雨水集中的季节不宜施用硝态氮肥料，否则，硝态氮会因雨水淋溶而损失。

（4）根据施用方法选择肥料

基肥：有机肥，磷钾肥为主。

追肥：以速效氮为主，可溶性磷钾肥为辅。

叶面喷施：微量元素、生长调节剂为主。

2. 施肥方法

（1）茶园基肥

茶园基肥指每年茶树地上部停止生长之后所施的肥料。其作用在于保证入冬时根系活动所需要的营养物质，同时，也为翌年茶芽萌发提供养分。

茶园基肥的施用时期主要取决于茶树地上部停止生长的时间，一般在地上部停止生长后立即施用，宜早不宜迟。

1～2 年生茶树：在距根茎 10～15 厘米处开宽约 15 厘米、深 15～20 厘米平行于茶行的施肥沟施入；3～4 年生茶树：在距根茎 35～40 厘米处开宽约 15 厘米、深 20～25 厘米平行于茶行的施肥沟施入；成龄茶园：沿树冠垂直下位置开沟深施，沟深 20～30 厘米；坡地或窄幅梯级茶园：要施在茶行或茶丛的上坡位置和梯级内侧方位，以减少肥料的流失。

（2）茶园追肥

茶园追肥指在茶树地上部处于生长时期所施的肥料。其作用是不断补充茶树生长发育过程中对营养元素的需要，以进一步促进茶树生长，达到持续高产稳产的目。

催芽肥：每年茶树地上部分恢复生长后，第一次追肥。施用时期以越冬芽鳞片初展期最好，一般在开采前 15～20 天为宜。夏秋肥：在春茶、夏茶结束后，新梢生长停止时进行。对于气温高、雨水充沛、生长期长、萌芽轮次多的茶区和高产茶园，需进行第四次甚至更多的追肥。每轮新梢生长间隙期间都是追肥的适宜时间。

追肥主要施速效氮肥，不同树龄、有同生产能力的茶园，每年亩施氮肥数量应根据茶叶产量来确定。

茶园施肥要相对集中，无论是基肥还是追肥，条栽茶园要开条沟施，幼龄茶园可按苗穴施。

幼龄茶树施肥穴与根茎处的距离：1~2年生茶树为10~15厘米，3~4年生茶树为15~20厘米；成龄茶树应沿树冠垂直开沟。

（3）叶面施肥

叶面施肥是根部施肥的一项辅助性措施，指将肥料喷施在茶树叶片上的一种施肥措施。其主要的有点有：可排除土壤对肥料的固定和转化；见效快，一发现缺肥症，喷施后迅速见效；能与除虫剂、生长素配合施用，方法简便。

施肥位置：喷洒叶片背面为主。因为茶树叶片正面蜡质层较厚，而背面蜡质层薄、气孔多，一般背面吸收能力较正面高5倍。

喷施时期：晴天宜在傍晚，阴天可全天喷施。

喷施次数：微量元素及植物生长调节剂可每季喷1~2次。芽初展时喷较好；大量元素可每7~10天喷1次。

注意事项：混合施用几种叶面肥时，应注意只有化学性质相同的（酸性或碱性）才能配合。正确把握喷施浓度，浓度太低无效果，太高易造成肥害，应以喷湿茶丛叶片为度。

（4）茶园施肥原则

重施有机肥，有机肥与无机肥相结合。

氮肥为主，氮肥与磷、钾肥和其他元素肥料结合。

重施基肥，基肥与追肥相结合。

掌握肥料性质、做到合理用肥。

根部施肥为主，根部施肥与叶面施肥相结合。

因地制宜、灵活掌握。

（5）丰产优质茶园施肥方案实例

"一基"：白露前后，茶树地上部生长停止生长后立即施入，在茶棚垂直下方开深20~30厘米的施肥沟，也可结合秋冬茶园深耕时开沟施肥，施入全年施肥量的40%~50%氮肥和全部磷钾肥，肥料以有机肥为主，如饼肥、猪牛栏肥、堆沤肥、人粪尿、茶叶专用肥等，配合施用磷钾肥。成年采摘茶园，亩施有机肥1 500~2 500千克，增施饼肥100~150千克，过磷酸钙25~50千克，硫酸钾15~25千克。

"四追"：在每轮新梢开始萌动时或采摘前15~20天，分别追施速效性化肥，在秋季追肥应控制在立秋前后结束。秋季追肥过迟，秋梢生长期长，会产生新梢"恋秋"现象，青枝嫩叶过冬，对茶树安全越冬不利。春茶前的催芽肥用肥量约占三次追肥总用量的40%~50%，其余夏、秋茶各占追肥量的25%左右。成年茶园追肥量一般根据茶叶生产量确定，一般每生产100千克干茶，亩施氮肥约12~20千克、磷肥约6千克、钾肥约5千克。

"多喷"：在茶树生长季节，用化肥或生长调节剂进行根外喷肥，常用的有1%硫酸铵、0.5%尿素溶液以及一些植物生长调节剂等进行喷施，一定要喷湿叶面和叶背，喷施时间以茶树一芽一叶初展效果最好。

任务二　茶园灌溉

1. 灌溉水质要求

茶园灌溉用水应是含钙量少，呈微酸性的水。在使用石灰岩地区的自然流水时应谨慎做好水质检验工作。茶园灌溉用水要求不受污染，符合《农田灌溉水质标准》（GB5084-1992）。

2. 适时灌溉

在茶树尚未出现因缺水而受害的症状之时，即土壤水仅减少至适宜范围的下限附近，但不低于下限之时，就补充水分。

判断灌溉适期的指标主要有以下两种：

土壤含水量：以田间持水量70%作为茶园土壤含水量的下限，此时，必须进行灌溉。

茶树形态指标：生长速度变慢，芽梢短，对夹叶增多，幼嫩茎叶萎蔫，老叶干枯。

3. 灌溉方式的选择与设置

茶园灌溉方式主要有浇灌、流灌、滴灌和喷灌四种。

浇灌：劳动强度大，但水土流失小，可节约用水。

流灌：灌溉效率高，但水的有效利用系数低、灌溉均匀度差，易导致水土流失，且庞大的渠系占地面积大，影响耕地利用率。受地形因子要求严格，一般只适于平地茶园和水平梯式茶园以及某些坡度均匀的缓坡条植茶园。另外，给水周期长，不能经常维持土壤水分于最适水平。

滴灌：能相对稳定土壤含水量在最适范围，具有经济用水、不破坏土壤结构和方便田间管理等特点，还可配合均匀施肥和药杀地下害虫。

喷灌：茶园中理想的灌溉方式。可提高产量和品质，其优点有：节约用水，通过对喷灌强度等的控制可有效地避免土壤深层渗漏和地面径流损失，较之地面流灌可省水30%~50%，且灌水较均匀；节约劳力，可以提高工效20~30倍；少占耕地：可减少沟渠耗地；保持水土，减少地面径流；扩大灌溉范围，不受地形条件的限制。缺点是表面湿润较多，深层湿润不足。

思考题

1. 茶园基肥施肥如何确定施肥位置？
2. 如何进行茶园追肥？
3. 尝试制订一项丰产茶园的年度肥水管理计划。

项目六　茶树修剪

任务目标
1. 掌握茶树高产优质树冠的构成和培养。
2. 掌握茶树修剪技术以及树冠的综合维护技术。
3. 掌握修剪后茶树的管理技术。

任务一　茶树高产优质树冠的构成和培养

良好的茶树树冠结构是优质、高产、高效的基础。茶树树冠的高矮、宽窄、性状、结构，直接影响茶树生育、产量和质量。茶树树冠培养是茶园综合管理中一项主要栽培技术措施。

1. 高产优质树冠的构成

高产优质型茶树冠的外在表现是分枝结构合理，茎干粗壮，高度适中，树冠宽广，枝叶茂密。

（1）分枝结构合理

茶树分枝结构主要指分支级数、数量、粗细等状况。高产优质茶树树冠要求分枝层次多而清楚，骨干枝粗壮而分布均匀，采面生产枝健壮而茂密。一年中如对茶树进行多次修剪，则分枝级数会更多，对于顶部冠面出现衰老的茶树，当采摘面生产枝变细弱，出现较多结节，芽叶中有较多对夹叶发生时，通过修剪掉冠面衰老的枝条，可恢复茶树冠面健壮的生产枝结构，以维持较好的育芽能力。对于衰老茶园，根据树体衰老程度用不同的修剪措施可使衰老枝条更新复壮，重新获得分支结构合理的树冠。

（2）树冠高度适中

为培养高产优质的树冠和有利于茶树体内树液流动的旺盛度，综合各地对茶树生产枝空间分布密度和茶叶生产管理的实践，茶树树冠培养高度以控制在80厘米左右为合适。即使是南方茶区栽植的乔木型大叶种，树冠也以不超过90厘米为好。

（3）树冠覆盖度大

茶树树冠覆盖度是指茶树树冠遮盖占据地表面积与总茶园面积之比。高幅比达到1：2或1：1.6，树冠间距为20~30厘米，树冠有效覆盖度达到90%的水平。我国南方一些栽植云南大叶茶、海南大叶种等较直立型植株，宜将冠面修剪成水平型；在采制绿茶和名优茶的一些茶区，为求成品茶外形细紧，条索整齐，宜将茶树冠面养成弧形，弧形冠面上分布的芽均匀一致，密度较高。当然，确定将冠面修剪成什么形状，应视品种和栽培的地域条件而定。

（4）有适当的叶层厚度和叶面积指数

中小叶种的高产树冠面应保持厚度为 15 厘米左右的叶层，大叶种要有厚度为 20 cm 的叶层。以叶面积总量而论，叶面积指数以维持在 4 左右为合适。

2. 修剪对培养高产优质树冠的作用

（1）改变茶树生长的顶端优势

在茶树的幼年期，通过修剪，适当减少一级分枝数量，改变幼苗自然生长的主轴优势，可将养分集中供应给今后起骨架作用的分枝，使以后在此基础上生长的侧枝也能十分健壮。

（2）改变茶树树冠结构和生产能力

茶树幼年期的修剪对塑造高产优质型树冠有着十分显著的作用。修剪也可以调节成龄茶树的生产枝密度和粗度，改变芽叶的数量和重量。

（3）调控茶树高幅度与冠面芽叶分布

修剪可控制树冠高度和平整度，调节采面芽叶的分布。同时，修剪能促进侧枝生长，使茶树达到合理的树冠覆盖度。

（4）调节茶树地上部与地下部的平衡

通过修剪茶树的枝叶，影响茶树的生殖和营养生长以及体内代谢物质分配变化。同时，修剪打破地上部枝叶与地下部根系的相对平衡关系，形成新的再生平衡，达到更新衰老茶树、复壮树势的目的。采用人为修剪措施，刺激了茶树侧芽、不定芽的萌发和生长，可培育成广阔茂密的采摘面。修剪剪除病枝，对分布在茶丛上部的害虫特别是喜好危害嫩叶的害虫有良好的控制作用。

3. 茶树树冠培养的主要修剪方式

利用修剪措施培养树冠的方法和程序主要有三种：一是奠定基础的修剪——定型修剪；二是冠面调整、维持生产力的修剪——轻修剪、深修剪；三是树冠再造的修剪——重修剪和台刈。

任务二 茶树修剪技术

1. 茶树定型修剪

对茶树进行定型修剪的目的：促进侧芽萌发，增加有效分枝层次和数量，培养骨干枝，形成宽阔健壮的骨架。对茶树进行定型修剪的对象：幼年茶树或衰老茶树改造后的树冠。对茶树进行定型修剪的时期：二足龄至四足龄茶园。修剪次数：常规茶园一般进行 3~4 次。

（1）第 1 次定型修剪

茶苗移栽成活后，当茶苗茎粗达到 0.4~0.5 厘米，茶苗地上部分高度超过 30 厘米，有 1~2 个分支时，就可以进行第 1 次定型修剪（一般在茶苗移栽的当年完成）。修剪高度离地

12~15厘米，遵循主枝修剪侧枝不剪的原则，适当保留1~2个较强分支，方便以后生长不定芽。如果当年不符合修剪标准，则可以延到第二年高度、粗度达标后进行。

（2）第2次定型修剪

第2次定型修剪的时间是在第1次修剪后的第2年，时间上尽量选择在春季。如果不符合修剪标准的话，同样需要推迟。一般此时树高达40厘米左右，在距离第1次修剪剪口上10~15厘米进行。修剪后的树干离地高度在25~30厘米。修剪的时候要注意保留向外扩展的侧芽，以利于后期茶树树型外披展开，形成较为宽广的树冠面。

（3）第3次定型修剪

第3次定型修剪，在第2次定型修剪的基础上高10厘米。按照离第2次定型修剪剪口上部约10厘米米左右进行整枝剪除，保持茶树枝干离地35~45厘米。如果有必要的话，可以适当进行第4次定型修剪，修剪高度再提高10厘米米左右。第三四次修剪可以采用篱剪方式，也可以采用修剪机修剪。保证在一定高度的情况下平齐修剪，同时可以适当打顶采摘，形成离地50~60厘米、宽幅70~80厘米的树冠面。之后可以通过轻采留养来进一步扩大树冠，增加分枝密度。

2. 茶树轻修剪

对茶树进行轻修剪的目的是刺激茶芽萌发，解除顶芽对侧芽的抑制。

（1）轻修剪时期

轻修剪对茶树的刺激作用是修剪措施中程度最轻的，它对茶树体内贮藏养分和环境条件的要求较小。因此，轻修剪从原则上讲一年四季均可进行。生产上应用较多的轻修剪时期有早春、春末夏初、秋末，即分别在春茶萌动前、春茶结束后和秋茶结束后进行。也有在夏茶结束后和冬天茶芽休眠期间进行轻修剪的。

（2）轻修剪的方法

生产上常采用的轻修剪方法有两种：轻修剪或修平。

轻修剪是将生长年度内的部分枝叶剪去，一般在上次剪口基础上提高3~5厘米进行轻度修剪，或剪去树冠面上的突出枝条和树冠表层3~10厘米枝叶。轻修剪每年进行一次，如果树冠整齐，生长旺盛，也可隔年进行一次。轻修剪太浅，达不到刺激生长的目的；但剪得太重，又会影响树冠面生产枝的结构和数量，不利茶叶产量的提高。因此，在确定修剪深度时，应根据生态条件、茶树品种和新梢长势等灵活掌握。一般气候温暖，培肥管理好，叶层较厚，生长势强的茶园可适当剪重些；而气候较冷，培肥管理差，叶层较薄或采摘过重的茶树宜轻剪。

修平是将茶树冠面上突出的枝条剪去，平整树冠，程度较轻。修平一般多用于有性系品种种植的机采茶园。这是由于机采后的茶园树冠较平整，但叶层较薄，适当留养是增加叶面积指数，防止早衰，延长其优质高产年限的重要技术措施。茶树在留养其间，有性系品种的部分枝条生长较快，为了提高机采茶叶的质量，需要进行修平。另外，生产枝粗壮，发芽能力强，隔年轻修剪一次的茶园，常在不轻修剪的这一年进行一次剪平，以利平整树冠，有利采摘。

另外，对于树冠覆盖度较高的成龄茶园，除进行正常的轻修剪和修平外，每年秋茶结束后还需进行一次边缘修剪，即剪去茶行间的部分枝叶，保持行间有 20 cm 左右的间隙，以利田间作业和茶行通风透光。

3. 茶树深修剪

（1）深修剪周期

茶树深修剪的周期视茶园管理水平和茶树蓬面生产枝育芽能力的强弱而定。管理水平高，生产枝育芽能力强的，可适当延长深修剪的周期；否则，应缩短深修剪的周期。若是采摘大宗茶，对茶叶产量有较高要求时，深修剪周期一般控制在 5 年左右；对茶叶品质要求较高的茶园，特别是采摘名优茶的茶园，深修剪周期应适当缩短，一般可控制在 2~3 年，夏秋茶留养不采的名优茶园，甚至可以每年深修剪 1 次，由于夏秋茶留养积累的养分和腋芽较多，翌年春茶品质好，产量也较高；对于量质并重的茶园，深修剪的周期以 4 年为宜。

（2）深修剪方法

剪去树冠上部 10~15 厘米深的鸡爪枝，使树势恢复健壮，提高育芽能力。茶树树冠经过多年的采摘和轻修剪后，树冠面上的分枝愈分愈细，长出许多浓密细弱密集的分枝，俗称"鸡爪枝"。这种小枝的结节增多，会阻碍养分的输送，使枯枝率上升，所萌发的芽叶瘦小，对夹叶增多，育芽能力衰退，导致产量和品质下降。

4. 茶树重修剪

重修剪的对象：树冠衰老，但骨干枝及有效分枝仍有较强的生育能力、树冠上有一定绿叶层的茶树。

重修剪的技术：剪去树高的 1/2 或略多一些，常年失管的茶树，重修剪掌握留下离地面高度 30~45 厘米的主要骨干枝，以上部分剪去，重修剪后要加强培肥管理。

5. 台刈

台刈的对象：树势十分衰老，骨干枝上地衣苔藓多，芽叶稀少，枝干灰褐的茶树。

台刈的技术：台刈是彻底改造树冠的方法。一般灌木型茶树离地面 5~10 厘米处剪去全部地上部分枝干。不同类型的茶树台刈高度不同，小乔木型和乔木型留桩可高些，可在离地 20 厘米左右下剪。

任务三　茶树修剪后管理

1. 加强肥水管理

修剪对茶树来说是一种创伤，茶树修剪后伤口的愈合和新梢的萌发生长，在很大程度上有赖于树体内贮藏的营养物质，特别是根部贮藏的养分。根部贮藏的养分多，剪后茶树恢复快。合理的肥水管理是保证茶树剪后树势复壮和高产优质的重要条件，如在缺肥少管的条件下修剪，茶树养分消耗加速，反而会加快树势的衰败，达不到改树复壮的目的。生产上某些茶园改造后，枝条枯死现象严重，主要是由于茶树体内养分不足，又没有及时跟上营养所致。所以，生产实践中常有"无肥不改树"的说法。为了保证茶树根部有足够的养分供应自身及地上部的再生长，需要有足够的营养供应。修剪前应施入较多的有机肥或复合肥，一般农家有机肥的施用量应在15~30吨/平方百米，或茶树专用复合肥（NPK总养分25%）为1.5吨/平方百米左右；修剪后待新梢萌发时，应及时追施催芽肥。只有这样，才能促使新梢旺盛生长，充分发挥修剪的效果。重修剪或台刈的茶园，茶树经过多年的生长，土壤渐趋老化，养分往往不平衡，有时由于水土流失等，土层较薄，自然肥力水平低，更要加强培肥管理。

修剪下的枝叶含有茶树生产所需的各种营养元素，是很好的有机肥，腐烂后对提高土壤肥力有一定的作用，不仅如此，茶树修剪后，特别是重修剪或台刈后，行间裸露面积大，修剪枝叶又是很好的地面覆盖物，对于减少水土流失和杂草生长也有明显的作用。所以，那些没有严重病虫危害的修剪枝叶应留在茶园内。

2. 留养与采摘相结合

处理好留养与采摘的关系是修剪茶园最重要的管理内容之一。幼龄茶树骨干枝和树冠骨架的形成主要依靠三次定型修剪。第一次定型修剪后的茶树分枝和叶片少，应顺其生长，只留不采；第二次定型修剪后，特别是采摘少量春茶后进行的，可以适当打顶；第三次定型修剪的茶树可打顶轻采，以留养为主。如果只顾眼前利益，进行不合理的早采或强采会造成枝条细弱，树势早衰，茶树就会像个"小老头"，无法形成优质高产的树冠。对于春茶后深修剪的茶树，剪后茶树叶面积锐减，应留养一季夏茶，秋茶适当打顶轻采；对于树势较弱的茶树，则夏秋茶均应留养，以利于树势的恢复和提高次年春茶产量。对于重修剪和台刈的茶树，新梢生长比较旺盛，叶片大、节间长，芽叶粗壮，对培养再生树冠十分有利，早期应以留养为主，并进行定型修剪，切忌为追求眼前利益，进行不合理的早采或强采，从而影响修剪的效果。

3. 及时防治病虫害

茶树修剪后，留下的剪口容易感染或有害虫入侵；剪后再生的新梢持嫩性强，枝叶繁茂，也为病虫滋生提供了良好的条件，极易发生病虫危害。所以，茶树修剪后应及时进行病虫防治。首先，对于危害严重、容易扩散传播的病虫枝条应及时运出园外，集中处理；其次，对于重修剪或台刈的茶树，特别是南方种植的乔木型大叶种，最好用波尔多液或杀菌剂涂抹剪口，防止伤口感染；最后，在新梢再生阶段，对为害幼嫩芽梢的病虫，如茶蚜、茶小绿叶蝉、茶尺蠖、茶细蛾、茶卷叶蛾和芽枯病等必须及时检查防治，以确保新梢正常生长。

除了上述施肥、留养、病虫防治等管理措施外，其他茶园管理措施也应积极配合运用，如铺草、灌溉、耕作等，只有这样，才能获得最佳的修剪效果，促进茶叶的优质、高效和持续发展。

思考题

1. 茶树高产优质树冠有哪些结构要求？

2. 修剪对茶树树冠培养有哪些作用？

3. 茶树修剪包括哪几种修剪方式？请说出它们的主要技术环节。

4. 茶树修剪后如何管理？

项目七　茶叶采收

任务目标

1. 掌握不同茶类的采摘标准。

2. 掌握茶叶手采和机采技术。

任务一　确定采摘标准

1. 依采摘的嫩度划分

依采摘的嫩度可分为细嫩采、适中采、开面采和成熟采。

细嫩采是各类名优茶的采摘标准，细嫩采一般指采摘单芽、1 芽 1 叶以及 1 芽 2 叶初展的新梢。如"雀舌""旗枪""莲心""拣芽"等。这种采摘标准，花工多、产量低、品质佳，季节性强（主要集中在春茶前期），经济效益高。

适中采是当前红绿茶大宗茶类最普遍的采摘标准。适中采是指当新梢伸长到一定程度时，采下 1 芽 2、3 叶或细嫩的对夹叶。这种采摘标准兼顾产量和品质，经济效益较高。

开面采是我国某些传统的乌龙茶，要求有独特的风味，加工工艺特殊，因此要求使用这种采摘标准。开面采是指当新梢伸长至 3 ~ 5 片叶将要成熟至顶芽最后一叶刚摊开时，采下 2 ~ 4 叶新梢。

成熟采是我国特种茶所采用的采摘标准。如青茶是采摘已形成驻芽的 1 芽 3 ~ 4 叶。黑茶则是当新梢成熟，基部已木质化，呈红棕色时才采摘。

2. 采摘标准的合理确定

（1）依加工茶类的要求确定

绿茶：名优绿茶用单芽、1 芽 1 叶初展或 1 芽 2 叶初展。

大宗绿茶：1 芽 2、3 叶。

红茶：1 芽 2、3 叶。

黄茶：1 芽 4、5 叶。

黑茶：1 芽 5、6 叶的成熟枝梢。

白茶：芽、1 芽 2 叶。

青茶：1 芽 3、4 叶（顶芽已成驻芽）。

（2）依树龄、树势强弱确定

在采摘的同时，注意适当的留叶养树，维持茶树正常而旺盛的生长势。

幼年茶树：1~3 龄的茶树基本不采。

成年茶树：3~5 龄的茶树采用"打顶养蓬"的方法采摘。

5 龄以上茶树按茶类要求进行采摘。

更新茶树：1~2 年不采。

（3）依新梢生育和气候特点合理确定采摘标准

生产同一茶类，可依据新梢伸育和气候情况，采制不同等级的茶叶。

还可采用多茶类组合生产的方式进行采摘。使不同地区、不同茶树品种、不同嫩度的鲜叶、不同采茶季节都有最佳的适制茶类的鲜叶原料，充分发挥原料的经济价值。

多茶类组合的方式有：

名优茶（清明、谷雨），大宗绿、红茶（5 月），青茶、黑茶（7、8 月），大宗绿、红茶或青茶、黑茶（9、10 月）。

（4）都匀毛尖茶分级及采摘标准

2015 年贵州质量技术监督局发布并实施《DB52T 995-2015 都匀毛尖茶加工技术规程》，其中规定都匀毛尖差鲜叶等级及采摘标准为：原料鲜叶应保持芽叶完整、新鲜、匀净、无污染物和其他非茶类夹杂物。鲜叶分为四个等级进行采摘。

珍品：采摘单芽至 1 芽 1 叶初展。

特级：采摘 1 芽 1 叶。

一级：采摘 1 芽 2 叶。

二级：1 芽 2 叶量在 50% 以上，幼嫩的 1 芽 3 叶及其同等嫩度对夹叶和单片叶在 50% 以内。

任务二 茶叶手采技术

1. 按标准及时采摘

"不违农时"是农业生产中很重要的原则。"前三天是宝，后三天是草"，这句话说明采茶的季节性很强。

确定采摘适期可根据生产经验进行：各地生产大宗红、绿茶以有 10%~15% 的新梢符合采摘标准时即应开采，开采后 10 天左右便可进入旺采期。在旺采期内，每隔 2~3 天采一批。

各季茶的时间划分：

春茶：清明到立夏（4月上旬至5月下旬）。

夏茶：小满到夏至（5月下旬至6月下旬）。

秋茶：大暑到寒露（7月下旬至10月上旬）。

2. 分批多次采摘

依据：同一茶树因枝条强弱的不同，发芽也有前后快慢之别，同一枝枝条由于营养芽所取的部位不同，发芽迟早也不一致。

发芽顺序：主枝先发，侧枝后发；强壮枝先发，细弱枝后发；顶芽先发，侧芽后发；蓬面先发，蓬内后发。

影响采摘批次和间隔期的因素：

第一，茶树品种：在新梢生长较旺盛、较集中时，分批相隔天数要短些，批次可多些。

第二，气候条件：气温高，雨水多，茶芽生长迅速，批次要增加。

第三，树龄和树势：树龄幼小的，每批相隔天数要长些；树势好、生长旺盛的茶树，分批间隔天数可短些。

第四，管理水平：培肥管理好、水肥足，或者施有生长调节素的、生长较快，分批间隔天数可短些。

第五，对制茶原料的要求：要求原料嫩的，分批间隔天数应短些。

3. 依树势、树龄留叶采

留叶方式主要有留鱼叶、留真叶和打顶采三种。

留鱼叶采摘法：是成年茶园的基本采摘法，适合名优茶和大宗红绿茶的采摘，即等新梢长至1芽1叶、1芽2叶或1芽3叶时，只留下鱼叶采。

留真叶采摘法：是一种采养结合的采摘方法。既注重采，也重视留。

一般待新梢长至1芽3、4叶时，采摘1芽2叶为主，兼采1芽3叶，留下1、2片真叶在树冠上不采。但遇2、3叶幼嫩驻芽梢，则只留下鱼叶采摘，强调采尽对夹叶。

打顶采摘法：打顶采摘又称打头、养蓬采摘法。这是一种以养为主的采摘方法，适用于扩大茶树树冠的培养阶段，一般在2、3龄的茶树或更新复壮后1、2年时采用。在新梢长到1芽5、6叶以上，或者新梢将要停止生长时，实行采高养低，采顶留侧。摘去顶端1芽1、2叶，留下新梢基部3、4片以上真叶，以进一步促进分枝，扩展树冠。

4. 留叶组合模式

理想模式：夏留一叶，春、秋留鱼叶采。这种模式下的茶叶产量品质均好，且能高产稳产，但树势比春留1~2叶者略差。

我国大部分茶区，春季气温较低、雨水充沛、光照适宜、春梢生长平稳，留鱼叶采，可得较多优质茶叶。春季多采少留，产量较高，并能为以后各季茶芽萌发，刺激腋芽多发，创造有利条件。但在春季多采少留情况下，叶面积减少，此时，也正是一年中落叶量最多的时期，对茶树生育有一定不良影响。为了使在春季采摘所受到的创伤能迅速恢复生机，同时由于夏季气温高、光照强的特点，在夏梢上少采多留，留一、二片真叶在梢上，可补充春季留叶的不足，并为秋梢和翌年春梢生长打下物质基础。

5. 不同树龄的采摘与留叶方法

（1）幼年茶树

原则：以养分主，以采为辅。

方法一（适用于茶园基础好，培肥管理水平高，幼年茶树生长势良好的）：

①二足龄（第一次定型修剪后）：春、夏留养，秋季树冠高度超过 60 厘米时分批打顶至茶季结束。

②三足龄：春茶末时打头采，夏茶留二、三叶采，秋茶留鱼叶采。

③四足龄：茶树春留一、二叶采，夏留一叶采，秋留鱼叶采。

方法二（适用于多条密植修剪茶园）：

①一足龄修剪的茶树当树冠高度达 40 厘米以上打头采，夏留二叶采。

②二足龄第二次修剪的茶树，春留二、三叶采，夏留一、二叶采，秋留鱼叶采。二足龄第一次定型修剪的茶树，当树高达 45 厘米以上时春茶打头采，夏留二叶采，秋留鱼叶采。

③三、四足龄茶树，春前轻修剪，春、夏各留一大叶采，秋留鱼叶采。

（2）成年茶树

原则：以采为主，以养为辅。全年应有一季留真叶采。

方法：春、秋留鱼叶采，夏留一叶采。

（3）更新茶树

原则：以养为主，采养结合。

方法：

深修剪茶树：当年春茶留鱼叶采，于 5 月上旬深剪后，留养夏梢，末期可打头采，秋留鱼叶采；第二年轻修剪后，即可按成年茶树正常采摘。

台刈茶树：当年夏茶留养不采，秋茶末期打头采；第二年春茶前第一次定型修剪，春、夏茶末期分别打头采，秋茶留鱼叶采；第三年春茶前第二次定型修剪，春茶留二、三叶采，夏茶留一、二叶采，秋茶留鱼叶采；第四年春茶前轻修剪，正常留叶采。

6. 手采技术

掐采：又称折采，左手接住枝条，用右手的食指和拇指夹住细嫩新梢的芽尖和一、二片细嫩叶，轻轻地用力将芽叶折断采下。打顶采、细嫩标准采时应用此法，但采摘量少，效率低。

提手采：掌心向下或向上，用拇指、食指配合中指，夹住新梢所要采的部位向上着力采下投入茶篮中。此法为手采中最普遍的方式，现大部分茶区红绿茶的适中标准采，大都采用此法。

双手采：两手掌靠近采面上，运用提手采的手法，两手相互配合，交替进行，把符合标准的芽叶采下。双手采效率高，每天每工少的可采 15~20 千克，多的可达 35~40 千克。

任务三　茶叶机采技术

1. 适应机采茶树树冠的培养

需经系统修剪（包括定型修剪和轻修剪），将树冠培养成弧形或水平形。

2. 机采对茶树生育的影响

轮次明显：手工采茶往往会有漏采，每个轮次时间界限长，夏、秋茶界限模糊，手采茶树春茶仅一个高峰，且峰值较机采高。机采茶树春季有两个高峰，两个高峰均比手采低。

发芽密度增加：机采使茶树受剪切程度较手采重，有利于解除顶端优势的抑制，促使侧芽萌发。机采茶树新梢密度在前期随机采年限的延长而增加。

叶层变薄：经常性的在相同的平面上采摘作业，使得这一层面上分枝趋密，芽叶数多，叶片排列紧密，光线透过该层量少，使茶丛下层郁闭，枝叶难以抽生，导致叶层较薄。

分枝级数少，粗度递减率大：机采茶树受切割程度较手采重，其分枝级数较手采少，分枝长度短，树冠芽叶密度大，各层分枝的粗度递减率比手采大。

3. 机采茶树的留养

机采茶园的叶层厚度应在 10 厘米以上，叶面积指数应在 3~4。在生产实践上往往掌握以茶树"不露骨"为留叶适度，即以树冠的叶子相互密接，见不到枝干外露为宜。

留养一批秋梢不采，或留 1~2 片大叶，也可在其他茶季适当提高采摘高度，留蓄部分芽叶。

对于树冠表层机械经常切割部位已形成鸡爪枝或树体过高的茶树，应先行深、重修剪，再行留养。

机采 5~6 年的茶树可留蓄一季秋梢。

思考题

1. 试述茶叶采摘标准确定的依据及其掌握方法。

2. 怎样掌握好手工采摘的开采适期？

3. 茶树手采技术有哪几种？怎样进行？

学习情境二 茶树病虫害防治技术

项目一 茶树害虫基础知识

任务目标

1. 了解茶树害虫的基本形态、繁殖和发育的特点。

2. 学会利用茶树害虫口器、体壁、主要习性来防治茶树害虫。

任务一 茶树害虫的形态

茶树害虫种类繁多。据不完全统计，都匀毛尖茶区常见茶树害虫有 250 多种，主要害虫约 50 种，其中多数是昆虫，少数是螨类害虫。茶树害虫咬食叶片、根茎，刺吸茶树汁液或蛀食枝干，造成树势衰弱、茶叶减产，甚至无茶可采，严重影响茶叶的产量和品质。

1. 成虫

成虫形态的基本特征：身体分为头、胸、腹 3 个体段。头部是感觉和取食的中心，有 1 对触角、口器，1 对复眼，2~3 个单眼或无单眼；胸部是运动中心，分前胸、中胸和后胸共 3 节，各节上生有 1 对足，称作前足、中足、后足，中胸和后胸上各有 1 对翅，称作前翅和后翅；腹部是新陈代谢活动和生殖中心，一般有 9~11 节，每节的两边有呼吸用的气门，腹末有肛门和交尾、产卵的外生殖器。

（1）触角

触角是头部的第 1 对附肢，着生在额区的触角窝内，可自由活动。分柄节、梗节和鞭节三部分。触角鞭节上有非常丰富的感觉器，其功能主要是在觅食、聚集、求偶和寻找适当产卵场所时起嗅觉、触觉和听觉作用。触角的类型有丝状（蟋蟀、天牛）、刚毛状（蜻蜓、蝉）、念珠状（白蚁）、锯齿状（芫菁）、栉齿状（雄绿豆象）、羽状（大蚕蛾）、膝状（蜜蜂、象甲）、具芒状（蝇类）、环毛状（雄蚊）、球杆状（蝶类）、锤状（郭公甲）、鳃叶状（金龟甲）等。

（2）眼

复眼：复眼有 1 对，位于额上方两侧，较大，多为圆形或椭圆形，突出于体壁。复眼由许多六角形柱状的小眼组成，类似于蜂窝状。复眼愈大，小眼越多，视力越强。昆虫主要用复眼观察物体的形象和色彩，对运动中的物体较敏感。

单眼：分背单眼、侧单眼两类。背单眼为成虫、若虫所有，多为3或2个，极少数为1个，有的缺，背单眼着生额区上方，3个者排成三角形，（如蝗虫、蝉等），背单眼一般只能辨别光的方向和强弱，不能成像。侧单眼为全变态类的幼虫具有，位于头部两侧颊区下方，通常1~7对。如叶蜂幼虫1对，鳞翅目幼虫6对，成弧形排列。

（3）口器

口器是害虫的取食器官，因食性和取食方式不同，构造和类型发生很多变异，如取食固体食物的为咀嚼式口器，取食液体食物的为刺吸式口器。

咀嚼式口器具有嚼碎固体食物的功能，如象甲、金龟甲、天牛、吉丁虫等，它们主要是咬食茶树叶片，钻蛀根、茎部，造成孔洞或缺刻等被害状。

刺吸式口器即口器中有一细长的口针，如叶蝉类、蚧类、蚜虫等。取食时以口针插入茶树枝叶内吮吸汁液，这会破坏植物细胞以及正常的生理生化代谢过程，受害的茶树叶片呈现褪色的斑点、卷曲、皱缩、畸形以至枯萎，或因部分组织受唾液酶类的刺激，而致细胞增生，形成局部膨大的虫瘿。口针刺伤植物细胞的过程中，还会传播植物病毒，有些植物的病毒病就是由刺吸式口器害虫传播的。

害虫口器类型不同，为害方式也不同，对寄主带来的损害也不同。咀嚼式口器害虫，以上颚咬食植物，造成寄主机械损伤、残缺不全，甚至会将作物吃成光秆，最后颗粒无收。刺吸式口器害虫，主要对寄主造成生理伤害和传播病害，植物受害后，出现斑点、变色、皱缩、卷曲、萎蔫、畸形或形成虫瘿等，严重时引起整株死亡。了解口器类型和为害特点，可选择科学有效的防治方法和措施。

（4）足

成虫的胸足由基节、转节、腿节、胫节、跗节、前跗节6节组成，节与节之间由膜质的组织相连。胸足类型有步行足（步行甲）、跳跃足（蝗虫后足）、开掘足（蝼蛄前足）、捕捉足（螳螂前足）、携粉足（蜜蜂后足）、游泳足（龙虱后足）、抱握足（雄龙虱前足）、攀悬足（虱类）。

（5）翅

翅多呈三角形，展开时朝向前面的边缘叫作前缘，朝向后面的边缘叫后缘或内缘，外面的边缘叫外缘。害虫翅的质地因种类不同而不同，一般翅为膜质，也有的害虫前翅角质硬化，不透明、无翅脉，称为鞘翅，如象甲、吉丁虫、金龟甲等；有的害虫翅的基部硬化，端部膜质，如绿盲蝽的前翅，称作半鞘翅；有的害虫翅缘有许多长毛，称作缨翅，如蓟马类；有的害虫前翅革质，半透明，称作革翅，如大蟋蟀。蛾蝶的膜质翅面薄而密生鳞毛，上面常有各种颜色的斑点或线纹，根据翅面花纹的形态和颜色可以区分昆虫的种类，这类翅称作鳞翅，如茶毛虫、茶尺蠖、茶刺蛾等。翅的类型有膜翅（蜂类等）、复翅（直翅目前翅）、鞘翅（甲虫前翅）、半鞘翅（蝽类前翅）、鳞翅（鳞翅目）、毛翅（石蛾）、缨翅（蓟马）、平棒翅（双翅目后翅）。

（6）外生殖器

外生殖器是昆虫用以交配或产卵的器官，由生殖节上的附肢特化而成。雌虫的为产卵器，雄性的为交配器。雄性外生殖器用于与雌性交配，故称为交配器。交配器主要包括阳茎和抱握器两部分。阳茎多为管状，交配时用于将精液输入雌体。抱握器位于第 9 腹节腹面，一般比较坚硬，有的呈片状，有的似钳状，交配时用于抱握雌体。

了解昆虫的外生殖器，可以鉴别昆虫的性别，同时可以根据外生殖器（特别是雄性外生殖器），鉴别昆虫的近缘种类。

（7）体壁

体壁自外向内，由表皮层、皮细胞层和基底膜组成。体壁常向外突出形成许多外长物，向内陷入形成各种腺体。

昆虫的体壁结构及性能与害虫防治有着密切的联系，认识昆虫体壁特性，是为了设法打破体壁的保护性能，以提高药剂的穿透能力，达到杀灭害虫的目的。通常体壁柔软、蜡质较少的昆虫较易被药剂杀灭，昆虫幼龄阶段由于体壁较薄，往往较老龄阶段抗药力弱，防治害虫掌握在三龄之前就是这个道理。油乳剂一般比可湿性粉剂杀虫效果好，其原因是油乳型的触杀剂一般属脂溶性，易于破坏疏水性的体壁蜡层而渗透入虫体，从而提高杀虫效果。

2. 卵

害虫卵的形状和产卵方式，因昆虫种类的不同而有差异，这也是识别害虫的依据。卵的常见形状有卵形、球形、椭圆形、肾形、扁圆形、半球形等。有的茶树害虫卵的形状特别，如黑刺粉虱的卵呈香蕉形，基部有短柄与叶片相连。

3. 幼虫（若虫）

幼虫（若虫）一般分为头、胸、腹 3 个体段。头部有口器和眼，口器一般分为咀嚼式口器和刺吸式口器。胸部有足 3 对，腹足数对。腹足的数量因种类而异，可分为以下几种类型：

多足型：腹部有足 2~5 对，着生在第三至第六节和第十节上，头部明显，一般有咀嚼式口器，如蛾蝶动虫。

寡足型：无腹足，有胸足，头部明显，体肥皱而弯曲，如蛴螬（金龟甲幼虫）。

无足型：幼虫无胸足，无腹足，头部明显骨化，如天牛、吉丁虫和象甲幼虫

4. 蛹

完全变态类昆虫的末龄幼虫老熟后，会寻找适当场所，不食不动，缩短身体，进入前蛹期（也称预蛹期），也就是末龄幼虫在化蛹前的静止时期，末龄幼虫预蛹期蜕去最后 1 次皮变为蛹的过程叫化蛹。蛹通常分为离蛹、被蛹、围蛹 3 种类型。

任务二 茶树害虫的生物学特性、世代和年生活史

1. 繁殖方式

（1）两性生殖

两性生殖是昆虫繁殖后代最普遍的方式。绝大多数昆虫为雌雄异体，两性生殖需要经过雌雄交配，雄性个体产生的精子与雌性个体产生的卵结合后，由雌虫将受精卵产出体外。

（2）单性生殖（孤雌生殖）

单性生殖是雌虫未经与雄虫交配，产出未受精的卵细胞，能够正常孵化发育成新的个体的现象。如家蚕、蜂、蓟马、蚜虫。

2. 变态

昆虫在生长发育过程中，不仅是虫体长大，从卵到成虫在外部形态和内部构造以及生活习性上也要发生一系列的改变，这种变化现象称为变态。变态主要有不完全变态和完全变态两种类型。

（1）不完全变态

不完全变态昆虫的特点是在个体发育过程中分为卵、幼虫（若虫）、成虫3个发育阶段。即卵→幼虫（若虫）→成虫。这类变态幼虫与成虫在体形、触角、眼、口器、足和栖境、生活习性等方面都很相似，翅在体外生长。不同之处只是若虫的翅和生殖器官未发育完全。成虫的特征是随着若虫的生长发育而逐渐显现。其中又可分为半变态、渐变态和过渐变态3种亚型。

幼体阶段特称若虫，与成虫均为陆生。幼体在体形、行为和习性、栖境等方面均与成虫期十分相似。如小绿叶蝉。

（2）完全变态

完全变态的个体发育过程中分为卵、幼虫、蛹、成虫4个发育阶段。此类变态的昆虫，幼虫的形态和生活习性与成虫有很大不同。如茶毛虫、茶尺蠖等。

3. 害虫的各虫期

（1）卵期

害虫从成虫产下卵到卵孵化为幼虫所经过的发育阶段，称作卵期。卵一般不为害茶树。各种害虫的产卵方式不同，有的卵单粒分散产出，称作散产；有的那多个聚集在一起形成卵块。产卵的场所也各有不同，有的卵产在叶片正面，如茶卷叶蛾等；有的卵产在叶片背面，如茶小卷叶蛾、黑刺粉虱等；有的卵产在树皮缝隙等处，如茶尺蠖；也有的卵产在植物组织内，如茶黄蓟马、小绿叶蝉等；还有的卵产在土壤中，如茶丽纹象甲等。

（2）幼虫期

从卵孵化出来后到成虫特征出现（或成虫化蛹）前的整个发育阶段，称作幼虫期。幼虫期是昆虫的营养生长期，也是需大量取食、为害茶树的时期。随着虫体的增大，幼虫的生长会受到体壁的限制，必须将旧表皮蜕去，重新形成新的表皮，这种现象称作蜕皮，蜕下的皮称作蜕。一般害虫蜕皮 3~5 次，但蜕皮的次数因害虫的种类、性别和环境条件而有变化。例如介壳虫的雌虫比雄虫蜕皮多 1~2 次。每蜕去 1 次皮，幼虫就增加 1 龄。初孵幼虫到第一次蜕皮前称作 1 龄幼虫，蜕 1 次皮后为 2 龄幼虫，依次类推。两次蜕皮之间所经过的时间称作龄期。虫龄愈小，体形和食量也愈小，抗药力弱，易于防治。虫龄愈大，幼虫食量也加大，为害加重，而且抗药力强。因此，在防治害虫的时间上，必须在低龄幼虫期进行。

（3）蛹期

从化蛹到变为成虫所经过的时期为蛹期。昆虫的蛹期内部发生着激烈的变化，成虫的所有器官都在蛹期形成。蛹期是完全变态昆虫由幼虫转变为成虫的过渡期，是一个静止虫态。

（4）成虫期

成虫期是害虫个体发育的最后阶段，主要为繁殖时期。成虫的繁殖特征是整个生活过程中生长发育的结果。成虫体内的性细胞发育成熟并已具备生殖能力，不久就交配产卵，产卵后不久就死亡，如茶尺蠖。而有些害虫在羽化为成虫时，还未性成熟，需要继续取食一定时期才能进行生殖，这种对性发育不可缺少的营养，称为补充营养。需要补充营养的植食性昆虫，成虫寿命较长，往往也是为害虫态，如蝗虫、天牛等。害虫性成熟后即能交配，交配和产卵的次数因虫种而异。通常成虫寿命短的昆虫，如很多蛾类只交配 1 或 2 次。成虫寿命长的如蝗虫、甲虫，一生可交配多次。产卵期的长短、产卵次数和产卵量也因不同虫种而异。

4. 世代与年生活史

（1）世代

昆虫的卵或若虫，从离开母体发育到成虫性成熟并能产生后代为止的个体发育史，称为一个世代，简称为一代或一化。昆虫世代的长短，因种类而异。有些昆虫一年只有 1 个世代，如茶叶丽纹象甲、茶枝镰蛾。有些昆虫 1 年可有几个世代，如茶尺蠖 1 年 6~7 代、小绿叶蝉则 1 年 10~15 代。有些昆虫却要 2 年或几年才完成 1 代，如茶天牛 2 年 1 代，十七年蝉要十余年才能完成 1 代。1 年 1 代为一化性，1 年 2 代为二化性，1 年 3 代为三化性，1 年 3 代以上的为多化性。

（2）年生活史

1 种害虫由当年越冬开始活动到第 2 年越冬结束为止的发育过程称为年生活史。

5. 习性与行为

（1）食性

害虫有一定的食料范围，称作食性。只取食一种植物的害虫，称作单食性害虫，如茶尺蠖、茶籽象甲等；取食于一个科不同种植物的害虫，称作寡食性害虫，如茶毛虫等；能取食不同科多种植物的害虫，称为多食性或杂食性害虫，如蓑蛾类、刺蛾类等。为害茶树叶片的害虫，不同种类还表现出对叶片老嫩的偏嗜性，如小绿叶蝉、茶橙瘿螨、茶跗线螨喜食嫩叶，而黑刺粉虱、茶叶瘿螨、茶短须螨偏食老叶。

（2）周期性节律活动

害虫对昼夜和季节的变化常表现出各种周期性的节律活动，如昼夜活动规律和季节活动规律。蟑螂和蚊子在白天和夜间大部分时间处于休息静蛰状态，但在黄昏时则表现出高度活性；蝴蝶总是白天活动，而蛾类总是夜间活动，有日出性和夜出性之分。昆虫在 1 年中什么时候越冬，什么时候苏醒，也表现出规律性的节律。人们常将这类节律活动现象喻为"生物钟"或"昆虫钟"。

（3）趋性

趋性是昆虫对外界刺激物质如光、化学物质、温度、湿度等刺激而产生的不可克制的反应。对刺激物趋向的称正趋性，对刺激物背向的称负趋性。趋性在防治上应用较为广泛。昆虫的趋性主要有趋光性、趋化性、趋温性、趋湿性等，以趋光性和趋化性最常见。

（4）假死性

假死性指昆虫受到某种刺激或震动时，身体蜷缩，静止不动，或从停留处跌落下来呈假死状态，稍停片刻即恢复正常活动的现象。这是一种简单的无条件反射，是昆虫的一种自卫适应性。如茶叶甲、金龟子等。

（5）群集性

群集性就是同种昆虫的大量个体高密度地聚集在一起的习性。

（6）休眠

休眠是指昆虫在不利的环境条件来临之前在生理上做好了一定的准备，体内积累更多的脂肪和碳水化合物，休眠期内呼吸强度降低，新陈代谢减弱。但只要环境条件恢复正常，很快就可以恢复生长发育。

（7）滞育

滞育是由环境条件和昆虫的遗传稳定性两个方面共同支配的昆虫生长发育暂时终止的现象。一旦进入滞育后必须经过较长时间的滞育期，并要求一定的刺激因素（如温度、光照）的刺激才能解除滞育，其中以光照的影响最大。原因是它具有一定的遗传稳定性，待环境条件恢复到正常状况才能重新继续生长。

任务三　茶树害螨的形态和生物学特性

1. 茶树害螨的形态

螨类体型微小，一般肉眼看不清，要在放大镜下才能见其形体。螨类与昆虫的形态主要区别在于体躯分节不明显，无头、胸、腹之分，也无翅、触角和复眼。身体一般由4个体段构成，前体段（或称前半体）分为颚体段和前肢体段两部分，后体段（或称后半体）分为后肢体段及末体段两部分。但各体段间无明显的分界线。颚体段相当于昆虫的头部，与前肢体相连，分界明显。颚体段只有口器，茶树害螨均为刺吸式口器，由1对螯肢和1对须肢组成。螯肢的胫节特化为细长的口针，须肢是感觉器官，帮助取食。肢体段相当于昆虫的胸部，有足2~4对，着生前面两对足的为前肢体段，着生后面两对足的为后肢体段。有的螨类仅有前面两对足，如瘿螨。其他螨类的幼螨有足3对，后面仅1对足。前后肢体段之间有一明显的横缢纹，但也有的种类无此缢纹。前肢体段背面常有1~2对单眼和气门器。

末体段相当于昆虫的腹部，与后肢体段紧密相连，很少有明显的分界。肛门和生殖孔开口于末体段的腹面。

2. 茶树害螨的主要生物学特性

茶树害螨的一生可分为卵、幼螨、若螨和成螨4个发育阶段。有的螨类若虫期有第一若虫期（前若虫期）、第二若虫期，如茶短须螨的雌虫等，而其雄虫则无第二若虫期。若虫（尤其是第二若虫期）在外形上与成虫较相像，一般均有4对足。在发育过程中，每个发育阶段之间，有些种类出现休眠或静止期，如茶短须螨。螨类多数为两性卵生繁殖，也能孤雌生殖。少数种类属"卵胎生"。螨类繁殖速度很快，茶树害螨1年最少发生6代，多者达30~40代，且有世代重叠现象。

成虫有性二型现象，如叶螨（咖啡小爪螨）、短须螨、跗线螨均存在此现象。一般雄虫末端较尖，如叶螨雄虫的须肢的腿节上有许多小刺，雌虫末端较圆钝，且须肢的腿节上无刺。

螨类为害茶树叶片，使之变色，失去光泽，提早脱落。在茶树及叶片上栖息和为害部位因种类而异。与茶树有关的，主要有叶螨科的咖啡小爪螨（又称红蜘蛛），细须螨科的茶短须螨，跗线螨科的茶跗线螨（又称茶黄螨），瘿螨科的茶橙瘿螨和茶叶瘿螨等。

思考题：

1. 昆虫具有哪些主要特征？
2. 咀嚼式口器和刺吸式口器的基本构造和为害状有何不同？
3. 可利用昆虫的哪些习性来开展防治？
4. 为什么要保护茶园的生物多样性？
5. 害虫的发生与哪些环境因素有关？

项目二　茶树害虫防治

任务目标

1. 了解都匀毛尖茶园食叶害虫、吸汁害虫、蛀干害虫和地下害虫的组成、分布和发生规律。

2. 识别都匀毛尖茶园主要害虫的形态特征。

3. 掌握都匀毛尖茶园主要害虫的防治方法。

任务一　食叶性害虫

为害特点：食叶性害虫主要指咬食茶树叶片、嫩梢的咀嚼式口器害虫。它们为害后往往造成茶树叶片有透明枯斑、缺刻、孔洞、潜道、卷叶或嫩梢折断，甚至蚕食整张叶片，仅剩叶脉、叶柄或枝干，严重时状如火烧。

种类：鳞翅目的尺蛾、毒蛾、刺蛾、蓑蛾、卷叶蛾、斑蛾、夜蛾、细蛾和蚕蛾等科的幼虫，以及鞘翅目的象甲、叶甲和金龟甲等科的成虫。

1. 茶尺蠖

茶尺蠖俗称拱背虫、量尺虫、造桥虫等。是都匀毛尖茶园普遍出现的一个重要害虫种类，幼虫取食茶树嫩叶，幼龄幼虫喜停栖在叶片边缘，咬食嫩叶边缘呈网状半透膜斑，后期幼虫常将叶片咬食成较大而光滑的"C"形缺刻，4龄后连叶柄甚至枝皮一并食尽，严重时可使枝杆光秃，形如火烧，树势衰弱，造成夏秋茶减产。

（1）形态特征

成虫：体长约11毫米，翅展约25毫米。体翅灰白，翅面散生茶褐至黑褐色鳞粉，前翅内横线、中横线、外横线及亚外缘线处共有4条黑褐色波状纹，外缘有7个小黑点。后翅线纹与前翅隐约相连。外缘有5个小黑点。

卵：椭圆形，鲜绿至灰褐色，常有数十至百余粒堆成卵块，并覆有灰白色丝絮。

幼虫：成熟幼虫体长26~30毫米，黄褐、灰褐至赭褐色，第2~4腹节背面有隐约的菱形花纹，第8腹节背面有一明显的倒"八"字形黑纹。

蛹：长约12毫米，红褐色，第5腹节两侧有一眼形斑。

（2）发生规律

茶尺蠖一般一年发生5~6代，以蛹在茶树根际附近土壤中越冬。翌年2月下旬成虫开始羽化，3月中下旬为羽化盛期。第一至六代幼虫发生期分别在4月上旬至5月上旬、6日中旬至7月上旬、6月下旬至7月下旬、7月下旬至8月下旬，8月中旬至9月下旬、9月中旬至11月上旬。全年以第四代发生较重。成虫昼伏夜出，有趋光性和趋糖醋性。卵成堆产于茶树枝叉间、枝干缝隙处和枯枝落叶上，每雌产卵平均100~300粒。初孵幼虫性活泼，善吐丝，有趋光性、趋嫩性，多聚集在丛面嫩芽叶上取食，形成"发虫中心"。3龄后畏光，白天多栖息在茶树中、下部，晨昏活动为害，受惊即吐丝下垂。4龄后进入暴食期。幼虫老熟后入浅土（约1厘米）化蛹。越冬深度1.5~3厘米。4—6月及9—10月为多雨季节，绒茧蜂、核型多角体病毒、圆孢虫疫霉、蜘蛛等天敌对茶尺蠖的发生有较大的控制作用。

（3）防治方法

第一，捕杀成虫：每天上午9时前人工捕杀静栖在茶园周围树干、墙壁和茶丛间的成虫，重点在四月份越冬代成虫盛发期，清晨组织捕打，效果很好。第二，结合耕作深埋或拣除虫蛹。第三，烧杀产在树皮裂缝和墙壁裂缝中的卵堆。第四，生物防治：在1、2龄幼虫期，每亩喷施100亿核型多角体病毒，或每毫升含孢子1亿的杀螟杆菌以及多角体病毒制剂（如奥绿一号）或苏芸金杆菌制剂（BT）等。

2. 茶毛虫

茶毛虫又名茶黄毒蛾、摆头虫，属鳞翅目毒蛾科。茶毛虫在各茶区都有分布，是茶区的一种重要害虫。茶毛虫的幼虫体表有毒毛，人体皮肤接触后会红肿痛痒。幼龄幼虫咬食茶树老叶成半透膜，以后咬食嫩梢成叶成缺刻。幼虫群集为害，常数十至数百头聚集在叶背取食，发生严重时会将茶树叶片取食殆尽。

（1）形态特征

成虫：体长约10毫米，翅展约28毫米。雌蛾稍大，体翅黄褐色；雄蛾稍小，呈褐色。前翅中间有2条淡黄色横纹，翅尖淡黄色区内有2个黑点。雌蛾体末端有黄色毛丛。

卵：块产，卵块椭圆形，上覆黄色茸毛。

幼虫：成熟幼虫体长约20毫米，黄褐色。胸部三节稍小。各体节有8个黄色（前期）或黑色毛瘤，上生黄褐色毒毛。全体还密生长短不齐的黄色毒毛。

蛹：黄褐色，长约9毫米，外有土黄色丝质薄茧，茧长约13毫米。

（2）发生规律

茶毛虫在都匀毛尖茶园呈点状发生，局部发生严重，历史上有个别茶园暴发成灾的记录。茶毛虫一年发生2代，幼虫为害期分别在5月下旬至6月、8—9月。卵多产于茶丛中下部叶背，多以卵在叶片上越冬。幼虫群集性强，具假死性，受惊即吐丝下垂，晨昏及阴天，虫群多在茶丛上部取食，中午躲藏在茶丛下部，老熟后迁至根际落叶下结茧化蛹。天敌有茶毛虫卵蜂、茶毛虫多角体病毒等。

（3）防治方法

第一，每年11月至翌年4月，人工摘除越冬卵块。第二，摘除各代初孵幼虫群。第三，成虫发生期点灯诱蛾，或利用性激素诱杀雄蛾。第四，结合耕作深理结茧虫蛹。第五，生物防治。利用茶毛虫黑卵蜂和绒茧蜂防治卵块和幼虫。幼虫期喷洒苏荟金杆菌或茶毛虫核型多角体病毒。

3. 刺蛾

（1）扁刺蛾

扁刺蛾又称痒辣子。幼龄幼虫咬食叶下表皮和叶肉，形成黄绿色半透明斑块。成长幼虫食叶片形成平直缺刻。幼虫体有刺毛能分泌毒汁，触及人体皮肤会引起红肿疼痛。

①形态特征。

成虫：体长 10~18 毫米，翅展 26~35 毫米。体、翅灰褐色，前翅有一暗褐色斜纹，雄蛾前翅中央还有一个黑点。

卵：长约 1.1 毫米，长椭圆形，扁平，光滑，淡黄绿色。

幼虫：体长 21~26 毫米，椭圆形，较扁平，背面隆起，鲜绿色，各体节有 4 个绿色刺突，背、侧面各 2 个，体背两侧各有 1 列小红点。

蛹：长 10~15 毫米，椭圆形，黄褐色。

茧：椭圆形，黑褐色，坚硬。

②发生规律

1 年发生 2 代，以老熟幼虫在土中结茧越冬。翌年 4 月中旬开始化蛹，5 月中旬成虫开始羽化产卵，第一至二代幼虫发生期分别在 5 月下旬至 7 月中旬和 7 月下旬至翌年 4 月下旬。成虫飞翔力及趋光性强，卵多散产于叶正面，每雌产卵 10~200 粒。幼虫栖息取食于叶背，夜晚和清晨爬至叶面，幼虫多先在茶丛下部为害，以后逐渐转移至上部为害。老熟后爬至根际表土中结茧化蛹，入土深度一般在 6 厘米之内，松土中可深达 15 厘米以上。扁刺蛾有核型多角体病毒、寄生蝇等寄生。

③防治方法

第一，结合冬耕施肥，将根际的枯枝落叶埋入施肥沟内，或在茶丛根际培土 6 厘米深，并予以压实，以阻止成虫羽化出土。第二，喷施生物制剂，如苏云金杆菌（B．t．）制剂，或青虫菌每毫升含 0.5 亿孢子的菌液，或每亩用感染核型多角体病毒虫尸 50 头加水喷施。第三，灯光诱杀成虫。

（2）茶刺蛾

①形态特征

成虫：体长 12~16 毫米，翅展 25~30 毫米，体茶褐色，触角短栉齿状，暗褐色，翅褐色，前翅从前缘至后缘有 3 条不明显的暗褐色斜纹，翅基部和端部色较深。

卵：长约 1 毫米，椭圆形，扁平，初产时黄色，后渐变灰色。

幼虫：体长 30~35 毫米，长椭圆形，头端略大，背面隆起，体背有 11 对刺突，体侧有 9 对，体背第二、三对刺突之间有 1 个绿色或紫红色肉质角状突起，向前上方伸出（这是区别茶刺蛾与其他刺蛾的特征）。背浅蓝绿色，体背中有一红褐色或淡紫色菱形斑。

蛹：椭圆形，黄白色。

茧：近圆形，褐色。

②发生规律

1年发生3代，以老熟幼虫在茶树根际落叶或表土中结茧越冬。翌年4月上中旬化蛹，4月下旬至5月上旬成虫羽化。各代幼虫盛期分别在5月下旬至6月上旬、7月中下旬及9月中下旬。全年以7月份发生最多。成虫有趋光性。卵散产于茶树中、上部的成、老叶背面锯齿处。幼虫共6龄，1~2龄幼虫取食叶片，形成嫩黄色半透明斑块，3龄后取食叶片形成平直缺刻。幼虫老熟后爬至茶树根际或表土中结茧化蛹。

③防治方法（参照扁刺蛾的防治方法）。

4. 蓑蛾

（1）大蓑蛾

大蓑蛾又称大袋蛾、大背袋蛾，以幼虫咬食叶片和枝干为害。低龄幼虫取食下表皮面和叶肉，叶面呈现薄膜状半透明斑块。3龄后咬食叶片形成孔洞，常群集为害，被害叶背有护囊。

①形态特征。

护囊：大型，长40~60毫米，囊外常粘结1~2张完整的枯叶和少量枝梗，枝梗排列不整齐。

成虫：雌雄二型。雌成虫蛆状，无翅，淡黄色，长约25毫米；雄成虫体长15~17毫米，翅展26~33毫米，前翅近外缘有4~5个透明斑。

卵：椭圆形，淡黄色。

幼虫：黄褐色，体长约35毫米，胸部硬皮板上有褐色纵带，其中背面2条宽而明显。

蛹：雌蛹长约30毫米，蛆状，赤褐色；雄蛹长约20毫米，暗褐色，翅芽与附肢明显。

②发生规律。

1年发生1代，以老熟幼虫在茶树上的护囊内越冬。翌年4月下旬开始化蛹，5月上旬成虫开始羽化。雄成虫羽化后从护囊中飞出，蛹壳多遗留在护囊排泄孔外。雄成虫有趋光性。雌成虫羽化后仍留在囊内，交尾后即在囊内产卵，每雌平均产卵2 600粒。6月上旬为幼虫始见期，初孵幼虫先在囊内取食卵壳，然后从母囊的排泄孔爬出，吐丝悬垂随风分散，寻得嫩叶后，先吐丝结囊，然后取食。幼虫身负护囊活动性弱，多群栖于母囊附近，形成"为害中心"。幼虫期210~240天。天敌有姬蜂、寄生蝇、蜘蛛等。

③防治方法。

第一，大蓑蛾的虫囊大而集中，被害状明显，结合茶园管理，人工摘除虫囊。第二，发现危害中心及时剪除，严防扩散。

（2）茶蓑蛾

茶蓑蛾又名避债虫。幼虫咬食叶片，形成孔洞或缺刻，严重时连嫩梢、枝皮、幼果全部食尽。

①形态特征。

护囊：中型，长 25~30 毫米，橄榄形，质地紧密，囊外缀结纵行排列整齐的小枝梗。

成虫：雌成虫蛆状，无翅，无足，黄褐色，体长 12~16 毫米，后胸及腹部第七节各簇生一圈黄白色茸毛。雄成虫体长约 13 毫米，翅展 23~30 毫米，体翅深褐色，前翅近翅尖沿外缘处有 2 个长方形透明斑块。

卵：黄白色，椭圆形。

幼虫：头黄褐色，有黑褐色斑纹，体黄褐色，胸部硬皮板背面有深褐色纵纹 2 条，侧面各有褐斑 1 个。

蛹：赤褐色，雌蛹为围蛹，头小，长 14~18 毫米，雄蛹为被蛹，长 11~13 毫米。

②发生规律。

1 年发生 1 代。以幼虫在护囊中越冬，翌年 3 月开始活动，5 月开始化蛹，6 月上旬开始羽化产卵。幼虫发生期在 7 月中旬至翌年 6 月上旬，以 7~8 月为害最重。雄成虫羽化后从护囊中飞出，有趋光性。雌成虫羽化后仍留在囊内，将头部伸出囊外，交尾后产卵于囊内蛹壳中，每雌产卵约 500 粒，卵期 10~15 天。幼虫孵化后爬出护囊，随风飘散到枝叶上，吐丝缀结嫩叶成囊。1~2 龄幼虫只食叶下表皮和叶肉，形成半透明黄色膜斑，3 龄咬食叶片形成孔洞，4 龄后食量大增。耐饥力强，能耐 8~10 天饥饿，老熟后在囊内将虫体倒转然后化蛹。天敌有蓑蛾瘤姬蜂等。

③防治方法（参照大蓑蛾的防治方法）。

5. 茶小卷叶蛾

茶小卷叶蛾又名小黄卷叶蛾，以幼虫咬食叶片为害。幼虫吐丝卷结嫩芽叶成虫苞，在苞内啃食叶肉，残留一层表皮。严重时茶园一片红褐枯焦，芽叶生长受阻。

（1）形态特征

成虫：体长约 7 毫米，翅展 16~20 毫米，体、前翅谈黄褐色。前翅近菜刀形，翅面有 3 条深褐色宽纹，中间一条从中央向臀分叉呈"h"形，近翅尖一条呈"V"形，雄蛾较雌蛾略小，翅面斑色较暗，翅基褐斑大而明显。

卵：椭圆形，扁平，淡黄色，堆聚成鱼鳞状椭圆形卵块。

幼虫：体长 16~20 毫米，头黄褐色，体绿色。

蛹：长约 10 毫米，黄褐色，各腹节背面基部均有一列钩状小刺。

（2）发生规律

1 年发生 4~5 代。以老熟幼虫在虫苞内越冬。翌年气温回升至 7~10℃时开始活动为害。各代幼虫发生期分别在 4 月下旬至 5 月下旬、6 月中下旬、7 月中旬至 8 月上旬、8 月中旬至 9 月上旬、10 月上旬至翌年 4 月。成虫有趋光性，卵多产于老叶背面。幼虫活泼，孵化后即吐丝下垂或爬行至附近嫩芽叶上吐丝将叶缘向内卷，在二叶间取食为害，3 龄后常将二三个叶片连同整个芽梢缀合成苞，并渐向下移，受惊时善于弹跳逃脱。幼虫共 5

龄，老熟后在苞内化蛹。全年以第二代（6月间）发生最多。天敌有赤眼蜂、卷蛾小茧蜂、白僵菌和颗粒体病毒。

（3）防治方法

第一，结合冬季清园除净杂草，剪除阴枝、弱枝，减少越冬虫蛹。虫害严重的茶园，冬季或早春进行轻修剪，并把剪下的枝叶集中烧毁。及时分批采摘，发现有虫苞时一起摘除，统一杀灭，降低虫口密度。第二，在成虫盛发期，傍晚安置黑光灯在茶园边诱杀（上半夜或全夜进行）。在闷热、无风、无雨、无明月之夜最宜，灯下放一盆水，并滴入一些煤油或农药，使成虫扑灯，掉入水中而死，虫数多时捞出，以提高诱杀效果。第三，生物防治，每亩用白僵菌（每克含孢子100亿个）1千克兑水100千克喷雾，或每亩喷每毫升含0.5亿~1.0亿个孢子的青虫菌液，有条件的释放赤眼蜂。

6. 茶卷叶蛾

茶卷叶蛾又名茶淡黄卷叶蛾，以幼虫卷食叶梢为害。幼虫吐丝将茶树芽叶卷缀成虫苞，匿居其中啃食叶肉，留下一层表皮，形成半透明膜斑。

（1）形态特征

成虫：体长8~11毫米，翅展23~30毫米。体前翅为淡棕色。前翅近长方形，翅面多深褐色细波纹。雄蛾前缘基都有一深褐色半椭圆形加厚部分，明显向上翻卷。

卵：椭圆形，扁平，淡黄色，百余粒聚集成鱼鳞状排列的卵块。

幼虫：体长18~26毫米，头褐色，体黄绿色至淡灰绿色，具白色短毛。

蛹：长11~13毫米，腹部末端有8根钩状小刺。

（2）发生规律

1年发生4~5代。以老熟幼虫在虫苞内越冬。翌年4月上旬开始化蛹，4月下旬成虫羽化并产卵。幼虫发生期分别为5月中下旬、6月下旬至7月上旬、7月下旬至8月中旬、9月中旬至翌年4月上旬。成虫具趋光性和趋化性。卵多产于叶片正面。每雌平均产卵330粒。幼虫趋嫩。初孵幼虫活泼，吐丝或爬行分散，缀结叶尖，潜藏其中取食，多在芽尖和芽下第一叶间取食为害。成长后吐丝缀结数个叶片成虫苞，在其中为害。食完一苞再转结新苞为害。老熟幼虫在苞中吐丝结一白色薄茧，化蛹其中。

（3）防治方法（参照茶小卷叶蛾的防治方法）。

任务二　刺吸式害虫

为害特点：口器为刺吸式或锉吸式口器。若虫和成虫刺吸为害茶树的芽梢、叶片、枝干、果实或根。

种类：这类害虫隶属于同翅目、半翅目、缨翅目和双翅目等，主要包括叶蝉类、蜡蝉类、蚧类、粉虱类、蚜虫类、螨类、蓟马类和瘿蚊等。

1. 小绿叶蝉

小绿叶蝉在茶园有很多种，其中主要是假眼小绿叶蝉与茶小绿叶蝉。两者形态特征大同小异，发生规律与生活习性基本相同，均属同翅目叶蝉。但在黔南州主要发生的是假眼小绿叶蝉。小绿叶蝉以成、若虫刺吸茶树嫩梢芽叶汁液为害。受害芽叶叶缘泛黄，叶脉变红，进而叶缘叶尖萎缩焦枯，生长停滞，芽叶脱落，严重影响茶叶产量和品质。

（1）形态特征

假眼小绿叶蝉成虫体长约 3.5 毫米，翅长约 3.8 毫米。全体黄绿色。头顶中部隐约有 2 个暗绿色斑点，其前方还有 2 个绿色小圆圈。前翅黄绿色半透明，腹部全部鲜绿色。卵香蕉形，孵化前头端出现一对红点。若虫浅黄至黄绿色，共 5 龄，翅随龄期增大而加长，喜在嫩梢芽叶上爬行。

（2）发生规律

根据都匀、惠水和三都定点定时监测数据分析，都匀毛尖茶园内假眼小绿叶蝉发生高峰出现在 6 月中旬至 7 月上中旬和 10 月下旬至 11 上旬，全年共发生 8～12 代次。以成虫在茶丛下老叶或茶园杂草上越冬。越冬成虫 3 月中下旬开始活动并陆续产卵，4 月上旬出现第 1 代若虫，以后虫态混杂，世代重叠现象严重。时晴时雨、雨量不大、气温适宜时最有利其发生。成、若虫怕阳光直射，多栖息在嫩叶背面为害。成虫产卵在嫩梢表皮组织内。

（3）防治方法

加强茶园管理，及时清除杂草，分批多次及时采摘，可除去大量在嫩梢内的卵粒，恶化成、若虫的食料。

2. 蚧类

（1）特点

蚧类又叫蚧壳虫，属同翅目，蚧总科，是茶园中一大类重要害虫，主要隶属于蜡蚧科、盾蚧科、绵蚧科等。在管理正常的茶园中只是零星发生，蚧壳虫以幼虫和雌成虫刺吸茶树汁液，影响茶树的生长和茶叶产量，蜡蚧还易诱发煤烟病。

（2）防治方法

第一，苗木检疫，对有蚧虫寄生的苗木实行消毒处理。第二，加强茶园管理，清蔸亮脚，促进茶园通风透光。对发生严重的茶树枝条及时剪除。第三，保护天敌，将清除的有虫枝条集中堆放一段时间，让寄生蜂羽化飞回茶园。瓢虫密度大的茶园，可人工帮助移植，但应注意在瓢虫活动期要尽量避免用药。

3. 黑刺粉虱

若黑刺粉虱寄生在茶树叶背刺吸汁液，会诱发严重的烟霉病。病虫交加，养分丧失，光合作用受阻，树势衰弱，芽叶稀瘦，以致枝叶枯竭，严重发生时甚至引起枯枝死树。

（1）形态特征

成虫：体长 1~1.3 毫米，体橙黄色，体表覆有薄粉状蜡粉。复眼红色，前翅紫褐色，周围有 7 个白斑，后翅淡紫色，无斑纹。

卵：长 0.21~0.26 毫米，香蕉形，基部有一短柄与叶背相连，初产时乳白色，后渐变黄褐色，孵化前呈紫褐色。

幼虫：初孵时体长约 0.25 毫米，长椭圆形，扁平光滑，有足，体乳黄色，后渐变黑色，体背出现 2 条白色蜡线，周缘出现白色细蜡圈，后期背侧面生出刺突。1 龄体背侧面有 6 对刺，2 龄 10 对，3 龄 14 对。成长后幼虫体长约 0.7 毫米。

蛹：长约 1 毫米，椭圆形，蛹壳黑色，有光泽，周缘白色蜡圈明显，壳边锯齿形，体背隆起，常附有 2 个幼虫蜕皮壳。背脊两侧有 19 对黑刺（胸部 9 对，腹部 10 对），周缘有刺，雌蛹 11 对，雄蛹 10 对。

（2）发生规律

1 年发生 4 代，以老熟幼虫在茶树叶背越冬。翌年 3 月化蛹，4 月上中旬成虫羽化，第一代幼虫于 4 月下旬至 5 月上旬开始发生。第一至第四代幼虫发生盛期分别在 5 月下旬、7 月中旬、8 月下旬和 9 月下旬至 10 月上旬。成虫羽化时，在蛹壳背面呈 "⊥" 形开裂飞出。成虫飞翔力强，白天活动，晨昏停息在芽梢叶背，卵多产于成叶、老叶或嫩叶背面，每雌产卵约 20 粒。初孵幼虫在卵壳附近爬行，不久便固定为害，老熟后在原处化蛹。黑刺粉虱喜荫蔽的生态环境，在茶丛上虫口的分布以中、下部居多，上部较少。

（3）防治方法

第一，结合茶园管理进行修剪、疏枝，中耕除草，使茶园通风透光，减少其发生。第二，保护和利用天敌。在寄生蜂等天敌多的茶园，应避免喷药杀伤天敌。

4. 茶蚜

茶蚜又名桔二叉蚜、可可蚜。属同翅目蚜科。成、若虫群集在芽梢和嫩叶背面刺吸茶树汁液，致使新梢发育不良，芽叶细弱、卷缩、并排泄 "蜜露" 诱致烟霉病。影响茶叶产量和品质。

（1）形态特征

成虫：分有翅蚜和无翅蚜两种。有翅蚜成虫体长约 1.6 毫米，黑褐色，翅透明有光泽，前翅中脉分二叉，腹部背侧有 4 对黑斑。无翅蚜成虫近卵圆形，棕褐色至黑褐色，体长约 2 毫米，体表多细密淡黄色横列网纹。

若虫：有翅蚜若虫为棕褐色，翅芽乳白色，无翅蚜若虫淡黄至浅棕色。1 龄若虫触角 4 节，2 龄 5 节，3 龄 6 节。

卵：长约 0.6 毫米，宽约 0.2 毫米，长椭圆形，黑色有光泽。

（2）发生规律

茶蚜在贵定、龙里和长顺等地的部分茶园危害较重。一年发生 20 多代，以卵或无翅若蚜在茶树中下部芽梢腋叶间越冬。3月中旬出现第1代若虫，4月下旬是发生高峰，为害第一批春茶严重。5月上旬以后，随着气温升高，天敌增多，虫口数量逐渐下降。夏季高温天气，除高山茶园外，很少大发生。9月以后随着气温下降、虫口数量又有回升，但远不及春茶发生严重。

（3）防治方法

第一，分批多次及时采摘，可抑制蚜虫大发生，如被害梢多，宜分开制茶，或弃之不要。第二，生物防治。蚜虫天敌很多，食蚜蝇、草蛉、瓢虫等对茶蚜抑制很大，应加以保护利用。

任务三　钻蛀、地下害虫

1. 茶枝镰蛾

幼虫从上向下蛀食枝干，致茶枝中空、枝梢萎凋，日久干枯，大枝也常整枝枯死或折断。严重影响产量、质量。

（1）形态特征

成虫体长15~18毫米，翅展32~40毫米。体、翅茶褐色。触角黄白色丝状。下唇须长，上弯。前翅近方形，沿前翅前缘外端生一土红色带，外缘灰黑色，内侧具一土黄色大斑，斑中央具一狭长三角形黑带纹指向顶角处，其后具灰白色纹分割的2个黑褐色斑，近翅基中部具红色隆起斑块。后翅灰褐色较宽。腹部各节生有白色横带。卵长1毫米，马齿形，浅米黄色。末龄幼虫体长30~40毫米，头细小，头部黄褐色，中央生一个浅黄色"人"字形纹，胸部略膨大。前胸和中胸背板浅黄褐色，前胸、中胸间背面有1个隆起的乳白色肉瘤，后胸和腹部为白色，背部稍呈浅红色，腹末臀板黑褐色。蛹长18~20毫米，长圆筒形，黄褐色，腹末具突起1对。

（2）发生规律

1年生1代，以老熟幼虫在受害枝干中越冬。翌年4月上旬开始化蛹，5月下旬至6月上旬为成虫盛期，6月中下旬幼虫盛发，8月上旬后开始见到枯梢。成虫喜在下午或夜间羽化，白天隐蔽在茶丛中，夜晚活动，有趋光性。交配后的成虫把卵产在嫩梢上1~6叶节间，粒产，每处1粒。初孵幼虫从叶腋处钻入芽鞘，向下钻蛀，5天后梢部4~6片叶开始萎凋，1~2龄幼虫为害小枝，3龄后从小枝进入侧枝或主干处为害，常蛀到近地面处，枝干的阴面蛀有一列排泄孔3~5个，幼虫栖息在最下一个孔的下方，常从孔中排出圆柱形粪便和木屑，长2~3毫米，该幼虫在虫道里十分活泼，老熟幼虫化蛹前先在距枝端茶枝1/3处咬一个羽化孔，羽化孔近圆形，直径3.5~5毫米，然后在孔下虫道里吐丝作茧化蛹在其内。管理粗放茶园和老龄茶树及树势衰弱的茶园受害重。

（3）防治方法

第一，加强茶园管理。8月中旬发现有虫梢应及时剪除，冬季、翌春要细心检查有虫枝并齐地剪除，及时收集风折虫枝，集中烧毁或深埋，可压低虫口，减少为害。第二，必要时用脱脂棉沾80%敌敌畏乳油40~50倍液，塞进虫孔后用泥封住，可毒杀幼虫。第三，利用灯火诱杀，连续2~3年也很有效。

2. 茶红颈天牛

茶红颈天牛又名黑附眼天牛、茶结节虫、茶蓝翅天牛，属鞘翅目天牛科。幼虫蛀食枝干，被害处受刺激形成疣状结节。1枝上可有数个至十多个结节，水分、养料输送受阻，长势衰退，芽叶瘦小，叶色黄化，甚至枯死。成虫咬食叶片背面主脉呈黄褐色纵条状痕迹，引起叶片变黄脱落。

（1）形态特征

成虫：体长9~11毫米。头、前胸背板及小盾片为酱红色，前胸背板中部有1疣突。触角柄节酱红色，第3、4节基部橙黄色，其余皆为黑色。复眼黑色。鞘翅蓝色带紫色光泽，散生粗刻点。腹面橙黄色。各足跗节及胫节端部1/3~2/3黑色，其余橙黄色。全体多毛。

卵：圆柱形，两端稍尖，乳黄色，长约2厘米。

幼虫：成长幼虫体长约20毫米，黄色。上颚黑褐色。前胸膨大，背面骨化区近前缘有1条中央截断的褐色骨化斑纹，中部靠后还有1较大的黄褐色斑纹；后胸至腹部第7节背、腹面均有长方形隆起。

蛹：长约10毫米。初化蛹时乳黄色，后变橙黄色。羽化前复眼黑色，翅芽灰黑色。

（2）发生规律与习性

1~2年发生1代。以幼虫在枝干内越冬。越冬幼虫于4月上旬至5月中旬化蛹，5月上旬至6月中旬出现成虫，成虫期超过20天。6月中旬至7月中旬幼虫孵化。幼虫期约22个月，生活到第3年5月才化蛹，蛹期为18~27天。

成虫羽化后3天始出虫道。白天活动，中午及午后活动最盛。成虫咬食叶片背面主脉，但食量不大。卵多产于茶树主干上。成虫产卵时先将树皮咬成中断的"U"形裂痕，然后产卵于裂缝中间上方皮层下，每处1粒。每雌产卵12~20粒。一般在径粗1.0~1.5厘米的枝干上产卵最多。幼虫孵化后蛀入皮层，自下而上旋绕蛀食1圈，再蛀入木质部和髓部，并向上蛀食成虫道。蛀道内壁不光滑，留有木屑。被害处受到刺激形成疣状结节。若幼虫旋绕蛀食的蛀道首尾相接，或结节数个相连，被害枝就会枯死。幼虫老熟后在结节上方虫道内化蛹。成虫羽化后再咬一圆孔飞出。

（3）防治方法

第一，剪除虫枝。剪除树势衰弱的被害虫枝、从结节处下方剪下集中烧毁。第二，捕捉成虫。成虫羽化盛期，在每天上午10时前和下午4时后，巡视茶树上部叶背，捕捉成虫。第三，割除虫卵和初孵幼虫。成虫产卵期和幼虫孵化蛀食皮层期，用小刀刮去产卵痕处的皮层。

3. 金龟甲类

金龟甲是鞘翅目金龟总科昆虫的总称，又名金龟子，其幼虫称蛴螬，是主要的地下害虫之一。幼虫咬断根系，一二年生茶苗受害，造成枯立死苗；咬断嫩茎，造成缺苗断行。成虫取食作物叶片成缺刻孔洞，严重时全叶食光。

茶园常见金龟甲主要有铜绿异丽金龟又名铜绿丽金龟、铜绿金龟，属鞘翅目丽金龟科。东北大黑鳃金龟又名大黑金龟、大黑鳃金龟，属鞘翅目鳃金龟科。黑绒金龟又名天鹅绒金龟、东方绢金龟，属鞘翅目鳃金龟科。

（1）形态特征

金龟甲多中大型，体椭圆形。触角鳃叶状，末端3~5节膨大成片状，能自由张合。鞘翅不全盖没腹部，多有金属光泽。前足胫节扁而宽，适于掘土。幼虫蛴螬型，体白至黄白色，腹部末端腹板宽大，肛门横列，其前肛毛数量和排列是幼虫分种的重要依据。为害茶树的金龟甲多晚间活动，有很强的趋光性。

（2）发生规律

1年发生1代。以幼虫或成虫在土中越冬（其中铜绿金龟甲以幼虫在土中越冬），一般5~7月为成虫盛发期。成虫白天潜伏于表土内，黄昏后出土活动，夜间交尾、取食，直至次日黎明时飞回土中潜伏。具趋光性和假死性。卵产于土中。幼虫3龄，终身土栖，咬食作物根系。各虫态历期：卵期7~11天。幼虫期超过300天，蛹期5~20天，成虫期30天以上。

（3）防治方法

第一，农业防治。垦荒种茶前，结合土地翻耕，捡拾清除蛴螬。第二，人工捕杀。成虫盛发期，利用假死性，振落捕杀。蛴螬发生多的苗圃和幼龄茶园，结合耕作检除蛴螬，或放养鸡鸭啄食。第三，诱杀成虫。在成虫盛发期进行灯光或火堆诱杀。

4. 大蟋蟀

大蟋蟀属直翅目蟋蟀科，又名大头蟋蟀，俗称大头狗。成虫、若虫为害幼苗，咬断嫩茎，造成缺苗断行。

（1）形态特征

成虫体大型，长30~40毫米，黄褐色。头大，复眼黑色。前胸背板宽广，前缘宽于后缘，中央有1纵线，两侧各有圆锥形黄色斑1个。后足腿节膨大，较胫节为长，胫节内侧下部具2列粗刺，各4~5个。雌虫产卵器较其他蟋蟀为短，约5毫米。卵长4~5毫米，微弯曲，淡黄色。若虫体黄色或褐色，除体型大小、翅和产卵器未成长完全外，其余形态均似成虫。

（2）发生规律

1年发生1代。以若虫在土穴中越冬。越冬若虫于3月开始活动，6月中旬开始出现成虫，7月下旬开始产卵和出现新若虫，11月下旬进入越冬状态。大蟋蟀穴居土中，穴为斜行坑道，底部栖息室略大。深浅因虫龄、土温和土质而异。一般深50~60厘米，以砂质土壤中最深，而且发生最多。在交尾产卵期，坑道内常筑分道，卵数十粒成堆产于支道卵室中。卵期为10~15天。成虫还将幼嫩枝叶、种子碎片等充塞其中，供初孵若虫取食。初孵若虫在卵室群居生活数日后逐渐分散，建新土穴独居。成虫、若虫白天潜伏穴内，洞口用松土掩盖，夜晚将洞口松土扒开出外觅食。咬断幼苗，还将断苗拖回洞穴，常在洞口露出一段。归穴后，洞口又用散土封闭，留下标志。

（3）防治方法

第一，毒饵诱杀。可用谷皮、米糠、油渣、麦麸等50千克炒香，再将90%敌百虫500克溶于15千克水中，拌匀制成毒饵，傍晚前撒在其活动区域诱杀。第二，人工捕杀。根据洞口有松土的标志，挖掘洞穴捕杀成虫、若虫；挖掘时注意防止其由支道逃跑。黄昏前在洞口插进一小段松枝，让蟋蟀顺松针爬出，但回巢时松针刺向虫体，使其不敢回穴，清早捕捉。第三，直接在洞口施药，并压紧洞口土壤，在洞内毒死。

任务四　螨类

螨类属节肢动物门，蛛形纲，蜱螨亚目。在茶园中分布普遍，所有茶园都有发生，以成螨和幼若螨吸茶树汁液，影响茶树生产和产量。主要种类有茶橙瘿螨、茶叶瘿螨和茶跗线螨，有趋嫩性，多数会在上部嫩叶上活动，常常混合发生。一年发生10余代，危害高峰在7月至10月。

1. 茶橙瘿螨

茶橙瘿螨是茶树上主要害虫之一。成螨和幼、若螨刺吸嫩叶和成叶汁液，被害叶失去光泽，叶色呈黄绿色，主脉变红，叶背出现褐色锈斑，致使芽叶萎缩，芽梢停止生长，发生严重时枝叶干枯，茶园呈现一片铜红色，后期大量落叶。

（1）形态特征

成螨：体形小，肉眼看不清，长约0.14毫米，宽约0.06毫米，体前端稍宽，向后渐细呈胡萝卜形，橘红色，前体段有足2对，后体段有许多环纹，体上具刚毛，末端一对较长。

卵：球形，直径约0.04毫米，无色透明，水珠状。

幼、若螨：体长约0.08~0.1毫米，乳白色至淡橘黄色，足2对，后体段环纹不明显。

（2）发生规律

1年发生约20代。发生期各虫态混杂，世代重叠。以各种虫态在叶背越冬。气温上升至10℃以上时，开始活动取食。趋嫩性强，以芽下第二、三叶上螨数居多，也可为害成叶。成螨产卵于叶背，多在叶脉两侧或凹陷处。幼、若螨均在叶背栖息，而成螨在叶正背面均可栖息。发生初期常集中在局部枝、丛中为害，出现"为害中心"，以后逐渐向外扩展。气温18~26℃，相对湿度80%以上，时晴时雨的天气有利于发生，高温干旱则不利于发生。暴雨后虫口数急剧下降，留养和幼龄茶园发生较重。

（3）防治方法

第一，及时分批多次采茶，可摘除一部分栖息于嫩叶中的茶橙瘿螨，减轻为害。第二，药剂防治。在 10 月中下旬封园期，可喷施 0.5 波美度石硫合剂进行防治。

2. 茶叶瘿螨

茶叶瘿螨又名茶紫瘿螨、茶紫锈螨，主要为害老叶，也可为害嫩叶、成叶，致使叶片失去光泽，质脆易碎，最后全叶干枯脱落，被害茶树芽叶萎缩、硬化，呈紫铜色，叶正面密布白色尘末状物（虫体与脱皮壳）。

（1）形态特征

成螨：长卵形，长 0.17~0.2 毫米，宽约 0.07 毫米，紫黑色，背面有 5 条纵列的白色絮状物。后体段有许多环纹。体两侧各有排成列的 4 根刚毛，末端另生刚毛 1 对。前体段有足 2 对。

卵：球形，黄白色，半透明。

幼、若螨：长 0.05~0.1 毫米，体黄褐至淡紫色，体背有白色絮状物，后体段环纹不明显，足 2 对。

（2）发生规律

1 年发生 10 多代，以成螨在茶树叶背越冬。成螨主要栖息于叶面，卵散产于叶正面，每雌产卵 16~28 粒。当平均气温在 25℃ 左右时，完成 1 代需 13~14 天，其中卵期 5 天，幼、若螨期 4~5 天，产卵前期 4 天，成螨寿命 6~7 天。平均气温 32℃ 左右时，完成 1 代约 10 天左右。发生初期，常集中在少数茶丛上，以后逐渐向周围扩展。由于繁殖快，代数多，世代重叠严重。高温干旱有利于发生，常形成发生高峰，降雨对其发育不利，虫口大量下降。

（3）防治方法（参照茶橙瘿螨的防治方法）。

思考题：

1. 各类食叶性鳞翅目害虫在形态特征和为害症状上如何区别？

2. 食叶性鞘翅目害虫有哪些基本特征？

3. 各类刺吸式害虫在为害症状上有哪些相似和差异之处？

4. 简述茶尺蠖、茶毛虫、假眼小绿叶蝉、黑刺粉虱、蚧类的发生规律和发生习性。

5. 螨类与昆虫的主要区别有哪些？螨类的为害症状有何特点？

6. 举例说明如何根据害虫的发生规律和生活习性来制定相应的防治措施。

项目三　茶树病害基础知识

任务目标

1. 掌握茶树病害概念、症状特点、两类病原所致病害特点。
2. 能够进行茶树病害症状的识别和病害的诊断。
3. 熟悉茶树病害侵染过程和侵染循环。
4. 了解茶树病害的发生和发展过程。

任务一　茶树病害基本概念

1. 茶树病害概念

（1）茶树病害

茶树受到病原生物或不良环境条件的持续干扰，且其干扰强度超过了能够忍耐的程度，使茶树正常的生理功能受到严重影响，在生理上和外观上表现出异常，导致产量降低，品质下降，甚至出现植株死亡，这种现象称为茶树病害。

（2）病理过程

茶树得病后，新陈代谢受到扰乱，生理机能发改变，随之引起茶树组织和形态的改变。这种持续发展的、逐渐加深的、不正常的变化过程，称为"病理过程"或"病理程序。

2. 茶树病害的病原

（1）茶树病害的病原类型

生物性病原：是指以植物为寄生对象的一些有害生物，常见的有真菌、细菌、病毒、线虫、寄生性种子植物五大类，此外还有植原体、类病毒、类立克次氏体、瘿螨、藻类等，统称为病原生物，简称病原物。其中病原真菌、病原细菌简称病原菌。它们都是寄生物，被寄生的植物叫寄主，也可称为寄主植物。凡是由生物性病原引起的植物病害都能相互传染，所以称传染性病害或侵染性病害，也称寄生性病害。

非生物性病原：是指一切不利于植物正常生长发育的物理、化学因素，包括营养失调、水分失调、温度及光照不适、有毒物质的毒害等。非生物性病原引起的植物病害是不能相互传染的，称为非传染性病害或非侵染性病害，也称为生理性病害。

（2）茶树病害发生的基本因素

茶树病害的发生是植物与病原在特定的外界环境条件下相互斗争，最后导致植物生病的过程。所以，影响茶树病害发生的基本因素是病原、寄主植物和环境条件。

病原：是指引起茶树发病的直接原因。其中病原物大都是寄生物，被寄生的植物称寄主。病原物的存在及其大量繁殖和传播，是茶树病害发生发展的重要因素。因此，消灭或控制病原物的传播蔓延是防治茶树病害的重要措施。

寄主植物：茶树发生病害的第二个条件是必须有寄主植物的存在。当病原物侵染时，茶树本身并不是完全的被动状态。相反它要对病原物进行积极的抵抗。一旦病原物的力量强大，就可能发病，相反则不一定发病。也就是说，当茶树本身的抗病性强时，虽然有病原物的存在，但它有自身的防御能力，导致不发病或发病很轻。因此，在防治茶树病害时，常采用栽培抗病耐病品种和提高茶树的抗病性，作为防治茶树病害的主要途径之一。

环境条件：病原物与茶树斗争的过程不是孤立地进行的，它们离不开自然环境，如一定的气候、土壤、地理环境等。环境条件一方面可以直接影响病原物，促进或抑制其发育；另一方面，也可以影响茶树的生活状态，增加其感病性或抗病性。因此，当环境条件有利于病原物而不利于茶树时，病害才能发生和发展；相反，当环境条件有利于茶树而不利于病原物时，病害就不会发生或受到抑制。

3. 茶树病害的症状和类型

症状：茶树生病后所表现的病态称为茶树病害的症状。

（1）病状的类型

病状：是指茶树得病后其本身所表现的不正常状态，如变色、畸形、腐烂和萎蔫等。

（2）病征的类型

病征：是指引起茶树发病的病原物在病部的表现。如霉层、小黑点、粉状物等。

一般来讲，真菌、细菌、寄生性种子植物和藻类等引起的病害，病部多表现明显的病症。由病毒、植原体、类病毒和多数线虫等因素引起的病害，病部不会出现病症。非侵染性病害，是由不适宜的环境因素引起的，所以也无病症。凡有病症的病害是病状先出现，病症后出现。

4. 茶树病害的诊断

包括确定病原和提出相应的防治措施，只有正确诊断，才能对症下药。一般诊断病害的方法，可分为症状观察和病原鉴定两个步骤。

根据病害的症状类型，可以识别和区分各种茶树病害。首先要区别侵染性病害和非侵染性病害（又称生理病害）。侵染性病害开始发生时一般都是局部、分散的，然后形成"发病中心"，并逐渐向外扩展。从整株看，也常表现上下分布不匀。如果仔细观察病部，常可看到明显的病征。非侵染病害一般在田间的发生是普遍而均匀的，且无病征存在。

真菌或细菌病害的症状特征，是在叶片上出现病斑。根据斑点色泽、大小的不同，可以初步区分各种病害。从病斑上还可见到病原物的特征。真菌的特征表现为病斑上产生各种色泽的霉状物、粉状物或粒状物，而细菌的特征表现为病斑上产生淡黄色胶状的菌脓。根、茎部病害则表现为整株叶片变黄而小，根、茎腐烂。真菌引起的根病，病部出现各种色泽的腐烂，有的根病可形成根状菌束。后期在病根上出现粒状物（如茶紫纹羽病的菌核）或蘑菇状等病征。细菌引起的茶树根、茎病害，常表现为畸形，如茶苗根癌病的病根有许多瘤状物。

线虫病的症状，一般表现为根部腐烂或病根上有许多小瘤状物。用针挑开根部瘤状物，可见柠檬状淡黄色的雌成虫；用清水培养病根片段，可见白色短线状的雄成虫和幼虫。

病毒和类菌原体病害，在病株上只能看到病状，而无病征，如黄化、花叶、畸形等。常表现整枝或整株发病。在发生这类病害的茶园中，常伴随有蚜虫、木虱和叶蝉等传媒昆虫。

对于常见病害，根据其症状特点，即可做出诊断，提出防治措施。对症状相似或少见的病害，则需经显微镜或电镜观察进行病原鉴定，然后才能正确诊断病害的种类。

任务二　茶树侵染性病害的病原

茶树侵染性病害的病原，是由病原生物引起的。这些病原生物包括真菌、细菌、线虫、病毒、寄生性种子植物等。

1. 病原真菌

（1）真菌

真菌是有细胞核、没有叶绿素的生物。它们一般都能进行有性和无性繁殖，能产生孢子。它们的营养体通常是丝状的且有分枝的结构，具有几丁质或纤维质的细胞壁，并且常常是进行吸收营养的生物。真菌种类多、数量大、分布广。

（2）真菌的形态

真菌是没有叶绿素的生物，它既没有根、茎、叶的分化，也没有组织和维管束系统。真菌营养生长的结构叫营养体，繁殖机构称为繁殖体。

（3）真菌的营养体

营养体的类型：菌丝体（菌丝，有隔菌丝、无隔菌丝）和原生质团。

菌丝细胞的结构：主要由细胞壁、细胞质膜、细胞质和细胞核组成。

菌丝的变态：真菌的菌丝体为了适应某些特殊功能，产生一些特殊变态类型。

吸器：是指专性寄生菌的菌丝长出的，可伸入寄主细胞内高效吸收营养的小突起。吸器有球状、指状、掌状和丝状等类型，其功能是增加真菌对营养的吸收面积。

附着胞：是指真菌的孢子萌发形成的芽管或菌丝顶端的膨大部分，其功能是牢固地附着在寄主体表，下方产生的侵入钉可穿透寄主植物的角质层和表层细胞壁。

假根：有些真菌的菌丝体长出的根状菌丝，可以深入基质内吸取养分并固着菌体。如根足霉、芽枝霉等。

菌环：菌丝分枝形成的环状或网状的结构，用于捕食线虫。

（4）菌丝的组织体

菌核：外部是一坚韧的表皮，即拟薄壁组织，内部为疏丝组织。菌核有球形、柱形和不规则形，有褐色、黑色，小的像油菜籽，大的像拳头。

子座：它是由菌丝组织或菌丝组织和一部分寄主组织结合而形成。可以渡过不良环境。

菌索：是由菌丝平行排列组成的长长的绳状物。发达的菌索分化为颜色较深的拟薄壁组织表层，疏丝组织的心层和顶端的生长点。能抵抗不良环境保持休眠状态，

根状菌索：由菌丝集结而成的绳索装的结构。是强大的侵入机构、营养运输、不良条件下休眠结构

（5）真菌的繁殖体

真菌经过营养阶段后，即转入生殖阶段。先进行无性生殖产生无性孢子。有的真菌在后期进行有性生殖，产生有性孢子。真菌产生孢子的结构称子实体，在子实体上聚生无性孢子或有性孢子。

无性繁殖是指不经过两个性细胞或性器官的结合而产生的个体的繁殖方式。无性繁殖产生的孢子称无性孢子，有六种类型：芽孢子、粉孢子（节孢子）、厚垣孢子（厚壁孢子）、游动孢子、孢囊孢子、分生孢子。

有性繁殖是指经过性细胞的结合而进行的繁殖方式。真菌经过营养阶段和无性生殖后，多数转入有性繁殖。多数真菌是在菌丝体上分化出性器官称为配子囊，配子囊中的性细胞叫配子。

有性孢子的类型：合子、卵孢子、接合孢子、子囊孢子、担孢子。

（6）真菌的生活史

真菌的生活史是指从一种孢子开始，经过萌发、生长和发育，最后又产生同一种孢子的整个循环过程。真菌的生活史包括无性阶段和有性阶段。无性阶段的无性孢子在茶树的生长季节可以产生许多次，因此产生大量的无性孢子，这对病害的传播和流行作用很大，易对茶树产生巨大的危害。有性阶段只产生一次有性孢子，多在茶树生长后期产生或在腐生阶段产生。

2. 细菌

细菌是一种单细胞微生物，形态和构造简单，体型比真菌小比病毒大。茶树病原细菌几乎都是杆菌，着生有鞭毛。细菌是以裂殖的方式繁殖，繁殖速度很快，在适宜的条件下每20分钟就可以分裂一次。生长适温为26~30℃。细菌不能直接穿透植物的表皮，只能从茶树的伤口或气孔等自然孔口侵入。

3. 病毒

病毒是一种非细胞形态、极微小的生物，必须在电子显微镜下才能看到。病毒的结构是一种核蛋白，有传染性。病毒属专性寄生物，一般通过蚜虫等昆虫口针送入植株体内，

离开活体不能繁殖。

4. 病原线虫

线虫是一种低等动物，属无脊椎动物的线形动物门的线虫纲。线虫体形为细长的圆筒形，两端尖，形如线状，故名线虫。植物病原线虫的生活史都很简单。绝大多数线虫是经两性交尾后，雌虫排出成熟卵，少数线虫可营孤雌生殖。线虫卵一般产在土壤中，有的产在植物体内，少数留在雌虫体内。一个成熟雌虫可产卵 500~3 000 个。在适宜条件下，卵迅速孵化为幼虫。幼虫发育到一阶段开始蜕皮，蜕皮一次，体形增大一些，增长一龄，一般线虫需 4 次蜕皮才能发育成为成虫。变为成虫后即可交配，交配后雄虫死亡，雌虫产卵。各种线虫完成一代所需时间不同，一般为一个月左右，一年可繁殖几代。线虫口腔内有吻针穿刺植物组织，吮吸汁液，引发病害。如茶苗根结线虫病和茶根腐线虫病。线虫病一般在沙质土壤中发生严重，但个别线虫病在黏土重的土壤中发生严重。线虫没有发达的运动器官，体躯适于蠕动，其蠕动无定向，呈波浪形，速度很慢。若无水流等其他因素，一般活动范围不超过 1 尺（1 尺 ≈ 33.33 厘米）。

5. 寄生性种子植物

寄生性种子植物没有叶、根或有叶无根，具有寄生的根系和吸器，从寄主植物体内吸取养料和水分，维持自身生长。如菟丝子，是一种攀藤草本植物，无叶绿素，不能制造养分，也没有根，不能吸收土壤中的水分和无机盐。种子发芽后，幼茎缠绕寄主，进行寄生生活，称全寄生性种子植物；槲寄生和桑寄生，具有叶绿素，能进行光合作用，但无根，通过胚根与寄主接触后，形成吸盘和吸根，吸取水分和无机盐，建立寄生关系，称半寄生性种子植物。寄生性种子植物的危害是抑制茶树的生长，使茶树提早落叶、发芽迟缓，甚至顶芽枯死等。

任务三　侵染性病害的发生和流行

1. 侵染性病害的发生

侵染过程是指从病原物接触茶树体开始，到寄主呈现症状的整个过程，也叫侵染程序，又叫病程。侵染过程包括四个阶段，即接触期、侵入期、潜育期、发病期。这四个过程是连续进行的。

（1）接触期

接触期是指病原物的繁殖单位和寄主植物的感病部位接触的时期。病原物的繁殖单位，如真菌的孢子、细菌的细胞、病毒的粒体、线虫的幼虫，必须先和寄主植物的感病部位接触，才有可能侵入。因此。避免或减少病物与寄主植物接触的措施，是防病的重要手段。

（2）侵入期

病原物接触植物后，从侵入植物到和寄主建立寄生关系为止的一段时间，称为侵入期。植物病原物除极少数是外寄生的以外，几乎都是内寄生的，所以病害的发生都是从侵入开始的。

侵入途径有以下三种：

第一，直接侵入。它是指病原物直接穿透寄主的角质层和细胞壁。

第二，自然孔口侵入。植物的许多自然孔口如气孔、排水孔、皮孔、柱头、蜜腺等，都可能是病原物侵入的通道，许多真菌和细菌都是从自然孔口侵入的。

第三，伤口侵入。植物表面的各种损伤，如虫伤、碰伤、冻伤、机械损伤、风雨的损伤等，都是病原物侵入的门户。

环境条件对侵入的影响有以下三种：

第一，湿度。湿度对侵入的影响最大，湿度越高，对侵入越有利。

第二，温度。温度主要影响病原菌孢子萌发的速度和侵入的速度。

第三，光照和酸碱度。真菌孢子的萌发一般不需要光线，但也有少数真菌孢子的萌发需要光的刺激。许多真菌孢子 pH 值在 3~8 时都能萌发，但以中性环境最好。

（3）潜育期

潜育期是指从病原物和寄生关系开始到表现明显症状为止的时期。潜育期是病原物在寄主体内吸引水分和养分，不断扩展、蔓延的时期，也是植物体对病原物的扩展产生一系列抵抗反应的时期。

（4）发病期

症状开始出现以后的时期称为发病期。症状出现以后，症状的严重程度不断加深。许多真菌和细菌病害随着症状的发展，在病部产生孢子（有性和无性）和菌浓，为再侵染或下一次侵染的来源。

2. 侵染性病害的侵染循环

侵染循环是指病害从前一个生长季节开始发病，到下一个生长季节再度发病的全过程。侵染过程是侵染循环的一个环节。侵染循环主要包括病原物的越冬或越夏、病原物的传播和病原物初次侵染及再次侵染三个方面。

经过越冬或越夏的病原物在植物开始生长后第一次侵染寄主，称初次侵染。初次侵染后形成的孢子或其他繁殖体经过传播又引起的侵染，称为再次侵染。

3. 侵染性病害的流行

病害的流行是指在一定时间和空间内病害在植物群体中大量发生，发病率高而且严重，能引起茶树严重减产。经常引起流行的病害，叫流行性病害。

病害流行的基本条件有以下三个：

第一，感病寄主植物的大量存在，这是病害流行的主要条件。感病植物的数量和分布是病害流行的最基本因素。大面积种植感病品种，特别是单一化的感病品种，当条件适宜时，有些病害可以大流行。

第二，致病力强的病原物的大量存在，这是病害流行的必备条件。病原物的致病力强，越冬或越夏后的数量大，侵染发生早或多次发生，潜育期短以及病原物的有效传播等，都有利于病害流行。

第三，发病的环境适时出现。发病的环境条件主要是指有利于病害发生气象条件、栽培条件和土壤条件。发病的环境条件不但有利于病原物的繁殖，传播和侵入。也会削弱寄主植物的抗病性。

思考题：

1. 什么是茶树病害？
2. 侵染性病害和非侵染性病害在发生特点上有何区别？
3. 茶树侵染性病害的"侵染过程"和"侵染循环"有何区别？
4. 试析影响茶树病害流行的基本因素。

项目四　茶树病害防治

任务目标

1. 了解都匀毛尖茶园茶树病害的种类、分布和为害情况。
2. 掌握都匀毛尖茶园主要病害症状特征和诊断。
3. 掌握都匀毛尖茶园主要病害的发病规律和防治方法。

任务　对茶树的病害防治

1. 茶饼病

茶饼病又称叶肿病，是危害性最严重的茶树病害之一，且高山茶园发病严重。此病主要危害嫩叶和新梢，对茶叶产量影响极大。若用病叶制茶，则成茶味苦碎片多。严重影响茶叶的品质。

（1）症状

此病危害茶叶的嫩叶和新梢，叶片的任何部位都可受害，而以叶尖及叶缘发病最多。叶片发病时，正面初呈淡黄色半透明小点，以后逐渐扩大成直径为2~10毫米的病斑。并在叶片正面向下凹陷，而在叶背凸起呈饼状，其上生灰白色粉状物。病斑边缘黑褐色，病、健部分界明显。发病严重时，病部肿胀，卷曲畸形，新梢枯死。

（2）发病规律

茶饼病主要以菌丝体潜伏于活的病叶组织中越冬或越夏。次年春秋季，当平均气温在15~20℃，相对湿度在85%以上时，会生长发育产生担孢子。担孢子随风、雨传播到茶树幼嫩的叶片及枝梢上，在水膜中孢子发芽，侵入组织。菌丝体在寄主细胞间不断扩展，同时刺激细胞膨大，形成馒头状突起病斑。在叶背产生白粉状的子实层（担子和担孢子）。成熟的担孢子继续飞散随风雨传播，进行多次再侵染，病害不断扩大蔓延。茶饼病的循环周期，各地长短不一。据贵州湄潭茶叶科学研究所观察春茶期间为 15 天左右，夏茶期间为 12 天左右，秋茶期间为 13~14 天，全年循环周期可达 16 次左右。病菌借风雨进行近距离传播，带病的苗木可做远距离传播，由于病菌的寄生性强，枯死的病叶和枝干不起传染病毒的作用。

（3）防治方法

第一，植物检疫：茶饼病主要依靠苗木的调运作远距离传播。因此，要严格执行检疫制度，禁止从病区调运带病苗木。

第二，农业防治，农业防治又有以下四种方式：

①除草：勤除茶园杂草，以利通风透光，减少荫蔽程度，以降低湿度。②合理施肥：适当增施磷钾肥，以增强树势，提高茶树抗病力。③分批多次采摘：尽量少留嫩梢、嫩叶，以减少侵染的机会。④摘除病叶：彻底摘除病叶和有病的新梢，可以减少再次侵染的菌源。

2. 茶白星病

茶白星病又名白斑病，多分布在高山茶园，平地茶园发生较轻。此病主要为害芽叶，形成大量小型病斑，使芽重减轻，产量降低。采下的茶叶在运输和加工过程中易发酵变质，加工后的成茶味苦涩，汤色浑暗，破碎率较高，饮用后往往肠胃有不适感，对茶叶的品质影响很大。

（1）症状

此病主要危害嫩叶和新梢，尤以芽叶和新叶最多。叶片受害后初先呈淡褐色湿润状小点，后逐渐扩大成圆形灰白色小斑，中央凹陷，其上有小黑点，边缘具褐色略隆起的纹线，病健交界处明显。病斑直径为 0.8~2.0 毫米，多时可相互愈合成不规则形大斑。嫩梢及叶柄发病时，病斑呈暗褐色，后逐渐变为灰白色圆形病斑。严重时，病部以上组织全部枯死。

（2）发病规律

病菌以菌丝体或分生孢子器在病叶或落叶组织中越冬，翌年春季当气温在 10℃ 以上，在有水湿条件下，形成分生孢子，成为病害的初次侵染源，借风雨传播。在遇到新梢芽叶时，便可萌芽产生芽管，从气孔侵入或从叶背茸毛的基部细胞侵入。叶面游离水的存在是实现侵染的必要条件。据研究，叶面必须有 5 小时以上的湿润，病菌孢子才能萌芽侵入。新形成的病斑上产生的孢子又可进行多次再侵染。白星病属低温高湿性病害，每年以春秋多雨季节发生最盛，夏秋高温干旱发病较轻。温度在 16~24℃ 下病斑最多，当平均气温大于 25℃ 时，对发病不利。

（3）防治方法

加强茶园管理：注意培肥，适当增施磷钾肥，及时合理采摘，促进树势健壮，增强抗病力。冬季清除园间病叶，减少越冬菌源，可减轻次年病害发生。

药剂防治：50%福美双 WP600 倍液；50%托布津或 70%甲基托布津 WP1 000～1 500倍液；50%多菌灵 1 000 倍液；65%代森锌 WP600 倍液。

3. 茶芽枯病

茶芽枯病是一种芽叶病害，主要为害春茶幼芽和嫩叶。发生严重的茶园，新梢发病率高，病芽梢生长受阻，直接影响茶叶产量，致使春茶减产，品质下降。

（1）症状

病斑开始在叶尖或叶缘发生，病斑呈黄褐色，之后扩大成不规则形，无明显边缘。后期病斑上散生黑褐色细小粒点，以正面居多，病叶易破裂扭曲。幼芽、鳞片、鱼叶均可变褐，病芽萎缩不能伸展，后期呈黑褐色枯焦状。

（2）发病规律

茶芽枯病是由真菌侵染引起的。以菌丝体和分生孢子器在老病叶或越冬芽叶中越冬。翌年春天气温上升至 10℃ 左右时形成器孢子，在水湿中释放孢子，并随雨水溅泼而传播，侵染幼嫩芽叶，2～3 天后出现新病斑，进行扩展蔓延。本病是低温病害，仅在春茶期发生。春茶萌芽期 3 月底至 4 月初开始发病，春茶盛采期（4 月中旬至 5 月上旬）最高气温在 20～25℃ 时为发病盛期。6 月中旬以后最高气温达 29℃ 以上时停止发病。此外，茶叶内含成分也是影响发病的重要因素，春茶期的茶叶中氨基酸含量高，可促进病菌生长发育，而夏茶期的茶叶中茶多酚含量高，会抑制器孢子的萌芽，病害停止发展。

（3）防治方法

第一，在春茶期实行早采、勤采，尽量少留嫩芽叶在茶树上，以减少病菌的侵染，抑制发病。第二，停采茶园可喷洒 1%石灰半量式波尔多液进行保护。

4. 茶云纹叶枯病

茶云纹枯病分布很广，是茶树中最常见的病害之一，在树势衰弱和台刈后的茶园发生严重，扦插苗圃发生也较多。主要为害成叶或老叶，但芽叶、枝梢及果实均能受害。茶树害病后，生长不良、芽梢瘦弱，致使茶树未老先衰，产量下降。发病严重时，茶园成片枯褐色，叶片早期脱落，顶端枝条枯死，幼龄茶树则可整株亡。

（1）症状

茶云纹叶枯病主要为害叶片，但茶树其他部位，如新梢、枝条和果实也可被感染。成叶和老叶上的病斑多在叶缘或叶尖发生，初呈黄褐色，水渍状半圆形或淡绿色的圆形病斑，逐渐呈散射状扩展。色泽呈暗褐色或赤褐色，一周后病斑由里向外变灰白色，组织枯死，边缘黄绿色，形成灰色、暗褐色和赤褐色相间的不规则斑块，形似云纹状波纹，故名云纹叶枯病。后期病斑上产生扁圆形灰黑色的小粒点即病菌的子实体（孢子堆常呈肉红色，在病斑上成不规则状或轮状排列）。病斑背面黄褐色，病斑可蔓及全叶，最后干枯脱落，从症状初现到落叶历时 25～50 天。如嫩叶受害，常由叶尖向下变黑褐色枯死。枝条上呈灰褐色斑块，也生有黑色小粒点。果实受害则产生黄褐色圆形病斑，以后呈灰色，并散生许多黑色小粒点，病斑部分有时裂开。

（2）发病规律

茶云纹叶枯病以菌丝体或分生孢子盘在树上病组织或土表落叶中越冬，成为翌春的初次侵染源。此外，病菌也可在土层 5 厘米处的落叶中越冬，但病菌在土内落叶中的越冬后存活力决定于病叶的腐烂程度。在自然条件下，有性世代较少出现，仅在初夏以及秋季多雨的潮湿条件下在"回枯"的枝梢上出现较多，因此病菌在侵染循环中以无性世代起主要作用。病菌对低温抵抗力强。病菌越冬后，翌年春季，在潮湿条件下病斑上形成分生孢子，由于分生孢子产生于黏质的分生孢子盘中，主要依靠雨水传播。病菌借雨水和露滴在茶树上由上往下传播。当分生孢子溅落在茶树叶片或其他组织上时，遇水滴萌芽后长出芽管，并形成附着器，凭借机械压力直接穿透寄主表皮或通过伤口侵入，并在细胞间蔓延扩散，形成新病斑。病原菌以侵染开始到出现病斑的潜育期为 5～18 天，是一种高温高湿型病害。地下水位高、排水不良、土壤贫瘠、土层较浅的茶园，由于对茶树根系的生长发育不利，故发病较重。

（3）防治方法

第一，利用抗病品种：由于不同的茶树品种对云纹叶枯病的抗病性有明显差异，在发病严重的地区，进行新茶园种植时，应选用抗病性较强的品种，这是防治本病的一项根本性措施。第二，注意茶园卫生：对发病严重的茶园，冬季或早春清除枯枝落叶及茶树残留病叶，减少次年病菌来源。在发病期摘除病叶，可减少病菌再次侵染的机会。第三，加强茶园管理：合理施肥，勤除杂草，做好茶园排水和抗旱工作，防止茶树早春冻害，促使茶树健壮抗病。茶园冬耕时，将土表的病叶埋入土中，加强病叶腐烂，也可消灭部分越冬病菌。

5. 茶轮斑病

茶轮斑病为害成叶和老叶，可引起大量落叶，在高温高湿季节为害性更大。

（1）症状

茶轮斑病主要为害成叶和老叶，但也可为害芽梢。在病叶上的初期病斑很小，边缘褐色，与茶云纹叶枯病、炭疽病等其他叶部病害的初期症状较难区别，之后病斑逐渐扩大至直径 1 厘米左右或更大，病斑通常圆形或椭圆形。边缘浅褐色至褐色，中央部灰色，病斑大型。后期病斑正面可见到有明显的同心轮纹，在气候潮湿的条件下可以形成浓黑色墨汁状的小黑点，小黑点沿同心轮纹排列。病斑边缘常有褐色隆起线与健全部分界明显。

（2）发病规律

茶轮斑病是一种弱寄生菌，常侵害生长衰弱的茶树，管理粗放的茶园和衰老的茶树易于发生。病原菌以菌丝体或分生孢子盘在病组织中越冬，翌春，在环境适宜时产生分生孢子。借风雨传播，孢子萌芽后主要从茶树叶片的伤口处（如采摘、修剪和机采的伤口或害虫加害的部位）侵入。菌丝体在寄主组织的细胞间隙蔓延，经 1~2 周后即可发生病斑，病斑逐渐扩大，在潮湿的条件下形成分生孢子盘。每张病叶可形成 7×105 个孢子。孢子成熟后由雨水溅滴传播，进行再侵染。茶轮斑病菌孢子对无伤口的健全叶片一般无致病力。茶轮斑病是一种高温高湿型病害，因此一般在夏秋茶季发生较重，春茶期发生少。在排水不良的茶园，密植茶园和扦插苗圃中由于湿度较大，发病也较重。

（3）防治方法

第一，减少茶树伤口：茶轮斑病菌的侵入主要是从伤口侵入，减少伤口的出现，也就降低了病原菌的侵入能力，减少发的病原菌侵染的机会。在发病严重的地区，采摘或修剪后要喷药保护。第二，加强茶园管理：加强培肥管理，建立良好的排灌系统可以使茶树生长健壮，增强抗病能力，减少发病。第三，利用抗病品种：在发病严重的地区，进行新茶园更新时，种植抗病品种。第四，化学防治：在春茶结束后（5 月中、下旬）和修剪后，喷施以下药液：50%多菌灵 1 000 倍液；40%百多胶悬剂（百菌清：多菌灵可 2∶1）1 000~1 500 倍液；75%甲基托布津 1 500 倍液。喷药后间隔 10 天左右再喷一次，以控制病情的发展。

6. 茶炭疽病

茶炭疽病一般发生于当年生的成叶上，嫩叶偶有发生。春秋季发生较多，发病严重时，茶树大量落叶，致使势衰弱，芽叶减少，对夹叶增多，叶片薄，品质差，产量质量都受到影响。

（1）症状

茶炭疽病主要发生在茶树成叶上，老叶和嫩叶上偶有发生。病斑先从叶缘或叶尖部发生，初期病斑呈暗绿色水渍状，小圆病斑常沿叶脉蔓延扩大，并变为褐色或红褐色，后期可变为灰白色。病斑形状不一，但一般在叶片近叶柄部，成大型红褐色枯斑，病健部分界明显。病斑正面可散生许多黑色，细小的突起粒点，即病原菌的分生孢子盘。茶炭疽病的鉴别特征是病斑红褐色，其上的分生孢子盘粒点细而密呈黑色；而茶云纹叶枯病病斑上的粒点较大，扁平并呈灰黑色，这是两种病害的主要症状区别。茶炭疽病病叶质脆，易于破碎，也易于脱落，因此在发病严重的茶园，可引起大量落叶，嫩茎部一般不会罹病。

（2）发病规律

茶炭疽病菌主要以菌丝体或分生孢子盘在病叶组织中越冬，翌春气温上升到达 20℃以上，在有雨的情况下或相对湿度大于 80%以上时，病斑上形成分生孢子。分生孢子是病害的初次侵染源。茶炭疽病菌不能直接以表皮穿透侵入，而只能从叶背面茸毛基部侵入。当茶炭疽病菌的分生孢子随风雨传播到茶树叶片背面时先黏附在茸毛上，茸毛的分泌物对病菌分生孢子的萌发有促进作用。分生孢子在适宜的温度和水分条件下萌芽，形成侵入丝侵入茸毛，侵入丝沿着茸毛的空腔向基部蔓延，并进入叶组织内部，在细胞间扩展。茶炭疽病菌一般只能侵染三叶以下的嫩叶，成叶茸毛壁加厚，管腔被堵塞，炭疽病菌即无法侵入和实现侵染。病斑的形成一般以侵入的茸毛为中心，向周围扩展。从孢子在茸毛上附着到叶面出现圆形小病斑一般需 8~14 天，到形成赤褐色大形斑块需 15~30 天。由于炭疽病的潜育期长，因此虽然炭疽病菌多在嫩叶期侵入，但在成叶期才出现症状。茶炭疽病全年均可发生，但有两个高峰：一是在 5~6 月梅雨期，二是在秋季多雨条件下，尤其以秋季发生最多。

（3）防治方法

第一，注意田间卫生：秋冬季将落在土表的病叶埋入土中。摘除树上病叶对减轻第二年发病有显著作用，可使翌年发病程度减轻 50%~60%。第二，施肥：增施钾肥，避免偏施氮肥。第三，选用抗病品种：不同茶树品种对茶炭疽病有明显的抗病性差异。大叶种茶对茶炭疽病菌有强的抗病性。不同品种的抗炭疽病性和叶片茸毛数量、木质化速度有关。一般叶片茸毛数量少，茸毛短而小，木质化速度快的品种表现抗病。

7. 茶煤病

茶煤病分布很普遍，主要为害叶片，在病枝叶上覆盖一层黑霉，影响茶树光合作用的正常进行。发生严重时，茶园呈现一片污黑，茶芽叶生长受阻，致使茶叶产量明显下降。由于茶煤病的污染，茶叶品质也受到一定的影响。

（1）症状

茶树枝叶表面初生黑色圆形或不规则形小斑，之后渐渐扩大，可布满全叶，在叶面覆盖一层烟煤状黑色霉层。茶煤病的种类多，不同种类表现霉层的颜色深浅、厚度及紧密度有不同。常见的浓色茶煤病的霉层厚而疏松，后期生黑色短刺毛状物。病叶背面常可见到黑刺粉虱、蚧虫或蚜虫。

（2）发病规律

已知的茶煤病菌有 10 余种，均属真菌。病菌以菌丝体或子实体在病枝叶中越冬。翌年早春，在适宜条件下形成孢子，借风雨或昆虫传播，病菌从粉虱、蚧类或蚜虫的排泄物上吸取养料，附生于茶树枝叶上。低温潮湿的生态条件、虫害发生严重的茶园，均有发病可能。

（3）防治方法

第一，加强茶园害虫防治，控制粉虱、蚧类和蚜虫，是预防茶煤病的根本措施。第二，加强茶园管理，适当修剪，以利通风，增强树势，可减轻病虫害。第三，早春或深秋茶园停采期，喷施 0.5% 波美度石灰硫黄合剂，防止病害扩展，还可兼治蚧、螨。也可喷施 0.7% 石灰半量式波尔多液，抑制病害的发展。

8. 茶藻斑病

茶藻斑病分布普遍，一般发生在通风不良以及荫蔽茶园的茶树中、下部老叶上。

（1）症状

在老叶正、背面产生病斑，以正面居多。初生黄褐色针头状圆形小斑或十字形斑点，后呈放射状，逐渐向四周扩展，呈圆形或不规则形病斑，灰绿至黄褐色，大小为 0.5~10 毫米，病斑上有细条状毛毡状物，边缘不整齐，后期变暗褐色，表面平滑。

（2）发病规律

茶藻斑病是由绿藻引起的。病原藻以营养体在病叶中越冬，在翌年春季潮湿条件下，产生游动孢子囊和游动孢子，游动孢子在水中发芽，侵入叶片角质层，并在表皮细胞和角质层之间扩展，以后在叶片表面又形成游动孢子，靠风吹雨溅进行传播，使病害蔓延。病原藻寄生性弱，且喜高湿。因此，在生长衰弱的茶树上，以及潮湿、荫蔽茶园中发生较多。

（3）防治方法

第一，在开辟新茶园时，尽量选择高燥地种植茶树，对地下水位高的茶园，注意开沟排水。第二，摘除长枝及病枝，促使茶园通风透光良好，适当增施磷钾肥，以提高茶树抗病力。第三，发病严重的茶园，在晚秋或早春喷施 0.7% 石灰半量式波尔多液或 0.5% 硫酸铜液进行防治。

思考题：

1. 比较为害当地茶树新梢嫩叶的几种病害的症状、病原发生规律及防治措施。
2. 简述为害当地茶树成、老叶的几种重要病害的症状及病原。
3. 简述茶树叶部病害的综合防治措施。

项目五　茶园病虫害综合防治

任务目标

1. 掌握茶树病虫害各种防治方法。

2. 能根据茶园环境因素、茶树生物学特性和茶树病虫害发生特点，因地制宜协调运用各种调控措施，实施有害生物的综合管理。

任务　对茶园的病虫害综合防治

1. 综合防治概念

从生物与环境的整体观点出发，本着预防为主的指导思想和安全、经济、有效、适用的原则，以农业防治为基础，因时因地制宜，合理地运用生物的、物理的、机械的或化学的方法以及其他有效的生态措施，把病虫杂草的种群密度控制在经济损失水平以下，并将对生态系的有害副作用降到最低，以达到保护环境，保护人畜安全和保证作物高产、优质的目的。

2. 综合防治的基本方法

（1）植物检疫

植物检疫是由国家或地方行政机关颁布具有法律效力的植物检疫法规，并建立专门机构进行工作，目的在于禁止或限制危险性病、虫、杂草人为地从国外传入国内，或从国内传到国外，或传入以后限制其在国内局部地区传播的一种措施，以保障农业生产的安全发展。

（2）农业防治

农业防治是通过农业技术措施，有目的地改变某些环境因素，使之不利于病虫害的发生和为害，达到保护茶树、防治病虫害的目的。农业防治在控制病虫害方面的主要措施有以下四个方面：

第一，通过压低病虫害基数来控制种群发生的数量。病虫害的发生数量总是在一定的基数上发展起来的。如在越冬期间剪去病虫枝叶、翻耕培土可减少第 2 年病虫的发生基数。通过修剪、台刈部分严重为害的病虫茶丛，可防止全园的扩散蔓延。

第二，通过影响作物长势减轻作物受害程度。栽培管理措施得当，使茶树生长旺盛，就能提高茶树的抗病能力，减轻为害损失。

第三，通过影响天敌发生条件来加强生物防治作用。农业技术措施可以改善天敌生存环境，增加天敌数量。茶园种植行道树、防风林，可提供天敌的栖息场所，减少茶园施对天敌的伤害。

第四，通过农业措施来直接控制病虫害的发生数量。如及时采摘，可以直接采去小绿叶蝉的卵、茶细蛾的被害虫苞、茶蚜和茶橙瘿螨等。

（3）生物防治

生物防治是应用某些生物（一般指病虫害的天敌）或某些生物的代谢产物来防治病虫害的方法。生物防治的优点：对人畜无毒、无害、不污染环境；对茶树和自然界很多有益生物无不良影响；不少具有预防作用，有的能收到较长时期的控制效果；一般不会产生抗药性；天敌资源丰富，有的可就地取材，很多以工厂化生产。生物防治的缺点：对有益、有害生物及其环境间的复杂关系认识还很不够，不是对所有病虫害都能立即加以应用；防治效果通常受环境因素影响较大；有的需要较长时间才能产生明显的效果；菌种、蜂种有可能退化。生物防治的主要内容有以虫治虫、以菌治虫、利用其他有益生物和昆虫激素治虫以及生物防治病害等。

（4）物理与机械防治

物理与机械防治法是利用各种物理因子、机械设备以及多种现代化除虫工具来防治病虫害的方法。物理与机械防治目前常用的方法有捕杀和诱杀两种。

捕杀是根据害虫的生活习性，设计比较简单的器械进行捕杀。如钩杀天牛幼虫用的铁丝钩。

诱杀是利用害虫的趋性，人为设置其所好，诱集害虫加以消灭。如利用趋化性，可设置糖醋液诱杀小地老虎、蝼蛄；利用害虫的趋黄性，采用黄板对小绿叶蝉、茶蚜虫、黑刺粉虱等进行诱杀；利用害虫的趋光性，采用频振式灭虫灯对鳞翅目害虫进行诱杀。

（5）化学防治

化学防治法是指利用有毒的化学物质（通常指农药）来预防或杀灭病虫害，这种方法又称为植物化学保护。化学防治最显著的特点是有效性、简易性、适应性。当病虫害大面积发生时，可在短时间内达到有效的防治目的。使用简便、容易掌握，能工厂化生产和大面积机械化应用，受环境条件影响小，农药种类多。作用方式广，各种病虫害均有相应的农药品种来防治。

3. 茶园病虫害综合防治的主要技术措施

（1）坚持以农业发展为基础，加强茶园栽培管理措施

第一，避免大面积单一栽培，丰富茶园群落结构。大规模单一栽培，会使群落结构及物种单纯化，易诱发病虫害的猖獗。茶园周围植被丰富、生态环境复杂，病虫害大发生的概率就较小。

第二，优化茶园生态环境，增强茶园自然控制能力。

第三，选育和推广抗性品种，增强茶树抗病能力。选育和推广抗性品种是防治病虫害的根本措施。茶树品种间抗病、抗虫性差别大。如单宁含量高、叶片厚且硬的品种，对茶炭疽病有较强的抗性；大叶种、叶片厚且柔软多汁的品种最易感染茶饼病。在选育和推广茶树良种时，必须进行抗性鉴定。可以通过引种、选种、杂交育种、单倍体育种、组织培养以及基因工程等方法，发掘、利用并选育合乎理想的抗病、抗虫品种。在推广抗性品种时，要根据各地的气候、土质、适制茶类，尤其是要了解主要病虫害与品种的关系等来选用。

第四，加强植物检疫，严防危险性病虫害远距离传播。蚧类、粉虱、螨类、卷叶蛾、茶细蛾、茶根结线虫、茶饼病等都能随苗木传播，茶角胸叶甲的卵和幼虫可随苗圃土壤携带，调运前应进行检查，最好从无上述病虫茶园调运。对有病虫的苗木、插穗在出圃后要采取有效防治措施（如浸根）才能调运。

第五，增施有机肥，严格控制化肥的使用。合理施肥，有机肥可以改良土壤、促进土壤通风透气、增加土壤微生物的种类和数量，增施有机肥是促进茶树生长健壮、提高茶树营养的重要保证，同时能增强对病虫害的抗性能力。对有机茶园要严格禁止化学肥料的使用。

第六，及时采摘，抑制芽叶病虫的发生。芽叶是茶叶采收的原料，营养物质高，病虫发生也严重。达到采摘标准，要及时分批多次采摘。蚜虫、小绿叶蝉、茶细蛾、茶饼病、茶白星病等多种重要病虫主要发生在幼芽嫩梢上，通过采摘，可恶化病虫的营养条件，还可破坏害虫的产卵场所和减少病害的侵染。

第七，合理修剪、台刈，控制枝叶上的病虫。病虫害在茶树上是多方位发生的，蚜虫、小绿叶蝉、茶细蛾、茶饼病、芽枯病、白星病等主要发生在表层的采摘面上，也可发生在中、下层的幼芽嫩梢上。蚧类、蛀干害虫、苔藓、地衣等发生在中、下层的枝干上，藻斑病、云纹叶枯病等主要发生在成熟的叶片上。通过不同程度的轻修剪、深修剪、重修剪，可以剪去其寄生在枝叶上的病虫。

第八，适当翻耕，合理除草。土壤是很多昆虫的活动场所，也是很多害虫越冬、越夏的场所。如尺蛾类在土中化蛹、刺蛾类在土中结茧等，很多病害的叶片掉落在土表。翻耕可使土壤通风透气，促进茶树根系生长和土壤微生物的活动，破坏地下害虫的栖息场所，利于天敌入土觅食，也可利用夏季的高温或冬季的低温直接杀死暴露在土表的害虫，对土表的病叶或害虫卵可深埋在土下使其腐烂。一般以夏秋季节浅翻1~2次为宜。

第九，及时排灌，加强茶园水分管理。排水不良的地块，不宜选作苗圃。地下水位高的茶园，要开沟排水。及时排水不仅有助于茶树生长，对茶根腐病、白绢病、藻斑病等也有明显的抑制作用。

（2）保护和利用天敌资源，积极开展生物防治

第一，加强生物防治的宣传和教育。通过举办培训班、科技咨询、科技服务等形式进行宣传、教育，转变茶农的思想和传统做法，加强生物防治的意识，提高茶农保护茶园天敌、利用天敌的自觉性。

第二，开展本地天敌资源的调查研究。茶园病虫害的生物防治，重点是加强本地天敌的保护利用。

第三，给天敌创造良好的生态环境。在茶园周围种植防护林、行道树或采用茶林间作、茶果间作，幼龄茶园间种绿肥，可给天敌创造良好的栖息繁殖场所。

第四，结合农业措施保护天敌。茶园合理密植、培育强壮的树势、增加茶园覆盖度，有利于天敌昆虫和虫生真菌的生存繁衍。在茶园种植开花绿肥或在茶园附近种植有花植物，可给天敌补充蜜源，增加繁殖力。

第五，人工助迁和释放天敌。

第六，采取保护措施使天敌安全越冬。

第七，保护利用蜘蛛，充分发挥蜘蛛对害虫的控制作用。茶园里的蜘蛛种类与数量相当丰富，蜘蛛对害虫具有良好的控制作用。对蜘蛛的保护，要创造良好的生存环境，减少农药的使用，增加蜘蛛的种群数量，充分发挥蜘蛛对害虫的控制作用。

第八，使用微生物或微生物制剂治虫。应用真菌制剂、细菌杀虫剂和昆虫病毒防治害虫。

第九，控制和合理使用化学农药，减少天敌伤亡。

（3）加强人工防治，推广新的防治技术

第一，人工捕杀。在病虫害发生数量少时，利用人力或简单器械进行捕杀。

第二，灯光诱杀。利用害虫的趋光性，设置诱虫灯。

第三，食物诱杀。利用害虫的趋化性，用食物制作饵料诱杀害虫。如糖醋液诱杀卷叶蛾、小地老虎等成虫。

第四，异性诱集或诱杀。利用害虫异性间的诱惑能力来诱集或诱杀害虫。

第五，辐射不育。利用放射性物质的照射造成害虫不能正常生育。

（4）抓住越冬期防治，认真贯彻"预防为主、综合防治"的植保方针

每年10月至翌年2月是茶树的休眠期，此时是很多茶园害虫的越冬期。茶园病虫害的越冬场所一般都在茶树中、下部的枝叶上、地表层、枯枝落叶下或茶园土壤中越冬。越冬蕨间可结合茶园管理措施防治病虫害，如翻耕、施基肥时，可挖除尺蠖类的蛹、刺蛾类的茧以及蛴螬、小地老虎等地下害虫。对病虫害发生严重、树势较衰老的茶树进行重修剪、台刈等措施进行更新。也可采取清兜亮脚的方法，剪去茶丛下部的枯枝、纤弱枝、病虫枝等。对黑刺粉虱、蚧类、螨类及病害较多的茶园可在秋季封园后喷施一次0.3%～0.5%波美度的石硫合剂。经过这些措施，可消灭大部分越冬病虫源，减少越冬以后的病虫基数。

思考题：

1. 茶园病虫害防治有哪些方法和技术？

2. 为什么防治茶园病虫害要提倡综合防治？

3. 茶园病虫害综合防治（生态控制）的主要技术措施有哪些？

学习情境三　茶叶加工技术

项目一　绪论

任务目标

1. 了解茶叶加工的历史发展。

2. 理解茶叶分类的依据。

3. 能对创新研发的茶叶产品进行命名。

4. 能正确地识别六大基本茶类。

5. 了解中国各个历史阶段的朝代名称及其重大事件。

6. 了解中国古籍中有关茶的相关记载。

任务一　茶叶加工技术的历史演变

中国制茶历史经历了复杂的变革。各种茶类的品质特征形成，除了受茶树品种和鲜叶原料的影响外，加工条件和制造方法也是其重要的因素。

1. 从生煮羹饮到晒干收藏

茶之为用，从最早咀嚼茶树的鲜叶，发展到生煮羹饮。生煮就是类似现代的煮菜汤，如《晋书》中记载："吴人采茶煮之，曰茗粥"，直到唐代，人们仍有吃茗粥的习惯。三国时，曹魏已开始对茶叶进行简单加工，人们将采来的鲜叶先做成饼，晒干或烘干，这便是制茶工艺的萌芽。

2. 从蒸青造形到龙团凤饼

初步加工的饼茶仍有很浓的青草味，经反复实践，人们发明了蒸青制茶。蒸青制茶就是将茶的鲜叶蒸后碎制，饼茶穿孔，贯串烘干，去其青气。但经过蒸青的茶仍有苦涩味，因此我们还要通过洗涤鲜叶，蒸青压榨，去汁制饼，使茶叶的苦涩味大大降低。

从唐至宋，贡茶兴起，成立了贡茶院，即制茶厂，组织官员研究制茶技术，从而促使了茶叶生产的不断改革。唐代蒸青作饼已经逐渐完善，陆羽在《茶经·之造》中记述："晴，采之，蒸之，捣之，焙之，穿之，封之，茶之干矣。"可见，此时完整的蒸青茶饼制作工序为：蒸茶、解块、捣茶、装模、出模、列茶晾干、穿孔、烘焙、成穿、封茶。到了宋代，制茶技术发展很快，新品不断涌现。北宋年间，做成团片状的龙凤团茶十分盛行。在《宣和北苑贡茶录》中有记述："宋太平兴国初，特置龙凤模，遣使即北苑造团茶，以别庶饮，龙凤茶盖始於此。"龙凤团茶的制造工艺，据宋代赵汝励所著《北苑别录》记述，有六道工序：蒸茶、榨茶、研茶、造茶、过黄、烘茶。人们将茶芽采回后，先将其浸泡水中，再挑选出匀整的芽叶进行蒸青，蒸后冷水清洗，然后小榨去水，大榨去茶汁，去汁后置瓦盆内兑水研细，再入龙凤模压饼、烘干。在制作龙凤团茶的工序中，冷水快冲可保持茶叶的绿色，提高茶叶的质量，而水浸和榨汁的做法，会夺走茶叶的真味，使茶香大大损失，且整个制作过程耗时费工，从而促使了蒸青散茶的出现。

3. 从团饼茶到散叶茶

到了宋代，在蒸青团茶的生产中，为了改善茶叶苦味难除、香味不正的缺点，人们逐渐采取蒸后不揉不压，直接烘干的做法，将蒸青团茶改造为蒸青散茶，以保持茶的香味，同时还出现了对散茶的鉴赏方法和品质要求。《宋史·食货志》载："茶有两类，曰片茶，曰散茶。"其中，片茶即饼茶。元代王桢在《百谷谱》中，对当时制蒸青散茶工序有详细记载"采讫，一甑微蒸，生熟得所。蒸已，用筐箔薄摊，乘湿揉之，入焙，匀布火，烘令干，勿使焦"。由宋至元，饼茶、龙凤团茶和散茶同时存在，到了明代，由于明太祖朱元璋于1391年下诏，废龙团兴散茶，使得蒸青散茶大为盛行。

4. 从蒸青到炒青

相比于饼茶和团茶，茶叶的香味在蒸青散茶中得到了更好的保留，然而，使用蒸青方法依然存在香味不够浓郁的缺点。于是出现了利用干热发挥茶叶优良香气的炒青技术。炒青绿茶自唐代已始而有之。唐代刘禹锡在《西山兰若试茶歌》中言道："山僧后檐茶数丛……斯须炒成满室香"，又有"自摘至煎俄顷馀"之句，说明嫩叶经过炒制而使满室生香，且炒制所需时间不长，这是目前发现的关于炒青绿茶最早的文字记载。经唐、宋、元代的进一步发展，炒青茶逐渐增多，到了明代，炒青制法日趋完善，在《茶录》《茶疏》《茶解》中均有详细记载。炒青制法大体为：高温杀青、揉捻、复炒、烘焙至干，这种工艺与现代炒青绿茶制法非常相似。

5. 从绿茶发展至其他茶类

在制茶的过程中，由于人们更注重对确保茶叶香气和滋味的探讨，通过使用不同的加工方法，如从不发酵、半发酵到全发酵一系列不同发酵程序所引起茶叶内质的变化，探索到了一些规律，从而使茶叶从鲜叶到原料，通过不同的制造工艺，制成各类色、香、味、形品质特征不同的六大茶类，即绿茶、黄茶、黑茶、白茶、红茶、青茶。

（1）黄茶的产生

绿茶的基本工艺是杀青、揉捻、干燥，当绿茶炒制工艺掌握不当，如炒青杀青温度低，蒸青杀青时间长，或杀青后未及时摊凉、揉捻，或揉捻后未及时烘干炒干，堆积过久，使叶子变黄，便产生黄叶黄汤，类似后来出现的黄茶。由此可见，黄茶的产生是因绿茶的制法不当演变而来。

（2）黑茶的出现

绿茶杀青时叶量过多且火温低，使叶色变为近似深褐绿色，或以绿毛茶堆积后发酵，渥成黑色，这是黑茶的产生过程。黑茶的制造始于明代中叶，明御史陈讲疏记载了黑茶的生产（1524年）："商茶低仍，悉征黑茶，产地有限……"

（3）白茶的由来和演变

唐、宋时期所谓的白茶，是指由偶然发现的白叶茶树采摘而成的茶，这与后来发展起来的不炒不揉而成的白茶不同。到了明代，才出现类似现在的白茶。田艺蘅在《煮泉小品》记载："茶者以火作者为次，生晒者为上，亦近自然……清翠鲜明，尤为可爱。"

（4）红茶的产生和发展

红茶起源于16世纪。在茶叶制造的发展过程中，人们用日晒代替杀青，揉捻后叶色红变而产生了红茶。最早的红茶生产从福建崇安的小种红茶开始。清代刘靖在《片刻余闲集》中记述："山之第九曲处有星村镇，为行家萃聚。外有本省邵武、江西广信等处所产之茶，黑色红汤，土名江西乌，皆私售于星村各行。"自星村小种红茶出现后，红茶的制法才逐渐演变产生了工夫红茶。20世纪20年代，印度出现了将鲜叶切碎加工的红碎茶，我国于20世纪50年代也开始试制红碎茶。

（5）青茶的起源

青茶介于绿茶与红茶之间，是人们先根据绿茶制法，再根据红茶制法，从而悟出了青茶制法。青茶最早在福建创制。清初王草堂在《茶说》中记述："武夷茶……茶采后，以竹筐匀铺，架于风日中，名曰晒青，候其青色渐收，然后再加炒焙……烹出之时，半青半红，青者乃炒色，红者乃焙色。"现福建武夷岩茶的制法仍保留了这种传统工艺的特点。

6. 从素茶到花香茶

茶加香料或香花的做法已有很久的历史。宋代蔡襄在《茶录》提到加香料茶："茶有真香，而入贡者微以龙脑和膏，欲助其香。"南宋时已有茉莉花焙茶的记载，施岳在《步月·茉莉》中记述："茉莉岭表所产……古人用此花焙茶。"

到了明代，窨制花茶技术日益完善，且可用于制茶的花品种也较多，据《茶谱》记载，主要有桂花、茉莉、玫瑰、蔷薇、兰蕙、橘花、栀子、木香、梅花九种。现代窨制花茶，除了上述花种外，还有白兰、玳瑁、珠兰等。

随着制茶技术的不断改革，各类制茶机械相继出现。如，先是小规模手工制茶，接着出现各道工序机械化。现在，除了少数名贵茶仍由手工加工外，绝大多数茶叶的加工均采用了机械化生产。

任务二　茶叶的命名、分类及其依据

茶叶是一种传统商品，它的品种很多，为了便于人们识别和掌握其品质特点，对其进行科学分类是十分必要的。一种茶叶必须有一个名称予以标志，并且命名与分类可以联系一起，如工夫红茶，前者是命名，后者是分类；白毫银针，前者是分类，后者是命名。对茶叶的命名通常都是带有描述性的。

1. 茶叶命名的依据

茶叶命名的依据，除以形状、色香味和茶树品种等不同外，还有以生产地区、采摘时期和技术措施以及销路等不同而不同。

（1）结合产地的山川名胜

如浙江的"西湖龙井""普陀佛茶"；安徽的"黄山毛峰"；江西的"庐山云雾""井冈翠绿"；四川的"峨眉雪芽""蒙顶甘露"；福建的"武夷岩茶"。

（2）根据采摘时期和季节

3~5月采制的称"春茶"，6~7月的称"夏茶"，8~10月的称"秋茶"。"清明"前采制的称"明前茶"，"雨水"前采制的称"雨前茶"。当年采制的称"新茶"，不是当年采制的称"陈茶"。

（3）根据茶树品种

闽北乌龙茶中的"水仙""肉桂""大红袍""奇兰"等。闽南乌龙茶中的"铁观音""黄金桂""毛蟹""本山"等。

（4）根据干茶外形或色泽

根据干茶外形而命名：如"碧螺春""竹叶青""瓜片""蟠毫""秀眉""紫笋""银针""松针""墨菊""绿牡丹"。根据干茶色泽或汤色而命名：如绿茶、白茶、黑茶、红茶、黄茶和青茶。

（5）根据茶叶的香气、滋味

安徽舒城的"兰花茶"；湖南江华的"苦茶"；四川蒙顶的"甘露"；福建漳州的"白芽奇兰"，武夷山的"肉桂""水仙"。

（6）根据茶叶加工工艺

根据杀青方式或烘干方式而命名："炒青""蒸青""烘青""晒青"等。根据发酵程度而命名："发酵茶""半发酵茶"和"不发酵茶"等。根据再加工方式而命名："花茶""紧压茶""速溶茶""罐装茶"等。

2. 茶叶分类的依据

对茶叶进行分类首先必须具备两个条件：一是必须表明品质的系统性，二是要表明制法的系统性，同时要抓住主要内含物变化的系统性。

茶叶分类应以制茶的方法为基础，茶叶种类的发展是根据茶叶的制法演变而来的。每

一类茶都有其共同的制法特点，如红茶类都有一个共同促进酶的活化，使黄烷醇类（儿茶多酚类）氧化较完全的"发酵"过程；黑茶类都有共同的堆积后发酵的过程。

茶叶分类，还要结合茶叶品质的系统性。如绿茶的色泽都属绿色范围，而君山银针色泽泛黄，就属于黄茶类，其制法是经过闷黄过程，与绿茶不同。

综上所述，我们可以将茶叶分为六大基本茶类：绿茶、黄茶、黑茶、白茶、青茶、红茶。至于再加工茶叶的分类，由于在基本茶类加工过程中，品质已稳定。其再加工产品，品质上未超出该茶类的系统性，仍应归属到原来的茶类。

复习思考题：

1. 谈谈你从茶叶加工的历史演变学习中受到哪些启发。

2. 茶叶命名不仅要有依据，还应有艺术性，其目的是什么？

项目二 鲜叶

任务目标

1. 了解鲜叶内含的化学成分及其在六大茶类加工中的变化规律。

2. 熟悉鲜叶质量对茶叶品质形成的影响。

3. 能根据鲜叶的物理性状表现确定其最适宜加工的茶类。

4. 能根据鲜叶的嫩度、匀净度、新鲜度及茶叶品质要求制定科学合理的鲜叶等级标准。

5. 深入了解茶树品种、气候条件、茶园管理对鲜叶产量和质量的影响。

6. 了解鲜叶主要内含成分及其衍生产物对人体生理功能的作用。

任务一 鲜叶的化学成分与茶叶品质的关系

1. 水分

（1）水分的含量

水分是鲜叶的主要成分之一，鲜叶一般含水量占鲜叶总重量的75%左右。鲜叶的水分含量会随着芽叶生长部位、采摘季节、气候条件、管理措施及茶树品种的差异而不同。芽叶嫩度高，含水量也高，而老叶含水量低。茎梗是输导器官，含水量也较高。一芽四叶新梢各部位含水量占总量的比例见表3-1。

表3-1 一芽四叶新梢各部位含水量占总量的比例

新梢部位	芽	第一叶	第二叶	第三叶	第四叶	茎梗
含水量/%	77.6	76.70	76.30	76.00	73.80	84.60

（2）鲜叶内的水分

鲜叶内的水分以两种形态存在，即自由水和吸附水。

自由水也叫游离水，主要存在于细胞液和细胞间隙中成游离状态，可以自由流动，调节体内水分平衡，可以通过气孔向大气扩散。一些可溶性的有机物和无机盐都溶解在这种水里。自由水在鲜叶里占绝大部分，在制茶过程中，受热容易转移，会被大量蒸发出来，随之引起一系列理化变化。

吸附水也叫结合水，主要存在于细胞的原生质中。由于细胞原生质的大分子胶粒表面带有电荷，水分子又具有两极性，易同胶粒发生水合作用，与原生质大分子胶粒结合，在胶体外围形成一层薄水膜。因此，它不能自由移动，也不能溶解其他物质，比自由水更难蒸发。只有当生物体内细胞原生质失去亲水性能，结合水脱离原生质体之后才会有自由水游离出来，而后被蒸发。

（3）水分是使茶叶中的生物产生化学反应的介质

在制茶过程中，茶叶内的化学成分，不仅会在水这个介质中进行化学变化，而且水也会参与水解反应和氧化还原反应。例如：绿茶杀青利用高温蒸汽破坏酶的活性；红茶利用水分促进酶的催化作用，同时使其他内含成分发生转化；黑茶在失水的同时还要求保水，有时还要求加水，以促进渥堆升温，使一些内含成分发生化学变化，形成黑茶特有的品质。

（4）水分是茶叶加工的一个重要参考指标

第一，鲜叶的含水量及其在制茶过程中的变化速度和程度，都与制茶品质有着密切的关系。把含水量为75%的鲜叶，制成含水量为6%左右的干毛茶，不仅是鲜叶大量失水的过程，而且随着叶内水分散失速度（快—慢—快）和程度的不同，会引起叶内一些成分发生一系列理化变化，从而逐步形成茶叶的色、香、味、形。

第二，在制茶的各个工序中，随着水分含量的变化，其表现出来的物理性状也相应地发生变化。如：鲜叶经萎凋，由于水分散失，叶色由翠绿色变暗绿色，且叶质变软、叶片体积变小等物理性状。

在制茶过程中，我们按照各类茶的品质要求，了解其失水和内质变化的关系，根据在制品失水量的多少呈现出不同的性状特征，严格地控制制茶的技术条件，就能使有效成分按照人们所需要的方面变化。所以，在生产中，控制在制品含水量是鲜叶加工各工序适度的主要技术指标之一。如成品茶含水量在4%~6%，就可以进行较长时间的保存且不会变质。如果成品茶含水量超过12%，那么茶叶内部的化学反应不仅可以继续进行，而且还能吸收空气中的氧，使微生物不断滋生，茶叶就会很快变质或发生霉变。因此，在生产上要求毛茶6%，精制4%~6%。

2. 色素

鲜叶中含有各种色素，主要是叶绿素、叶黄素、花黄素、胡萝卜素、花青素，其中花青素属于多酚类，它既是滋味因子，又是汤色、干茶及叶底色泽因子，鲜叶中的色素含量为1%左右。

（1）叶绿素

叶绿素的含量一般在0.24%~0.85%，其含量不仅会在新梢中随新梢的老化而逐渐增加，还会随季节品种、施肥种类及遮阴等栽培措施不同含量而不同。

鲜叶中的色素与制茶品质有很大关系，而色泽是评定品质标准的要素之一：从鲜叶色泽可以看出鲜叶品质，从制成干茶色泽、汤色、叶底色可以看出制茶技术对制茶品质的影响。

叶绿素是影响茶干色和叶底的重要物质，它对汤色的影响是次要的。在鲜叶里，叶绿素由于结构上的差异，可分两种类型：一种是叶绿素a，呈墨绿色；另一种是叶绿素b，呈黄绿色。这两种叶绿素均为脂溶性色素，不溶于水，它们在鲜叶里含量不同，叶子就呈现出深浅不同的绿色。

叶绿素是以镁原子为核心联合四个吡咯环组成的，这个镁原子在酸性和湿热的条件下很容易被氢取代形成脱镁叶绿素，使原来具有光泽的鲜绿色变成褐绿色。叶绿素受热分解为叶绿酸（溶于水的一种绿色色素）和叶绿醇（无色油状液体），由亲脂性变为有一定亲水性。

在鲜叶中叶绿素的含量不同，对制茶品质的影响也不同。叶绿素直接影响干茶、叶底和茶汤的色泽。它对红茶和绿茶的影响比较大。如将深绿色鲜叶制成红茶，则香味青涩、汤色泛青、叶底较暗，品质较差；而由紫色鲜叶制成的红茶，其外形色泽暗、滋味稍涩，但香气尚正，汤色深红；同样地，若由深绿色的鲜叶制成的绿茶，其香气高而鲜爽、滋味醇厚，汤色叶底翠绿明亮，品质也更好。

叶绿茶含量高的深绿色鲜叶，由于多酚类化合物含量较少，蛋白质含量较高，所以制成的绿茶品质好；对于红茶来说，因为红茶的色香味主要是在制茶过程中，由多酚类化合物的逐步氧化缩合而形成，所以多酚类化合物含量较少，影响发酵，制出的红茶品质较差。如果鲜叶中叶绿茶含量过高，会造成绿茶汤色与干茶死青或菜青色，香味生青，品质不好。

（2）叶黄素与胡萝卜素

叶黄素（呈黄色）与胡萝卜素（呈浅黄或橙色）伴随着叶绿素而存在，它们是脂溶性色素。它们在鲜叶内的含量不高，在制茶过程中变化也不大。在制茶过程中，胡萝卜素会氧化降解转化成芳香物质，如紫罗酮等。

（3）花黄素和花青素

花黄素（呈黄色）和花青素（在酸性介质中呈红色，在碱性介质中呈蓝色），这两类色素，在茶树体内以糖苷形式存在，溶于水，属多酚类物质。

鲜叶中所含有的色素，以叶绿素含量最多，对茶叶的品质影响也最大。在正常情况下，鲜叶中所含的叶绿素会掩盖其他色素，呈现出深浅不同的绿色，只有在花青素含量特别多的情况下，鲜叶才出现紫红色。

3. 多酚类化合物

（1）茶叶中的多酚类化合物

茶叶中的多酚类化合物是茶叶中三大主要物质中的二级代谢产物，这类物质占干物质总量的20%~35%，是茶叶内含可溶性物质中最多的一种。它对茶叶色、香、味的形成影响很大，对人体生理也有重要影响。

（2）多酚类化合物的化学性质很活泼

多酚类化合物是多种酚类衍生物组成的较为复杂的混合物的总称。它的化学性质一般比较活跃，在不同的加工条件下，会发生多种形式的转化，由于它的转化同时又能引起一些其他物质的转化，其转化产物又是多种多样，因此制茶品质主要取决于多酚类化合物的组成、含量和比例，以及在不同的制茶过程中转化的形式、深度、广度和转化产物，从而获得不同品质特征的茶类。

（3）多酚类化合物的组成

茶多酚，曾称茶鞣质或茶单宁，目前在茶树新梢中已发现30多种多酚类化合物，其分子结构的碳架基本上与黄酮类化合物相同。多酚类化合物按它们的化学结构大致可分为四类：儿茶素类（黄烷醇）、花黄素类（黄酮醇）、酚酸类、花青素类。

其中，茶多酚中的儿茶素类占75%左右；花黄素类（包括黄酮醇、黄酮）占10%以上；酚酸类占10%；花青素类的含量最少。其中儿茶素类又可分为游离型和酯型，游离型儿茶素包括：简单儿茶素（C），占10%以下；没食子儿茶素（GC），占20%左右。酯型儿茶素包括：儿茶素没食子酸酯（CG），占20%；没食子儿茶素没食子酸酯（GCG）50%左右。

（4）儿茶素及其在制茶过程中的变化对茶叶品质影响

儿茶素类是鲜叶中多酚类化合物含量最丰富的一类，占多酚类化合物总量的70%~80%。茶树鲜叶中的儿茶素，由于分子结构中的B环上第2和第3个碳原子都是不对称原子，所以它具有三种类型旋光异构（D、L、DL）及立体异构（顺反）现象，理论上推算应有16种旋光异构体和8种立体异构体。但实际上在茶树鲜叶中，大量存在的儿茶素有六种：即L-表儿茶素（L-EC）（左旋顺式儿茶素），占10%；D，L-儿茶素（D，L-EC）（复合旋反式儿茶素），占10%；L-表没食子儿茶素（L-EGC）（左，顺），占20%；D，L-没食子儿茶素（DL-GC）（复，反），占20%；L-表儿茶素没食子酸酯（L-EGC）（左顺），占20%；L-表没食子儿茶素没食子酸酯（L-EGCG），占50%

我们对绿茶炒制后进行生化分析，发现儿茶素又产生旋光和差向异构，从而增加了四种儿茶素：即L-C，L-GC，L-LG，L-GCG（顺反异构）。儿茶素类中属于酯型儿茶类的L-EGCG，是鲜叶中含量最多的一种，占总量的50%，其在芽中含量最高，会随着鲜叶嫩度下降而减少，对成茶品质影响很大。L-ECG 占总量的 2% 左右，与多酚类化合物总量变化有一致趋势。属于游离儿茶素的 L-EGC 和 DL-GC 占 20% 左右，其含量随着鲜叶嫩度下降而增加。

儿茶素类是形成不同茶类色香味的主要物质，对制茶品质影响很大。复杂的儿茶素具有强烈的收敛性，苦涩味较重；而简单的儿茶素收敛性较弱，味醇且不苦涩。

在制茶过程中，原鲜叶中水溶性多酚类化合物转化可分为三个部分：第一部分是氧化产物，主要有茶黄素和茶红素；第二部分是未氧化产物，包括未受氧化的儿茶素类和非儿茶素多酚类物质；第三部分是非水溶性多酚类化合物，主要与蛋白质结合沉淀于叶底部分。前两部分溶于水，能直接进入茶汤，后一部分不溶于水，对茶汤没有直接影响。

由于多酚类化合物的氧化会引起其他一些物质的转化。因此，在制茶过程中，多酚类化合物转化的三个部分含量和比例，说明各种物质变化的深度和广度，对各种茶类色香味影响不同。

儿茶素在多酚氧化酶和过氧化物酶的催化作用下，极易氧化、聚合，生成茶黄素和茶红素等物质，形成"红汤红叶"的红茶；而如果破坏酶的活性，阻止儿茶素的酶性氧化，便为形成"清汤绿叶"的绿茶创造了条件，其他几种茶类，也是由于儿茶素氧化途径和氧化程度的不同而形成。

（5）花黄素

花黄素（黄酮醇类）是儿茶素的氧化体，呈黄色，属黄酮类。在茶叶中已发现十多种花黄素，含量为 1.3%~1.8%，如槲皮苷和杨梅苷等。这类化合物是溶于水的黄色化合物，容易发生自动氧化，是多酚类化合物自动氧化部分的主要物质。

花黄素的自动氧化在红茶中占从属地位，其含量多少与红茶茶汤带橙黄色成正相关。但在绿茶中花黄素及其自动氧化产物是形成绿茶汤色的主要成分，且对干茶和叶底也有一定影响。

（6）花青素

花青素的种类很多，有呈青色、铜红、暗红、暗紫色等。花青素含量虽少，但它的存在对茶叶品质不利。若花青素含量稍高，就能使绿茶汤滋味苦，干茶乌暗，叶底呈靛蓝色。特别是紫芽种和夏茶的鲜叶，由于花青素含量增高，所以制出的绿茶苦味较重，品质不好。

（7）多酚类化合物与制茶品质关系

在多酚类化合物中，除极少部分（如花青素）对茶叶品质起消极作用外，绝大部分都起积极作用。研究结果表明，茶多酚与红碎茶品质的相关系数为 0.920，四种儿茶素（EC、EGC、ECG、EGCG）与绿茶滋味的相关系数分别为 0.729、0.704、0.876、0.850。

茶多酚氧化途径和氧化程度不同，才会产生色、香、味品质截然不同的六大茶类。

鲜叶中茶多酚的含量会随着茶树品种、生长地区、采摘季节以及鲜叶老嫩等不同而有很大变化，不仅总量差异很大，而且各类化合物的组成比例也有明显变化。不同品种的茶树中的茶多酚尤其是儿茶素的含量和组成比例都不同，一般大叶种含量较多，适于制红茶，小种含量较少，适于制绿茶。同一品种在不同地区生长，茶多酚的含量也不同，有时差距还较大。同一品种、同一地区在不同季节的茶多酚含量也有所不同，茶多酚一般夏季含量最多，秋茶次之春茶最少，如兼产红绿茶，则以春茶加工绿茶，夏秋茶加工红茶为宜。不过，不论什么季节，茶多酚都是嫩叶的含量多，并随着叶龄的增长而逐渐减少。

多酚类化合物在制茶过程中热的作用下，会发生热解和异物化作用，使一些不溶于水的多酚类化合物转化为可溶性的物质，给茶汤带来良好的滋味。在常温的条件下，茶多酚会发生自动氧化，因此成茶在贮藏过程中往往会引起茶叶由绿变黄而降低品质。因此，我们在制茶过程中，应控制制茶技术，恰当运用外因条件，从而使茶味更浓而醇和，大大提高茶叶的品质。

另外，当茶多酚与铁接触时，会产生蓝黑色或黑绿色沉淀物，对茶叶品质不利，所以制茶机具上与茶叶接触部分，如揉捻机的揉筒、揉盘、棱骨等不能以铁制造，泡茶或煮茶用具也不能用铁制容器。

茶多酚中的儿茶素和花黄素都具有维生素 P 的功能，能调节血管的渗透性的增强血管壁的弹性，能帮助人体内抗坏血酸的同化和积累，有解毒、抗菌作用。

4. 蛋白质与氨基酸

蛋白质与氨基酸是两类近缘含氮化合物。蛋白质由氨基酸合成，在一定条件下，又能水解成氨基酸。蛋白质是含氮化合物，它广泛存在于茶树体中，鲜叶中含量占干物总量的 25%~30%，其中主要是酪蛋白，约占蛋白质总量的 80% 左右，其余 20% 左右是白蛋白、球蛋白和精蛋白。蛋白质一般难溶于水，但其中约 8% 的白蛋白能溶于水，可以增进茶汤的滋味。

如表 3-2 所示，蛋白质一般在生命力强的茶树和茶树新梢幼嫩部分较高。随着新梢伸育，蛋白质含量减少。此外，茶树品种、季节、施肥等因素对蛋白质含量有一定影响。

表 3-2　茶树新梢部位蛋白质含量占干物总量的比例

芽叶部位	芽	第一叶	第二叶	第三叶
蛋白质含量/%	29.00	26.06	25.92	24.94

下面，我们来介绍一下制茶过程中与蛋白质有关的技术。

在绿茶的制造过程中，我们利用高温使蛋白质变性，从而破坏酶蛋白，使之失去活性，制止多酚类化合物氧化，保持绿叶清汤的品质特征。由于绿茶杀青的工序，会利用高温使蛋白质迅速变性凝固，因此，绿茶中蛋白质含量变化较小。据测定，鲜叶的蛋白质含量为 21.45%，制成绿毛茶的蛋白制含量为 17.62%。

蛋白质在凝固变性之后，其结构中结合较弱的侧链随叶温度升高较易发生水解和热解作用，形成游离氨基酸。然而蛋白质在湿热的作用下，又可以与多酚类化合物结合，使可溶性多酚化合物减少而沉淀，从而在一定程度上，使绿茶呈涩味转化为醇和的滋味。因此，蛋白质含量高的鲜叶适制绿茶。在红茶的制造过程中，一般要求多酚类含量丰富，蛋白质含量低的鲜叶，有利于发酵，形成红汤、红叶的品质特征。如果蛋白质含量高，蛋白质与多酚类化合物结合多，不仅使可溶性多酚类化合物（发酵基质）减少，使发酵困难，而且会产生不良气味，降低红茶品质。因此，在制红茶的技术措施中，前期采取促进酶的活性；后期提高叶温，使蛋白质在酶的催化作用下，发生水解和热解的游离氨基酸。同时使部分蛋白质与多酚类化合物的氧化产物结合沉淀，形成红茶红亮叶底。

蛋白质是由很多氨基酸分子组合而成的高分子化合物。蛋白质组成的基本单位是氨基酸。在一定的制茶技术条件下，蛋白质又能水解成各种氨基酸，使氨基酸含量有所增加。

目前，在茶叶中发现的氨基酸种类很多，大概有 30 种。但游离氨基酸很少，占干物质的 1%~3%。茶叶中主要的氨基酸有茶氨酸（甜鲜味、焦糖香）、谷氨酸（鲜味）、天门冬氨酸（酸味）、精氨酸（苦甜味）和丝氨酸等。其中茶氨酸、天冬氨酸、谷氨酸三种含量较多，占茶叶氨基酸总量的 80%。茶氨酸约占 60%，是茶叶中特有的氨基酸，是组成茶叶鲜爽香味的重要物质之一，对绿茶品质影响较大。

茶叶中所含的氨基酸大部分是在制茶过程中由蛋白质水解而来的。氨基酸是一种鲜味的物质，是提高茶叶鲜爽度的重要物质。

特别是氨基酸与多酚类化合物、咖啡碱协调配合，能增强茶叶香味的浓强、鲜爽。在红茶制造过程中，氨基酸被儿茶素的氧化物醌、氧化脱氨后形成相应的醛。氨基酸与糖互相作用，生成具有糖香物质，对茶叶香气、滋味有一定影响。

不同季节，氨基酸含量不同。一般说，春茶比夏茶含量高。不同鲜叶嫩度氨基酸含量也不同，嫩梗氨基酸含量比芽、叶多，其中茶氨酸、嫩梗的含量比芽叶高 1~3 倍，很值得重视。绿茶品质中嫩梗的香高味醇，可能与氨基酸含量较多有关。

5. 酶

酶是一切生物有机体细胞内的一种特殊蛋白质，是生物体内进行生化作用的催化剂。茶树体内存在多种酶，在鲜叶内的酶对茶叶品质影响较大的主要有：水解酶和氧化酶，水解酶中有蛋白质酶、淀粉酶等。氧化还原酶中有多酚氧化酶、过氧化氢酶、过氧化物酶和抗坏血酸氧化酶等。这些酶在制茶过程中的化学变化都具有重要作用，其中多酚氧化酶和过氧化物酶的量含是茶叶品质的决定因素。

多酚氧化酶是含有铜作为辅基的结合酶，它主要存在于细胞原生质的线粒体上，与叶绿体成结合状态。当揉捻后破坏叶细胞组织，液泡中多酚类化合物与多酚类氧化酶充分接触，鲜叶中多酚类氧化酶能催化多酚类化合物的邻位和连位羟基氧化为邻醌，进一步氧化缩合形成红茶特有的品质。

据测定，茶树的幼嫩芽叶含铜量较多，这与幼嫩芽叶中多酚类氧化酶的含量较多有关。当含铜量少于12ppm浓度时，制红茶就不能正常发酵，原因是含多酚氧化酶较少，不能促进多酚类化合物迅速氧化。因此，鲜叶老嫩度和其他条件不同，各种酶的含量和活性也不同。

过氧化物酶是含有铁作为辅基的结合蛋白酶。过氧化物酶对含有有饱和键的化合物氧化时，容易生成过氧化物，而这些过氧化物在过氧化物酶的催化作用下，又能够氧化多种化合物（如抗坏血酸、包氨基酸、酪氨酸等）。过氧化物酶的抗热性较强，既使在100℃下煮2~3分钟，活性被钝化后，也还可以恢复。

酶具有专一性的催化作用。酶催化作用和无机催化剂一样，只能催化既有的化学反应，不能创造新的反应。但酶的催化作用又有它的特殊专一性，一种酶仅能催化某一种化学反应，如蛋白酶只能参加蛋白质的水解合成反应。

酶对外界条件反应十分敏感，特别是对温度更为敏感。各种酶有它本身要求的温度范围，在最适宜温度下，催化作用可以达到最大限度。超过要求范围，酶的活性便逐渐下降，到一定程度催化性能便消失。在通常室温之下，温度每增加10℃酶的活性约增加一倍。40~45℃时活性最大，温度再高活性逐渐下降，至70℃以上酶失去活性。

同时酶的活性还受pH值影响。在一定pH值时，酶的活性最高，称之为酶的最适pH值。在此范围之外，酶的活性都逐渐下降，以至失去催化性能。

酶的这种特性，对制茶过程具有特殊意义。在绿茶初制时用高温迅速破坏酶的活性，制止多酚类的酶促氧化，保持了绿叶清汤的品质特征。而在红茶初制时，在适宜的条件下，使酶的活性激化。如发酵工序，室温控制在24℃左右，这时多酚氧化酶以一定速度催化多酚类化合物氧化缩合，生成茶黄素和茶红素，形成红茶红叶红汤。青茶制造过程中，先利用后控制多酚类氧化酶的活性，形成绿叶红镶边的品质特征。黑茶制造过程中，采用控制多酚氧化酶，再利用过氧化物酶的措施形成黑茶特有的品质特征。

总之，各种茶类品质特征形成的关键，在于制茶过程中，酶所引起的化学变化不同。因此我们必须了解酶的这种特征，在制茶的过程中，严格控制酶的活化程度，对形成各类茶特有的品质特征是十分重要的。

酶是细胞组织中特殊的蛋白质，它是细胞内各种生化反应的生物催化剂，虽然它的含量很少，但种类很多、作用也很大。如果没有酶，那么有机体生命活动所必需的物质代谢便不可进行。因此，合理有效地利用和处理好酶的催化作用，对制茶品质尤为重要。

6. 糖类

糖类物质也叫碳水化合物，在鲜叶中的占干物量的20%~30%，分为单糖、双糖、叁糖和多糖四种。单糖包括蔗糖、麦芽糖、牛乳糖、甘露糖、阿拉伯糖。双糖包括蔗糖、麦芽糖和乳糖。叁糖如棉子糖。多糖包括淀粉、果胶素、纤维素、半纤维素。

游离型单糖和双糖能溶于水具有甜味，是构成茶汤浓度和滋味的重要物质。除构成滋味外，还参与香气的形成。如茶叶中的板栗香、焦糖香、甜香就是在加工过程中，对火候掌握适当，糖分本身发生变化及氨基酸等物质相互作用的结果。

多糖是由多个分子的单糖缩合成高分子的化合物。多糖没有甜味，是非结晶的固体物质，大多不溶于水。它是以支持物质和贮藏物质存在于茶叶中的。

淀粉是由许多葡萄糖分子缩合而成的，可作为贮藏的营养物质。因此，在制茶的过程中，淀粉可水解为麦芽糖、葡萄糖，使单糖增加，增进茶叶滋味，有利于提高品质。

纤维素与半纤维素是细胞壁组成的主要成分，起支持作用的物质，其含量随着叶子老化而增加，因此，其含量高低是鲜叶老嫩的主要标志之一。

果胶是糖类物质的衍生物，可分为水溶生果胶、原果胶素和果胶盐三类。果胶物质是具有黏稠性的胶体物质，在细胞中与纤维素等结合在一块，构成茶树的支持物质。更重要的是它能将相邻的细胞黏合在一起，同时对形成茶条紧结的外形有一定作用。水溶性果胶溶解茶汤中能增进汤的浓度和甜醇的滋味。

7. 芳香物质

茶树鲜叶所含的芳香物质是赋予成茶香气的主体物质。这些物质在鲜叶中的含量很少，据测定只占 0.002%。它的组成极为复杂，在鲜叶中主要有醇、醛、酸、酯、酚、萜烯类等。

醇类物质有正己醇、青叶醇、苯甲醇、苯乙醇。青叶醇占芳香物质的 60%，占低沸点（200℃以下）物质的 80%。醛类物质有青叶醛、正丁醛、异丁醛、苯甲醛、青叶醛占低沸点物质的 15%。酸类物质有水杨酸、丙酸、丁酸、乙酸、软脂酸、醋酸。酯类物质有苯乙酯、水杨酸甲酯等。酚类物质有苯甲酚，苯酚等。

以上这些有机物中含有羟基（-OH）、酮基、醛基、酯基等芳香基团。每种基团物都对化合物的香气有一定影响。如大多数酯类具有水果香，醛类具有青草香气。它们在茶叶中的含量虽然少，但对茶叶的香气都起着重要作用。

芳香物质含量中，青叶醇、青叶醛这些低沸点物质的含量最高，具有强烈的青草气。鲜叶具有的青气就是这类物质的少量挥发，从而逸出刺激人们的嗅觉的一种强烈的气味，再通过杀青和干燥后，便形成绿茶的清香。

鲜叶中除低沸点芳香物质外，还有一类沸点在 200℃以上的具有良好香气的芳香物质。这些高沸点芳香物质则是构成绿茶香气的主体物质。如苯乙醇具有苹果香，苯甲醇具有玫瑰花香，茉莉酮类则有茉莉花香，芳樟醇具有特殊的花香。当低沸点芳香物质大量逸出后这种良好的香气便显露出来。鲜叶中还含有棕榈酸和高级萜烯类，这类物质本身没有香气，但都具有很强的吸附性，能吸收香气，但也吸收异味。这种性质一方面可用来制花茶，另一方面，在鲜叶加工和成茶贮运的过程中，都必须特别注意防止茶叶与有异味的物体放在一起。

芳香物质作为茶叶香气类物质，含量为 0.03%～0.05%，鲜叶中仅有 50 种，其中青叶醇、青叶醛占 60%，其茶叶香气大部分是加工时通过制茶技术由其他物质变化而来的。据分析，绿茶有 100 多种，红茶有 325 种已分离出来的芳香物质，这也说明制茶技术对茶叶香气品质的重要性。

8. 生物碱

茶叶中的生物碱有茶叶碱、咖啡碱、可可碱，它们合称为生物碱。其中咖啡碱的含量最多，其他两种含量甚微，在鲜叶中含量一般为 3%～4%。所以测定茶叶生物碱时常以咖啡碱为代表，咖啡碱为茶叶的特征物质。

咖啡碱是含氮物质，在新梢中的分布与蛋白质一样：芽叶中的含量最高，随着茶叶伸育，含量逐渐下降，并且嫩叶中的咖啡碱含量比老叶中的多，春茶中的咖啡碱含量比夏、秋茶中的多。遮光茶园中茶叶的咖啡碱含量比露天茶园中茶叶的多，大叶种的咖啡碱含量比小叶种的多。

咖啡碱是一种无色针状结晶体，其化学性质比较稳定，要加热至 120℃ 才会升华。在制茶过程中，由于咖啡碱不发生氧化作用，因此其含量前后变化不大，只有在干燥过程中，若温度过高，咖啡碱会因升华而损失一部分。因此，咖啡碱是茶汤滋味的主要物质之一。

生物碱的含量与红茶品质的相关系数为 0.859，因此，在红茶茶汤中增加咖啡，可提高滋味的鲜爽度。咖啡碱能与多酚类化合物，特别是与多酚类的氧化产物茶红素、茶黄素等形成络合物，且不溶于冷水而溶于热水。当茶汤冷却之后，便出现乳酪沉淀，这种络合物便悬浮于茶汤中，使茶汤混浊成乳状，称为“冷后浑”。这种现象在高级茶汤中尤为明显，这说明茶叶中有效化学成分含量高，是茶叶品质良好的象征。

咖啡碱含量虽不多，但它是一种兴奋剂，能刺激中枢神经系统，特别是刺激支配高级神经活动的大脑，从而促进人的感觉灵敏、增进肌肉的伸缩能力，具有迅速缓解疲劳、加强心脏活动、改善血液循环等生理功能。

茶碱是可可碱的同分异构体，在茶叶中含量极少。茶碱和可可碱具有刺激胃机能、利尿和扩张血管等作用。

总之，生物碱对人体生理能起到综合作用，对生理功能有多方面影响，因而茶叶作为一种日常的饮品，深受饮者欢迎。

9. 维生素

维生素按可溶性分为：水溶性维生素、脂溶性维生素。水溶性主要有维生素 B1、维生素 B2、维生素 C、维生素 PP、维生素 P。脂溶性维生素有维生素 A、维生素 K。茶树鲜叶中维生素含量如表 3-3 所示。

表 3-3　茶树鲜叶中的维生素含量

种类	维 A	维 B1	维 B2	维 PP	维 C
含量/mg/500 g	27.30	0.35	6.10	23.5	135.00

　　根据分析结果来看，鲜叶中维生素以维生素 C 含量最多，并且它会随着鲜叶的老化而增加。

　　维生素 C 具有还原性，很容易被氧化破坏，虽然维生素 C 受热也会被破坏，但相比较而言，氧化破坏得要更多。因此，在制茶过程中鲜叶中的维生素 C 会被破坏，含量减少较多。

　　茶叶的制法不同，维生素 C 含量的减少程度也不一样，这主要是因为维生素 C 易被氧化，而受热破坏较少，故红、绿茶由于不同技术加工，其含量变化也不一样，具体变化情况如表 3-4 所示。

表 3-4　红、绿茶制造过程中维生素 C 的含量变化

制茶过程		鲜叶	杀青萎凋	揉捻	发酵	干燥
维生素 C 含量 /mg/100 g	绿	260.11	247.40	132.69		114.90
	红	260.11	247.40	65.5	44.27	32.51

　　茶叶中的维生素对人体具有特殊的生理作用。如维生素 P 具有增强人体微血管壁的弹性，维生素 B1 具有预防脚气病，维生素 C 具有防治维生素 C 缺乏病等药理功能。

　　另外，茶叶鲜叶中含有多种游离有机酸，其中有的是香气的成分（如已烯酸），有的可转化为芳香成分（如亚油酸），对茶叶形成香气有一定作用。此外，棕榈酸本身没有香气，但具有很强的吸附性，能吸附不良气味。

　　10. 灰分

　　茶叶经高温灼烧后残留下来的物质叫灰分，一般占干物质总量的 4%~7%，茶叶中的灰分主要由一些金属元素和非金属氧化物组成。除氧化物外，还含有碳酸盐等，都称为粗灰分。

　　茶叶灰分是由一系列的氧化物、磷酸盐、硫酸盐、硅酸盐等化合物组成。根据茶叶灰分溶解性不同，可将灰分分为水溶性灰分、酸溶性灰分和酸不溶性灰分三种。水溶性灰分主要是钾、钠、磷、硫等氧化物和部分磷酸盐、硫酸盐等。水溶性灰分一般占茶叶总灰分的 50%~60%。除酸不溶性灰分硅酸盐和二氧化硅等灰分外，绝大部分灰分都溶于酸。

　　灰分的含量与茶叶品质有密切关系。水溶性灰分和茶叶品质呈正相关：鲜叶越幼嫩，含钾、磷越多，水溶性灰分含量就越高，茶叶品质就越好。随着茶芽新梢的生长，叶片的老化，钙、镁含量逐渐增加，总灰分含量增加，而水溶性灰分含量减少，说明茶叶品质

差。因此，水溶性灰分含量的高低，是区别鲜叶老嫩的标志之一。

如表 3-4 所示，茶叶的总灰分含量是不能完全表明茶叶的老嫩和品质的高低。因为鲜叶经过加工之后，总灰分的含量变化不大，但往往在加工后总灰分含量会略有增加，可溶性灰分含量有所降低。出现这种现象的主要原因是鲜叶在采制过程中会沾染一些杂质，如灰尘、机械金属粉末及吸附一些矿物质等（酸不溶性灰分主要是这些杂质的灰分含量增加），使茶叶总灰分含量有所增加。这就要求我们在茶叶的采制过程中，应注意环境卫生，遵守卫生制度，进行茶叶的清洁生产。在茶叶商品检验中测定茶叶总灰分的含量，是茶叶卫生标准的一项量度，茶叶灰分的含量是茶叶出口检验项目之一。国际贸易中对总灰分的含量、可溶性灰分含量和酸不溶性灰分含量，都要求符合一定的标准。如埃及和智利要求进口茶的规格是总灰分不超过 8%，其中水溶性灰分必须占总灰分的 50% 以上，而酸不溶性灰分不得超过 1.5%。

表 3-4　茶树新梢各部位灰分含量变化　　　　　　　　　　　　　　　单位/%

检测项目	芽	第一叶	第二叶	第三叶	第四叶	梗
总灰分	5.38	5.59	5.46	5.48	5.44	6.07
水溶性灰分	3.50	3.36	3.33	3.32	3.03	3.47
水溶性灰分占总灰分	65.1	60.1	61.0	60.6	55.7	57.1

任务二　鲜叶的物理性状与茶叶品质的关系

鲜叶的物理性状是鲜叶内含物质反映在外部的特征。在同一品种或同一植株不同部位的鲜叶，其特征与变化也不相同，如叶子大小，厚薄，硬软、白毫多少、色泽深浅等。所以鲜叶的物理性状与毛茶品质有密切关系。

我国的茶叶种类很多，同一鲜叶可制成不同的茶类，但不同的茶类有不同的品质特征，对鲜叶的标准和品质要求也就不相同。因此，我们一方面应根据鲜叶反映出不同的物理性状，来辨别出鲜叶的嫩度和品质好坏；另一方面，应根据鲜叶的适制性制出不同的茶叶，或采取相应的技术措施，制出符合不同茶类所要求的品质特征的茶叶，保证其品质优良。

1. 鲜叶色泽与制茶品质的关系

色泽常有深绿、浅绿、黄绿、紫色等不同色泽，其变化主要与茶树品种、施肥、日照长短有关系，鲜叶色泽不同，内在的化学成分含量组成也不同，对制茶品质有不同影响。这些差别不仅使汤色和叶底色泽不一样，而且香味也有较大差异。

一般深绿色叶的粗蛋白质含量高，多酚类化合物、水浸出物、咖啡碱的含量低；浅绿色叶却相反，粗蛋白质的含量低，多酚类、水浸出物、咖啡碱的含量高；紫色叶的各种成分界于深绿色和浅绿色之间。制茶品质的好坏与各种成分的含量有关。一般地说，多酚类化合物含量高，粗蛋白质、叶绿素含量低的，宜于制红茶；多酚类化合物含量低，粗蛋白质、叶绿素含量高的，宜于制绿茶。

浅绿色鲜叶可制成品质优良的红茶，若要制成绿茶，其香味虽不如深绿色叶制成的高浓，但汤色清澈明亮，叶底嫩绿匀齐，比深绿色的更好。紫色鲜叶制成红茶的品质中等，滋味和叶底较差。也有人通过试验，使用紫芽制绿茶类，采取高温闷杀，香味高浓，但叶底颜色较差。

2. 鲜叶的形状、厚薄、大小与制茶品质的关系

（1）形状

鲜叶形状可大致分为长形、近圆形、卵形三类。不同的茶类所选用的鲜叶形状也不同。

第一，珍眉、红茶（不包括碎茶）以长形为最好，近圆形、近卵形做成的条茶不紧结欠匀整。珠茶的外形虽然是圆形，但也以长形的好。因为珠茶必先成条，而后卷紧，方能浑圆，否则，就会成团块茶。

第二，片状茶如六安瓜片、特级龙井，尖状如猴魁、毛尖，这些以卵形为好。六安瓜片，叶片像瓜子形，要求近卵形为好。特级龙井，若用长形叶会做成韭菜形，近圆形叶会做成鲤鱼形，都不符合特级茶的形状要求。

第三，贡熙是块状茶，以近圆形叶较好。近圆形的鲜叶，除个别茶类外，无论制成何种茶，条索都不好。

（2）厚薄

鲜叶肥厚的，如铁观音制成青茶很好，不能制成普通外形的外销茶，因为成茶外形不紧结。薄叶质的奇兰品种，成茶外形美观。厚而软的品种，制绿茶，其滋味"身骨"都好。薄而硬的鲜叶，滋味不好。用松而软的鲜叶制红茶，有鲜艳的叶底和明亮的汤色。用厚而结实的鲜叶制青茶，香味高浓，身骨重实。薄而软的鲜叶制龙井，则成扁平状。厚硬鲜叶制瓜片易成形。

（3）鲜叶大小

鲜叶大小有两种概念：一是指同一茶树嫩枝上鲜叶的大小，二是指茶树叶形的大小。前者以较小的为优，较小的茶叶是从幼嫩的枝条上采摘的。较大茶叶都在生长迅速的枝条上，组织稍硬，容易粗老。如制瓜片，顶上的小叶比较嫩，适于做"提片"；第二、三叶比较老，适制瓜片和"梅片"。又如制红茶，小的叶是一号茶，大的叶是二、三号茶，一号茶比二、三号茶小且嫩。后者则根据茶类而有所不同。有的茶类需要大的叶，如制青茶，如果用叶小的品种，成茶的外形就不合青茶的要求。而瓜片、龙井、毛尖要小的叶形为好。制红茶则以品种不同来决定。云南大叶种制红茶外形虽然粗大，但内质很好。祁门

楮叶种叶形虽小，但内质及外形都较好。

一般来说，优良绿茶的鲜叶，以中叶型者最多，大叶型者次之，小叶型的最少。特级绿茶，以叶型小的好，叶型小条索优美，可以提高外形品质。

任务三　鲜叶质量与茶叶品质的关系

鲜叶质量主要包括鲜叶的嫩度、匀净度、新鲜度三个方面。嫩度是鲜叶质量的主要指标，平时说鲜叶质量好，往往指的是其嫩度和匀净度较好，而新鲜度则为鲜叶采收和运输过程的失误所造成，只要引起重视、认真操作是可以避免的。茶厂验收鲜叶时，对新鲜度差的会采取扣分、降级处理，对严重损坏新鲜度的鲜叶进行级外处理。

茶叶是一种饮品，干净、卫生很重要，因此不允许鲜叶混有非茶类杂物，也不允许有农药污染，如发现应剔除并作废处理。

1. 鲜叶嫩度

嫩度是指芽叶伸育的成熟度。茶叶是从营养芽伸育起来的，随着茶叶的叶片增多，芽相应的由粗大变为细小，最后终止为驻芽。叶片自展开到成熟定型，叶面逐渐扩大，叶肉组织厚度相应增加。一般说一芽一叶比一芽二叶嫩，一芽二叶比对夹叶嫩，一芽二叶初展比一芽二叶开展嫩。

（1）嫩度与品质的关系

鲜叶的老嫩是衡量茶叶品质高低的重要因素，是鉴定茶叶等级的主要指标。老嫩程度是鲜叶内在各种化学成分综合的外在表现。根据茶树生长发育的理论我们可以知道，茶叶内在的有效成分，如多酚类、蛋白质、咖啡碱等，总是在生长的初期阶段含量较高，而不利于茶叶品质的纤维素等含量则较少。因此，幼嫩的鲜叶在正常情况下制出的茶叶形质兼优，而粗老叶子制出的茶叶品质则低次。这说明鲜叶老嫩与成茶品质高低有着极密切的关系。

我国茶类很多，各类茶都有独特的品质特征，对鲜叶老嫩度要求也不一样。我国名茶要求鲜叶细嫩如黄山特级毛峰，形似雀舌，白毫多，要求鲜叶的标准是一芽一叶初展。太平猴魁，形如含苞的兰花，要求的标准是一芽二叶的新梢。青茶则要求鲜叶的标准为二至四片的新梢（新梢形成驻芽，开面采），这样制出的青茶才具有香高味醇的品质特征。

（2）嫩度与产量的关系

鲜叶老嫩与产量有直接关系，因为鲜叶要求过于细嫩则必然会影响茶叶产量，可若只追求数量，就会影响茶叶质量。目前，根据茶树特性与外界环境条件及技术措施的关系，已研究出正确的合理采摘方法，即分批多次留叶采摘，在保证产量的情况下，也保证了茶叶的质量。

2. 匀净度

匀净度是衡量鲜叶质量指标之一，包含着鲜叶匀度和净度两个方面。

（1）鲜叶匀度

鲜叶匀度指的是一批鲜叶理化性状基本上达到一致。影响鲜叶匀度的因素很多，如采摘不合理、茶园品种混杂、鲜叶运送和鲜叶管理不当等，都会造成老嫩叶混杂、雨露水叶与无表面水叶子混杂、不同品种鲜叶混杂和进厂时间不同的叶子混杂。其中，在生产中最突出的是老嫩混杂，这对制茶技术和茶叶品质都有影响。

若鲜叶老嫩不一，则内含成分不同、物理性状不一，导致杀青老嫩生熟不一，揉捻时嫩叶易断碎，而老叶不成条，从而干燥干湿不匀，末茶、碎茶过多，给制茶连续化生产带来极大的困难。

针对以上问题，目前主要有以下解决措施：①加强鲜叶的采摘和贮存管理。坚持分期分批留叶采，进厂时做好验收、分级与分级摊放工作。不同时间、不同地区、不同品种的鲜叶应分别摊放。这样做不仅使鲜叶老嫩达到一致，而且能大大提高制茶设备的利用率和产品质量。②建立纯种园，这样做不仅能保证鲜叶理化性状一致，也能为机械化采茶打下基础。

（2）鲜叶净度

鲜叶净度指的是鲜叶里夹杂物的含量。这些夹杂物有茶类和非茶类两种。茶类有茶籽、茶果、老叶、老梗，非茶类有虫卵、虫体、杂草、沙石等。这些物质都会影响茶叶品质，有的还会影响人体健康。因此，要保证提高鲜叶净度。

3. 新鲜度

新鲜度是指采下来的鲜叶应尽量保持其原有的理化性状，同时要求现采现制，贮存时间不能超过十六小时。鲜叶采下脱离茶树母体之后，仍继续进行呼吸作用。随着水分的散失，鲜叶的酶性作用增加，使内含物分解转化而减少。如糖类在分解时会产生大量热量。因此，鲜叶贮存时要注意及时散热，降低叶温，做到先进厂先付制，以减少不必要损失。如时间过长、贮存不善、堆积过厚，或过紧过久、通气不良，鲜叶有氧呼吸释放的热量散发不出去，就会使叶温升高，内含物分解更快，在氧气供应不足的情况下，会引起无氧呼吸作用，使糖分解为醇而产生酒精气。时间再长，就会产生酸味，叶子也会发热变红、霉烂变质。因此，鲜叶进厂，一定要做好保鲜工作。

思考题：

1. 鲜叶内含主要成分在六大基本茶类加工中，如何影响其色、香、味、形的品质？
2. 如何对鲜叶进行等级验收？

项目三　绿茶加工

任务目标

1. 了解绿茶品质形成的生化原理。
2. 熟练掌握绿茶加工各个工序环节的技术要点。
3. 重点掌握都匀毛尖茶制作技艺技术要点。
4. 能熟练进行眉茶加工的技术操作。
5. 能熟练进行珠茶加工的技术操作。
6. 能熟练进行龙井茶加工的技术操作。
7. 能熟练进行条形毛峰茶加工的技术操作。
8. 能熟练进行针形绿茶加工的技术操作。
9. 能熟练进行卷曲形绿茶加工的技术操作。
10. 学会开发创新粒形、花朵形、紧压形、束形等绿茶加工技术。
11. 学会开发创新特色香气、滋味、色泽的绿茶加工新技术。

任务一　绿茶品质形成的生化原理

我国生产的茶有绿茶、红茶、黄茶、白茶、青和黑茶六种基本茶类，此外还有再加工茶和花茶。由于各类茶叶的加工方法不同，品质形成的原理亦各不相同。

绿茶是我国的主要茶类，由于加工方式不同又分为炒青绿茶、烘青绿茶、晒青绿茶、蒸青绿茶。炒青绿茶又因炒干方式不同分为眉茶、珠茶、扁形茶、针形茶等。尽管绿茶产品种类很多，加工方式也千变万化，但其加工的基本原理是一致的。

绿茶加工的基本原理是利用高温杀青，破坏酶活性，抑制多酚类化合物在酶促作用下氧化，以避免产生红梗红叶，保持清汤绿叶的品质特色。同时通过不同的加工工艺发展香气、改善滋味、美观外形，从而形成各种不同风格品质的绿茶品类。

绿茶品质由茶叶的色泽、滋味、香气、外形 4 个因子构成，各因子之间有一定的内在联系，它们的形成是茶叶内外各因素共同作用的结果，包括鲜叶原料（如品种、栽培条件、采摘标准等）、制作方式、加工环境等。

1. 色泽的形成

茶叶的色泽分为干茶色泽、茶汤色泽和叶底色泽三部分。在绿茶加工过程中采取高温杀青抑制酶的活性，保证绿茶"三绿"的品质特征。此外干茶色泽的形成还与鲜叶表面茸毛的多少有关，在加工过程中茸毛黏附的茶叶表面可直接影响干茶的色泽。

绿茶要求干茶绿翠，茶汤碧绿，叶底嫩绿，这三者之间也是密不可分的。绿茶的色泽，有的是茶叶内含物质所具有的，有的是在加工过程中转化而来的。绿茶的加工过程，并不是保留鲜叶原有的自然色泽。鲜叶内含的色素有两类：一类是不溶于水的脂溶性色素，如叶绿素、叶黄素、胡萝卜素类；另一类是水溶性色素，包括花黄素和花青素类。这两类色素在加工过程中都会发生变化，其中变化较深刻、对绿茶色泽影响较大的是叶绿素的破坏和花黄素的自动氧化。叶绿素是由深绿色的叶绿素 a 和黄绿色的叶绿素 b 所组成。两者在鲜叶中的含量比例为 2：1，高温杀青后，大部分叶绿素 a 被破坏，仅剩下 25%左右，再经过干燥就几乎全被破坏。叶绿素 b 则较稳定，杀青后还保留 50%～60%，制成毛茶还有 30%左右。因此，叶色反映在加工过程中则由翠绿向黄绿方向转化，是叶绿素变化的一个方面。绿茶初制过程中，受高温湿热影响，特别是经杀青、毛火、揉捻工序后叶绿素减少较多，这是绿茶变黄绿的原因之一。所以在加工过程中，应控制湿热对叶绿素的破坏，保持绿茶翠绿色泽。花黄素类是多酚类化合物中自动氧化部分的主要物质，在初制热作用下极易氧化，其氧化产物是橙黄色或棕红色，会使茶汤汤色带黄，甚至泛红。

2. 香气的形成

构成绿茶香气的成分较复杂，有些是鲜叶中原有的，有的却是在加工过程中形成的。绿茶特有的香气特征是叶中所含芳香物质的综合反映。鲜叶内的芳香物质有高沸点和低沸点芳香物质两种，前者具有良好香气，后者带有极强的青臭气。在鲜叶中含量最多的是青叶醇，约占芳香物质的 15%。绿茶加工过程中，经高温杀青，低沸点的青叶醇、青叶醛等大量散失，最后在绿茶中仅剩下微量的青气和清香，两者混在一起给人以鲜爽的感觉。加工过程中，随着低沸点芳香物质的散失，具有良好香气的高沸点芳香物质显露出来，如苯甲醇、苯丙醇、芳樟醇等，尤其是具有百合花香的芳樟醇，在鲜叶中仅占芳香物质的 2%，加工成绿茶后可上升到 10%。这类高沸点芳香物质是构成绿茶香气的主体物质。同时，加工过程中，叶内化学成分也会发生一系列化学变化，生成一些使绿茶香气提高的芳香新物质，如成品绿茶中有紫罗兰香的紫罗酮、茉莉茶香的茉莉酮等。茶叶炒制中，叶内的淀粉会水解成可溶性糖类，在受热条件下产生糖香。火温过高时会产生老火茶或高火茶，糖类转化成焦糖香、焦香，这在一定程度上会掩盖其他香气，故干燥过程中要掌握好火候。

3. 滋味的形成

绿茶滋味是由叶内所含可溶性有效成分进入茶汤而构成的。它与茶叶色、香密不可分，滋味好的绿茶，一般色泽、香气也较好。绿茶滋味主要由多酚类化合物、氨基酸、水溶性糖类、咖啡碱等物质综合组成。这些物质各有自己的滋味特征，如多酚类化合物有苦涩味和收敛性，氨基酸有鲜爽感，糖类有甜醇滋味，咖啡碱微苦。绿茶的良好滋味是这些物质相互结合、彼此协调后综合表现出来的。多酚类化合物是茶叶中可溶性有效成分的主体，在加工过程中的热作用下，有些苦涩味较重的脂型儿茶素会转化成简单儿茶素或没食子酸，一部分多酚类化合物也会与蛋白质结合成为不溶性物质，从而减少苦涩味。同时，在加工过程中，部分蛋白质水解成游离氨基酸，氨基酸的鲜味与多酚类化合物的爽味相结合，构成绿茶鲜爽的滋味特征。

4. 外形的形成

绿茶外形的形成与鲜叶质量如嫩度、形状、新梢节间长短等密切相关，并且不同的加工工艺又可塑造各自的外形特征。杀青后不揉捻的叶子，干燥后茶叶基本能保持自然的形状；杀青后揉捻，再经过晒干或烘干，茶叶则保持揉捻叶的形状；杀青叶经揉捻后炒干或半烘炒，在炒干过程中运用不同的手法或机械，在揉捻叶形状的基础上进一步造型，如眉茶、珠茶、碧螺春、雨花茶等；杀青叶不经揉捻直接炒干，在炒干过程中运用巧妙的手法造型，如扁平光滑的高级龙井、六安瓜片及一些炒青名茶。

在茶叶加工过程中，随着鲜叶嫩度的下降，有效成分含量减少，制成的干茶外形也逐渐粗松。纤维素、半纤维素、木质素与果胶是鲜叶细胞壁的组成成分，是植物体的支持物质，在新梢伸育过程中，随着叶子的生长纤维素等成分含量增加，叶质就显得粗硬，所制毛茶的外形一般较粗老。

任务二　绿茶加工各工序环节的控制与要求

绿茶初制，是将茶鲜叶经过初制加工，成为毛茶。绿茶的初制加工对茶叶品质的形成起关键作用，因为绿茶的色、香、味、形等基本品质特征主要是在初制过程中形成的。我国是绿茶的主要产地，全球70%的绿茶产自我国，并且绿茶种类也比较多，按照加工工艺和品质特点的不同分为蒸青绿茶、炒青绿茶、烘青绿茶和晒青绿茶。绿茶的制作方法由最初的纯手制作，逐步转变为手工与机械相结合的半手工半机械制作方法，以及简单的全机械制作和全自动机械制作方法。由于绿茶种类有异，其制作工序也有差异，其中较为典型的绿茶加工工艺有杀青、揉捻及干燥等，最主要的工序差异为杀青和干燥。

1. 鲜叶验收分级与摊放

（1）鲜叶验收分级

鲜叶的品质由鲜叶的嫩度、匀净度、新鲜度三方面决定，鲜叶的验收分级主要根据这三方面的质量来进行。茶鲜叶质量的好坏，直接关系到制成绿茶的品质，所以应按照制成等级标准进行鲜叶分级。嫩度要求一芽二叶和一芽三叶初展；高档绿茶，要求一芽一叶和一芽二叶初展。叶色要求叶色绿和深绿，表明蛋白质、叶绿素含量高，对茶叶外形色泽和叶底较好。长炒青要求鲜叶叶形为柳叶形，圆炒青要求鲜叶叶形为椭圆形。品种以小叶种最好，中叶种其次，大叶种较差，经工艺处理后外形较粗大。以龙井茶为例，以一芽一叶初展至一芽三叶初展为主。高档叶适制特级、一级龙井茶；中档叶适制二级、三级龙井茶；低档叶适制四级或四级以下龙井茶。

（2）鲜叶摊放

摊放是指将进厂的鲜叶经过一段时间失水，使一些硬脆的梗叶由鲜（翠）绿转为暗绿，表面光泽基本消失，能嗅到花香或水果香的过程。摊放既有物理方面的失水作用，也有内含物质化学变化的过程，是制成高档优质名优绿茶的基础工序。鲜叶在摊放过程中进行着缓慢的生化变化：酶活性增强、叶绿素略有破坏、青草气部分散发、儿茶素轻微氧化、部分蛋白质水解为氨基酸、淀粉水解转化为可溶性糖，这些变化有利于绿茶成茶品质的提高。

鲜叶摊放目的是促进鲜叶在一定条件下缓慢蒸发部分水分，提高细胞液浓度，促进鲜叶性质沿着一定方向发生理化变化。

摊放过程中，既有物理变化，又有化学变化，这两种变化是相互联系、相互制约的。两者之间的变化发展和影响，依环境湿度、温度的客观条件不同而存在很大差异。摊放工序是以低温条件下失水为特点。随着水分散失，细胞液浓度增大，酶的活性增强，从而使叶内化学成分发生一定程度的变化，为绿茶的色、香、味的形成创造了一定的物质条件。实践证明，掌握水分变化的规律，控制失水量和失水速度，是摊放过程中的主要矛盾。

鲜叶进厂要进行分级验收、分别摊放，做到晴天叶与雨（露）水叶分开，上午采的叶与下午采的叶分开，不同品种、不同老嫩的鲜叶分开。

摊放以室内自然摊放为主，必要时可用鲜叶脱水机脱除表面水后再行摊放，也可用鼓风方式缩短摊放时间，摊放场所要求清洁卫生、阴凉、空气流通、不受阳光直射，摊放厚度视天气、鲜叶老嫩而定。春季高档叶每平方米摊放 1 千克左右，摊叶厚度为 20~30 毫米；中档叶的摊叶厚度为 40~60 毫米；低档叶的摊叶厚度为不超过 100 毫米。摊放时间视天气和原料而定，一般为 6~12 小时，晴天、干燥天气时间可短些；阴雨天应相对长些。高档叶摊放时间应长些，低档叶摊放时间应短些，掌握"嫩叶长摊，中档叶短摊，低档叶少摊"的原则。摊放过程中，中、低档叶轻翻 1~2 次，促使鲜叶水分散发均匀和摊放程度一致。高档叶尽量少翻，以免受到机械损伤。摊放程度以叶面开始萎缩、叶质由硬变软、叶色由鲜绿转暗绿、青气消失、清香显露、摊放叶含水率降至 68%~72% 为宜。

2. 杀青工序

杀青，是绿茶加工的第一道工序，也是绿茶品质形成的关键工序。

（1）杀青的目的。

杀青的目的有三个：一是利用高温彻底钝化鲜叶中酶的活性，从而制止鲜叶中茶多酚的酶促反应，将鲜叶中的绿色固定下来，防止红梗红叶的产生，使加工叶保持色泽绿翠；二是利用叶温的升高，促进鲜叶中内含成分的转化，散发青臭气，发展香气；三是蒸发部分水分，使叶质柔软，韧性增强，便于下一工序的揉捻成条和做形。

（2）杀青原理

实验表明，当温度处于 20℃ 时，鲜叶中酶的活性开始增强；当温度上升到 45~55℃ 时，酶活性最强，酶促反应激烈；当温度超过 65℃ 时，酶活性开始明显下降；当温度达到 80℃ 时，酶活性被彻底破坏。故杀青过程中就是采取高温，使鲜叶叶温在 1~2 分钟内迅速上升到 80℃ 以上，并保持 1 分钟以上，制止茶多酚的酶促反应，使加工叶保持色泽翠绿。

（3）杀青操作的原则

第一，高温杀青，先高后低。

高温杀青是指杀青的温度要保证能够破坏鲜叶中的酶活性。因此，鲜叶入锅后，要使叶温迅速升高，达到75~80℃即可破坏鲜叶中酶的活性，使鲜叶的翠绿色得以固定。若温度不足，茶叶里的多酚类物质会在多酚氧化酶的作用下产生红色物质，出现红梗红叶现象。

若温度过高，茶叶就会出现焦边白点，叶色枯黄，黏性差，略带茶香，味苦涩等现象。除了要控制杀青的温度，还要掌握好锅的大小与投叶量多少的关系。相同的锅，投叶量多，锅温就要高些；投叶量少，锅温可适当低些。

控制好叶面温度升高达到80℃以上所需的时间，也是杀青中的重要环节之一。一般杀青技术要求叶温在一两分钟内升到80℃以上，最长时间不得超过三四分钟，否则就会出现红梗红叶。在杀青后期，酶的活性已被破坏，叶子水分已大量蒸发，此时应适当降低温度。若继续采用高温，则会使个别芽叶和叶尖焦化，影响茶叶品质。因此，高温杀青必须先高后低，在杀青的后阶段温度要逐渐降低，这样可以使叶子既能"杀匀杀透"，又能"老而不焦，嫩而不生"。

第二，抛闷结合，多抛少闷。

在高温杀青的条件下，叶子接触锅底的时间不能太长，以免产生焦斑焦点。使用抛炒能够使青草气和蒸发出来的水蒸气迅速散发出去，同时叶温也随之下降。抛炒的优点是能够使低沸点具有强烈青草气的挥发性成分挥发，形成良好茶香。但完全抛炒也有不足，若使用抛炒时间过长，容易使水分大量散失、芽叶断碎，甚至炒焦；太多的抛炒，会使茶梗与叶脉部位升温慢，出现杀青不匀，甚至红梗红叶的现象。

闷炒的作用主要是产生具有强烈穿透性的高温蒸汽，使叶脉内部迅速升温，使杀青能够均匀一致并杀透。闷炒的优点是能够使叶温升得既快又高，能够显著地破坏酶的活性；使叶质柔软，利于揉捻成条，尤其是对老嫩不匀或梗子较多或较为粗老的茶叶，闷炒效果更为显著；能够改善低级茶的内质，改善粗老茶叶的色泽。但闷炒会产生水闷气，影响绿茶的香气，也会使叶色变黄。

抛炒、闷炒都有利也有弊，因此采用抛闷结合便可扬长避短，发挥各自的优点，提高杀青质量。抛闷结合时一般掌握嫩叶多抛、老叶多闷，但芽叶肥壮、节间较长的原料也要适当多闷炒。

第三，嫩叶老杀，老叶嫩杀。

老杀，就是杀青程度重，失水适当多些，杀青时间适当长些；嫩杀，就是杀青程度轻，失水适当少些，杀青时间适当短些。采取嫩叶老杀是由于嫩叶中含水量高，酶的活性强，通过"老杀"可以迅速破坏酶的活性，除去多余水分。对于含水量低、纤维素含量高的低级粗老茶叶，则宜使用嫩杀，采取老叶嫩杀不至于使叶子含水量过低而影响揉捻成条，引起揉捻时破碎。

（4）杀青操作方法

第一，手工杀青。

取鲜叶 250~500 克，投入倾斜的炒茶锅内，锅温要掌握先高后低，一般锅温在 180~230℃，以手背置于平锅口感到灼手即可。炒青时要炒得快、翻得均匀、抖得散、捞得净，做到高温快炒、多抖少闷。炒 2 分钟左右，叶子水分已大量散发时，应降低锅温，再炒 1 分钟左右，待叶子保持原有的鲜绿色泽、叶色带暗绿、叶片叶梗柔软、具有黏手感觉、青草气消失、清香产生，即为杀青适度。

第二，机械杀青。

机械杀青又分锅式杀青机、滚筒式杀青机和槽式连续杀青机。机械杀青生产量比手工杀青生产量大，杀青程度应根据投叶量、机器转速、杀青温度来控制，杀青原理与手工杀青一样。

（5）杀青程度的掌控

生产上鉴定杀青程度的方法通常是通过感官来判定的。杀青适度标准是：叶质柔软，略带黏性，手握成团，松手不易弹散，粗梗折而不脆断，细梗折而不断。叶色由鲜绿变为暗色，表面光泽消失，嗅无青草气，略有清香。杀青过度的特征是：叶边焦枯，叶质硬脆，叶片上呈现焦斑并产生焦屑。杀青不足的特征是：叶色鲜绿深浅不一，梗子易折断，叶片欠萎软，青草气重。鉴定杀青程度时，应同时注意有无红梗、红叶、焦边、焦叶、干湿不匀、生熟不匀、叶色发黄等现象。

3. 绿茶揉捻工序

揉捻是将杀青叶用揉和捻的运动使茶叶面积缩小卷成条形，使茶叶细胞组织破损、溢出茶汁的过程；揉捻是塑造绿茶外形的一道工序。

（1）揉捻的目的

绿茶揉捻的目的主要有两点：一是卷紧条索，为以后的炒干成条打下基础；二是适当破坏叶组织，使制成干茶后的茶汁容易泡出，又具有一定的耐泡程度。揉捻技术要点是"嫩叶冷揉，老叶热揉"和"投叶量、揉捻时间和加压均要适当"。

（2）揉捻技术原则

揉捻技术的好坏，受很多因素的影响，如揉捻叶的温度、投叶量、揉捻时间以及加压大小等，因此在揉捻时要掌握以下技术要点。

第一，嫩叶冷揉，老叶热揉。

所谓热揉，就是当茶叶还热的时候，不经摊放散热，趁热揉捻，这种湿热作用，对制绿茶有利于外形而不利于内质。制绿茶时采用热揉技术要具体情况具体分析，一般热揉要与短揉相配合。冷揉指杀青叶出锅后，先经过摊放，使叶温下降到一定程度后再进行揉捻操作。嫩叶由于纤维素含量低，叶质柔软，容易揉捻成条，可以采用冷揉。嫩叶若采用热揉，茶叶色泽容易变黄，产生低闷的气味；嫩叶冷揉能够减少对叶绿素的破坏，有利于保持茶叶的翠绿色。老叶因有较高含量的纤维素、淀粉，趁热揉捻有利于揉捻成条。因此，热揉多用于老叶。

为了保持良好的色泽和香气，对嫩叶应采用冷揉；对粗老的杀青叶，应趁热揉捻，这样可以获得较好的外形。虽然热揉对色泽和香气会有不良的影响，但老叶本来香气就不高，叶色也比较深，热揉失去部分叶绿素，会使叶色翠绿明亮，对老叶的品质反而有利。

第二，投叶量、揉捻时间和加压均要适当。

揉捻时，投叶量的多少直接关系到揉捻叶的质量。投叶量过多，开动机器时，叶团翻转会冲击揉盖，或因离心力的作用，使叶子甩出揉桶外，甚至发生事故。揉叶过多时，还使翻转困难，造成揉捻不均、条索不紧，扁碎茶增加。

投叶量多时，叶子之间、叶子与揉桶之间以及叶子与揉盘之间摩擦增加，会使揉叶发热，影响茶叶的外形和内质。如果投叶量过少，揉叶之间相互揉挤力不足，叶团不易翻动，揉叶成条困难，所以投叶量必须适量。

揉捻时间与加压程度关系密切，揉捻时间太短、加压太重，会造成梗叶分离、未成条而先断碎。要使揉捻叶的成条率达到要求，芽尖、嫩叶不断碎，则投叶量、揉捻时间、加压大小均要适当。

加压有压力轻重之分，轻压与重压是相对而言的。加压大条索紧结，加压小条索粗松。压力过大，叶条不圆而碎，揉捻不灵活；压力过小，叶条粗而松，甚至达不到揉捻的目的。

叶嫩而少，压力须轻；叶老，不论多少，压力都要重些。一般来说，高级茶叶原料不加压或轻压揉30~40分钟为宜，这样既能保证做到揉捻适度，又能成条且不断碎。相反，对较老的原料，要适当加重压揉捻，这样就可使不容易成条老叶也能达到一定的成条效果。

加压力是解决外形的技术措施，要先轻后重、逐渐加压、轻重交替，最后不加压。先轻压，只是轻度加大摩擦力，加速叶子卷转，初步把叶片揉成圆形叶条，只有先轻压才不会压扁。轻压后加重压，加大摩擦力使叶条在圆而松的状态下逐渐卷成紧条。最后不加压，使叶团解散。

（3）揉捻操作方法

第一，手工操作。每次取杀青叶500克左右，以两手紧抱成团，先团揉（即将茶叶往一个方向团转），但用力不必太重，揉2~3分钟，茶叶便初步成条索。然后抖散茶团散热，将茶叶收拢成团状改为推滚揉（或称单把推揉法），即以左手扶住茶团，右手向前推滚，接着以右手扶住茶团，左手向前推滚，左右手交替。至揉捻适度时，即解散团块，薄摊待干燥。

第二，机器操作。绿茶揉捻一般适用中、小型揉捻机。绿茶产区使用的老式揉捻机，小型的有 CR-20 型、CR-40 型和浙 245 型，中型的有 255 型和 265 型等。用于绿茶初制的揉捻机，一般转速控制在 45~60 转/分。

（4）揉捻程度掌控

揉捻的程度也关系到成茶品质的好坏。揉捻不足，滋味和色泽都比较淡薄，且不能形成紧结条索；揉捻过度，茶汁完全挤出，有些黄酮类化合物自动氧化，茶汤不清，且会揉碎芽叶。适度的揉捻，要达到茶汁不要全部挤出，细胞组织不要全部破裂，破碎率为 45%~65%（如高于 70% 则芽叶断碎严重，滋味苦涩，茶汤浑浊，不耐冲泡；低于 40%，虽耐冲泡，但茶汤淡薄，条索不紧结）；要揉成圆直紧结、整齐的条索，嫩叶成条率在 85% 以上，粗老叶成条率在 60% 以上。揉捻叶下机后，应立即进行解块筛分，降低叶温。解块后的茶坯，必须及时进行干燥，以免叶色变黄，尤其是杀青不足的叶子，更要及时高温干燥，防止叶子继续红变。

4. 绿茶做形工序

名优绿茶加工中，做形是不可缺少的关键工序，因为各类名优绿茶独特、优美和雅致的外形，都是通过精细、复杂的做形工序而加工完成的。

名优绿茶的做形，有些是独立成为一个工序，有些则是贯穿于杀青、揉捻和干燥等各个工序过程中，伴随着水分散失、芽叶物理性状变化，需采用相应的做形手法完成。在大宗绿茶的加工中，茶条形状是在揉捻和干燥过程中逐步完成的。一般来说，加工叶含水率在 55%~30% 时，对做形最有利，此时的芽叶柔软性、可塑性较好，较易成形；而含水率在 20% 以下时，芽叶已发硬，做形已较为困难，此时伴随着水分的散发，茶叶形状被逐步固定。

5. 绿茶干燥工序

干燥是将揉捻好的茶坯，采用高温烘焙，迅速蒸发水分达到保证干度的过程，包括初烘与足干两个环节。干燥好坏，也将直接影响毛茶品质。

（1）干燥的目的

茶叶干燥的目的有三个：一是继续使内含物发生变化，提高茶叶品质；二是继续整理条索，改进外形；三是去除过多的水分，达到足干，防止霉变、便于贮藏。

（2）干燥的技术因素

影响干燥的因素主要有干燥温度、投叶量与翻动。

绿茶干燥的温度因干燥方法的不同，相差很大。高的在 150~160℃，低的有 40~50℃。

干燥中供应的热量使叶温上升。干燥温度的高低与制茶品质有着密切的关系。干燥温度过高使叶子外层先干，形成"硬壳"，妨碍叶子内部水分继续向外扩散蒸发。这种"外干内湿"的叶子，叶内部凝结着水蒸气，所发生的化学反应使香味劣变，叶色干枯。这种茶叶在贮藏中，由于实际含水量较高，容易产生陈化及毒变。若干燥温度过低，叶温也太低，不仅水分蒸发慢，而且会产生不利于茶叶品质的热化学反应，使茶叶香味低淡、不鲜爽。

干燥过程中叶温掌握高低不同，会产生出色、香、味不同的制茶品质。一般情况下，高温产生老火香（锅巴香或炒豆香）；中温产生熟香（熟板栗香）；低温产生清香（兰花香）。

叶温高可以消除水闷气、青草气和粗老气味以及散发一些其他不良气味。同时高温也会使良好的香味物质损失，降低制茶品质。因此，掌握好绿茶干燥的温度尤为重要。

叶量的多少主要根据制茶技术对叶温和水分蒸发速度的要求来确定。干燥初期，叶子含水量较多，因此，不仅要提高干燥温度，还要叶量少。随着干燥过程的推进，叶子含水量降低，叶量可以相对地增多。干燥初期，对叶子的翻动也容易使叶子形状改变。

（3）干燥操作方法

第一，手工干燥。

手工绿茶分锅炒和烘焙两种。锅炒二青的投叶量 1 kg～1.5 千克（2～3 锅杀青叶合并一锅炒），下锅温度为 100～120℃，炒时茶叶发出轻微的爆声，炒 5 分钟左右，温度逐步下降，直到茶叶不太烫手时为适度。温度太高易产生爆点，温度太低易闷黄，叶底也暗。炒二青的方法是手心向下，手掌贴着茶叶沿着锅壁向上推起翻炒，轻抖轻炒，用力不可太大，否则易压成扁条，并注意随炒随解散团块。随着水分逐步散失，茶条开始由软变硬，用力也逐步加重，以炒紧茶条。炒至6～8成干时，即可出锅摊凉，以便辉锅干燥。

烘二青的方法是用焙笼或土灶炉烘焙，烘炉以烧木炭最好，待烟气全部烧尽后，上盖一层灰，改成中间厚四周薄，使火温从四周上升焙心受热均匀，烘茶前要把焙心烧热。初烘时焙心温度达到90℃时开始上茶，上茶时焙笼应移到托盘内，摊叶要中间厚四周薄，每笼摊揉捻叶500～1 000 克。烘焙过程中，每隔3～4分钟翻一次，经过5～7次，达到6～8成干时，即可下焙摊凉。

摊凉的目的是使初干后的茶坯内外干湿一致，有利于复干时干燥程度均匀，摊凉至室温时，即可进行辉锅。

辉锅时以合并2～3锅二青叶做一锅为好，辉锅温度以80～90℃为宜，茶叶下锅后无炸响声，当茶条开始转为灰绿时，锅温下降至70℃左右，这时炒的速度应加快，用力宜轻，每分钟抖炒翻动40～50次，当炒到茶香外溢时，手碾成粉末状，色泽灰绿而起霜，即为辉锅完毕。辉锅时间一般为30～45分钟。

第二，机械干燥。

由于各地使用的机具不同，绿茶干燥方法也不同。绿茶干燥方法采用先烘后炒较好，即二青采用烘的方法，这种方法有很多优点。

烘二青在生产上用自动烘干机或手拉百叶式烘干机，采取一次干燥法。温度控制在100～110℃，摊叶厚度为1.5～2厘米。当烘至6～8成干时即出烘，摊凉散热。辉锅（足干）温度以掌握100℃左右为宜，当茶条回软，内外叶温一致时，进行辉锅。在辉锅过程中，温度也是由高到低，出锅时锅温以 50~60℃ 为好。辉锅好的茶叶外形色泽灰润有光泽，茶条完整度好，香气高爽，干茶含水分率在 5% 左右。

（4）干燥程度的掌控

茶叶干燥的过程中，不同阶段对干燥技术要求也不同。第一阶段，以蒸发叶子水分为主。第二阶段，叶子可塑性好，最容易发生变形，是做形的最好阶段。第三阶段，叶子水分已降到 15%~18%，是形成茶叶香味品质的主要阶段。根据干燥的阶段性，产生了分次干燥。有的将干燥过程相应地分为三次干燥，有的分为二次干燥、四次干燥及五次干燥。

三次干燥：烘二青含水率在 50% 左右，手捏不粘手，手握成团，松手弹散。烘三青含水率在 20% 左右，手握有触手感觉，手碾叶成碎片。足干含水率在 5% 以下，手碾茶成粉末。

二次干燥：烘二青含水率在 20%~25%，手握茶有触手感。辉锅含水率在 5% 以下，手碾茶成粉末。毛茶起锅后，应立即摊凉散热，进行密闭贮藏，以防止茶叶吸湿回潮，影响茶叶品质。

任务四　代表性绿茶加工技术——眉茶加工

我国绿茶生产，以眉茶为首。各省所产的眉茶，品质各有不同。数量较多、品质较好的有安徽的"芜绿""屯绿""舒绿"；江西的"婺绿""饶绿"；浙江的"温绿""杭绿""遂绿"以及湖南的"湘绿"。

眉茶的传统制法为在锅里炒干，其条索为长条形，习惯上称为炒青或长炒青茶。

各地炒青的品质特征虽各不相同，但对高级茶的品质各地还是有着共同的要求：外形条索紧结、圆直、匀齐，有锋苗，内质香高持久，汤色黄绿明亮，滋味醇浓回甘，叶底嫩绿、明亮、忌红梗红叶、焦边、生青及闷黄叶。

1. 杀青

现各地茶区使用的杀青机具种类很多，型号不一，但基本上可分为三种类型：锅式、滚筒式、槽式。

（1）84 型双灶双锅杀青机操作

锅式杀青机是我国当前使用较普遍的机具，现有双灶双锅、一灶二锅、一灶三锅连续杀青机三种。虽机型不同，但基本原理相同，操作技术大同小异。

在正常操作下，锅温在 220~280℃，晴天嫩叶为 220~230℃（白天看锅底约 10 厘米灰白圈，夜里红圈），叶下锅后有炒芝麻响声。老叶为 230~240℃，叶子下锅后有较响的爆炸声。雨水叶，露水叶表面水多，锅温必须在 260~270℃ 以上。表面水多的叶子最好薄摊于通风处，蒸发一部分水分后，再进行杀青。这样既节省燃料，又能提高杀青叶质量。杀青温度应掌握先高后低、高温杀青的原则，切忌杀青温度忽高忽低。

在正常锅温的条件下，投叶量一般控制在 5~7 千克，但应根据锅温、原料老嫩和叶表面水多少等条件灵活掌握。如锅温高，投叶量可适当多些，使锅温下降，反之则少些，雨露水叶比晴天的叶子少些，老叶则比嫩叶多些。

总之，投叶量可灵活掌握，以达到调节锅温的作用，但调节幅度不可太大，否则就要影响杀青叶的质量和工效。

杀青要求高温快速，在杀匀、杀透的原则下，尽可能缩短时间，才能提高杀青叶的质量。杀青时间长短受锅温、投叶量、炒法、原料老嫩等各种因素的影响。一般晴天嫩叶为7~8分钟，老叶为5~6分钟，雨露水叶为10分钟左右。

杀青时间长，杀青叶的色泽、香气都受到影响。因此，在生产实践中，必须正确掌握锅温高低和投叶量多少，以保证杀青叶质量。

杀青方法应掌握"透闷结合，多透少闷"的原则。在一般情况下，晴天嫩叶下锅后先透炒再闷炒1~2分钟。当看到大量水蒸气从锅盖的四面冒出来，即掀盖进行透炒至适度。老叶和摊放时间长的叶子，下锅闷杀3分钟左右再透炒。细嫩茶叶、雨水叶则全程透炒。表面水不多的露水叶，先透炒2~3分钟待水分蒸发一部分后，闷杀1~1.5分钟，再透炒至适度。

闷杀是为了提高叶温，迅速破坏酶的活性，达到杀匀、杀透、杀快的目的。但闷杀时间不宜过长，否则使叶色发黄，带水闷气。至于透闷的先后问题，各地掌握不一，一般是鲜叶下锅蒸发一部分水分后，再先闷后透，这是与锅温先高后低原则相一致的。

（2）一灶二锅，一灶三锅杀青机操作

这两种杀青机，是锅式连续杀青机具。一锅烧火，火苗通过火道进入第二、三口锅使之受热。这种加热，第一口锅温可达350℃左右，第二口锅温为270~280℃，第三口锅温为180~200℃。将鲜叶投入第一口锅，利用高温闷杀达到迅速破坏酶的活性目的，然后打开第一道闸门，使叶子转入第二口锅进行透炒。这时第一口锅再投入鲜叶，闷杀方法同上，叶子在第二口锅透炒3~5分钟，打开第二道闸门，使叶子转入第三口锅，直到适度出叶。叶子出完后，关闭出茶门，这样第一口锅不断进叶，第三口锅不断出叶，即可进行连续生产。

由于一灶三锅在实际生产中，第三口锅温度较低，会延长杀青时间，且操作烦琐。因此，有的茶厂把三锅改为二锅，其工艺完全符合要求，操作更为简便，方法与一锅一灶相同。

（3）槽式连续杀青机操作

槽式杀青机是具有我国锅式传统风格的连续化生产的杀青作业机具。槽式杀青机由主机（槽锅，锅腔盖，炒手主轴）、炉灶、输送（链，曲柄）三部分组成。槽锅呈筒状半圆形，半径为300厘米，长度为4米，由四段瓦形铸铁连接而成，槽锅中间主轴上装倾斜15度的炒手15幅，使杀青叶从槽锅的进口处逐步翻炒至出口处，达到连续杀青的目的，锅腔前端部分装有拱形盖罩三扇，以控制锅温，达到闷杀的目的。

杀青前生火15分钟，即锅底微红就开机运转，待最后锅温接近200℃，正式输送鲜叶，并由锅内炒手翻炒推送。在杀青时，根据鲜叶老嫩、晴、雨天叶不同原料，控制锅温高低，采取不同的透闷方法，调整输送鲜叶的数量，保证杀青叶的质量。

槽式杀青机的始末温度为200~50℃，转速为28转/分。全程杀青时间为3~4.5分钟，每台每小时为300~400千克鲜叶/小时，燃烧松柴不超过35~40千克/小时，煤耗降低65%~70%，杀青叶失重率为35%~37%，每台定额二人。

（4）滚筒连续杀青机操作

滚筒连续杀青机目前在生产上使用的有5~6种形式，其机械结构大同小异，设计原理基本相同。

滚筒杀青机由筒体、炉灶、输送三部分组成。鲜叶在滚筒内杀青时间长短、出叶的快慢，主要决定于筒内导叶板螺旋角的大小。一般筒的两端各在60厘米内的螺旋角不小于45度（进叶端，出叶端），中段的杀青工作段螺旋角不宜大于22度。这样便于控制杀青时间，保证进出叶快。

生火后启动机子，预防筒体部分受热变形，当温度升高至200℃以上，筒体燃烧部分泛红，开始投叶10~15千克，刚开始投叶量可以多些，然后再均匀投叶，在生产过程中，根据温度适当地增减投叶量，在停机前要降低温度，以免最后的叶子烧焦，叶子出后要及时通风散热，降低叶温。

滚筒杀青机的温度，在前段和中间端为250℃，尾端为140℃左右，转速为25转/分左右为宜，杀青时间为4~6分钟。生产效率一般为225~250千克/小时，最低为175千克/小时，每锅叶耗煤5千克，定额二人。

2. 揉捻

揉捻必须根据揉捻机的性能、叶质老嫩、匀度和杀青质量来正确掌握方法。

揉捻时要特别注意投叶量、揉捻时间、压力大小和解决筛分、揉捻程度等技术，方能提高质量，保证优良产品。

（1）投叶量

投叶量的多少，直接关系到揉捻质量和工效。若投叶量过多，叶子在揉桶内翻转困难，揉不均匀，扁碎叶较多，而且所需时间较长；若投叶量过少，则不易成条，工效低，碎茶多。因此，必须掌握好各类揉捻机的投叶量。

（2）压力和时间

炒青绿茶要求条索紧结、圆直、匀整，茶汤有一定的浓度，同时又要耐泡。要形成这些特征，首先与揉捻时压力调节有很大关系。揉捻时间视揉捻叶量、叶质及加压等情况灵活掌握。

揉捻过程中要注意对压力的掌握。揉捻时应先轻后重再轻，嫩叶轻压短揉，老叶重压长揉，以分筛、多次揉捻等为原则。实际生产过程中掌握以下几点：

嫩叶：揉 20~25 分钟。压力调节：轻揉 10 分钟，加压 5~10 分钟，解压 5 分钟下机。

中等嫩叶：揉 30~40 分钟。压力调节：轻压 10 分钟，重压 15~35 分钟（中间松压 2~3 次），轻压 5 分钟下机。

老叶：揉 40~50 分钟。压力调节：轻压 10 分钟，重压 25~35 分钟（中间松压 2~3 次），松压 5 分钟下机。

老嫩不匀的叶子：开始按嫩叶揉捻要求进行，然后用孔径 1×1 的筛子进行筛选筛分，筛下叶子进行干燥，筛面进行复揉，达到揉捻均匀的目的。避免了嫩叶断碎，老叶揉捻不足的现象。筛分后分别干燥，提高产品质量。

（3）揉后注意问题

揉捻叶下机以后，应立即进行干燥，切勿静置，以免叶色变黄。尤其是杀青不足的叶子，揉好后立即以较高温进行干燥，防止其继续红变。

3. 干燥

眉茶的干燥工序分三次进行，即烘湿胚、炒毛胚、滚足干。

（1）锅炒干燥（中间隔两次，温度逐渐降低）

锅温为 120~130℃，每锅投叶量为 5 千克左右，叶子下锅后，即可听到微弱的炒芝麻响声，随着叶内水分蒸发，锅温逐渐降低。炒 30 分钟左右即达七成干，手握有触手的感觉便起锅。摊晾半个小时，使叶内水分重新分布，再进行足干。

继续蒸发水分使毛茶含水量下降至 6% 左右。同时进行整形做色，发展茶香。因此，温度应先高高后低，投叶量为 5~7.5 千克，叶子下锅时温度为 90~100℃，随着叶内水分的减少温度慢慢降低至 60℃ 左右。全程炒 40~60 分钟，手捻茶条成粉末，便起锅。稍摊晾后装袋。

锅炒毛胚和锅炒足的干方法是过去产绿茶普遍采用方法。只要掌握好火候，便能做出紧结，圆直，条状的茶条。但也存在一些问题，如毛火阶段，揉捻叶在锅中炒，茶叶的叶汁粘在锅面，形成锅巴，使滋味淡而醇，扁条碎茶多。足干阶段叶含水量降至 15% 左右，叶子脆硬，且由于炒手撞击而使茶条断碎。

（2）烘或滚湿胚——锅炒毛胚——锅炒足干

这种方法基本上与全炒相同，不同之处只是将锅炒毛胚改为烘或滚湿胚。这种以烘（滚）代炒湿胚的方法，克服了揉捻叶直接下锅炒毛火所产生的锅巴现象。

（3）滚湿胚——炒毛胚——滚足干

滚筒炒湿胚和锅炒毛胚的做法与第二种相同，只是足干是由滚筒炒干机完成的。其具体操作为温度掌握先高后低，开始温度为 100℃，之后逐渐下降。机器转速为 20~24 转/分，投叶量为 25 千克以上。上叶后 5 分钟开风扇，达七八成干时关闭风扇，滚炒至呈干。

（4）滚湿胚——滚毛胚——炒至干

此种工艺是滚筒炒湿胚达四成干后，下叶摊晾，然后再上滚筒滚毛胚。此时温度要掌握在100~110℃，投叶量为20~25千克湿胚叶。炒至滚筒内有大量水蒸气时，开动风扇，排出水气。之后根据水气的多少，随时开动风扇。一般滚25~30分钟，此时叶含水量为20%，减重率为25%~30%，手捏茶条有触手感又不断碎。下叶摊晾30分钟，再进行锅炒至足干。锅炒方法与前面相同。

（5）全滚

全滚是指整个干燥全过程都在滚筒内完成，具体操作方法可参考以上几种进行。

任务五　代表性绿茶加工技术——珠茶加工

1. 珠茶的品质特点

珠茶的外形颗粒圆紧重实，色泽绿润，汤色黄绿明亮，香气纯正，滋味浓醇，叶底明亮。珠茶的加工技术，除绿茶加工通用的杀青、揉捻工序及其设备外，干燥阶段的炒制工艺较独特，珠茶炒干机为这一阶段炒制的专用设备。

2. 珠茶的炒制工艺

珠茶炒制也有杀青、揉捻和干燥三个主要工序。干燥工序则分二青、小锅、对锅和大锅四个工艺过程。在珠茶加工过程中，除使用常用的滚筒式杀青机和盘式揉捻机进行杀青和揉捻外，操作方式与长炒青绿茶一样。干燥过程中的二青作业，一般使用瓶式炒干机进行。而炒小锅、对锅和大锅，都采用同一种专用设备——珠茶炒干机。

珠茶杀青叶的适度标准是，嫩叶含水率为61%~64%，要做到叶熟不黄、色翠不生、叶质柔软不焦。由于珠茶成茶要求芽叶完整，故揉捻时间较短，加压较轻，只要求揉至大叶与茎梗分离，初步成条即可。揉捻时间上嫩叶为10~15分钟，老叶为15~20分钟，嫩叶轻压，老叶中压。揉捻叶要及时解块、及时干燥，以防叶色闷黄。

珠茶加工的干燥工序，包括炒二青、炒小锅、炒对锅和炒大锅，这些是珠茶加工和品质风格形成的关键工序。

第一，炒二青。用瓶式炒干机进行，主要目的是蒸发水分，将揉捻叶的含水率降至40%左右，为炒小锅创造条件，避免粘锅结块。炒二青时，投叶量掌握在揉捻叶40千克左右。投叶后的20分钟内，筒壁温度都要求保持在200℃以上，以不起爆点为度，此后可适当降低筒温到150℃左右，以防焦边。二青炒制时间一般为45分钟左右，炒制过程中始终应开启机器上的排风扇，防止闷蒸现象发生。二青叶的质量要求是：紧捏成团，松手后能慢慢弹散，叶不黏手，无闷气，不焦边，无烟焦叶。

第二，炒小锅。"锅要热，茶要凉"是珠茶加工炒小锅的技术关键。"锅要热"是为了防止茶汁粘锅，同时对保持成茶色泽绿润和提高香气也有好处；"茶要凉"是为了减慢水分蒸发速度，利于整形。操作要领是将珠茶炒干机的调幅杆调至顶端或接近顶端处，使加工叶抛得高、抛得散。炒小锅投叶量一般为12.5千克左右，锅温为120~170℃，炒制时间约1.5小时，含水率降到30%左右出锅。

第三，炒对锅。将两锅小锅叶并锅炒制。锅温控制在 120～140℃。炒制时间为 2 小时左右，加工叶含水率降到 15%左右出锅。炒对锅是珠茶整形成圆的主要工序，要求通过炒对锅，腰档茶基本形成颗粒，上段茶盘卷成圆形，下段茶圆结不扁。将炒板与水平面的交角调至炒板下沿摆动区，最高可推进到距锅脐 15～18 厘米处，炒板频率要保证往返 3 次左右使锅中加工叶翻转 1 次，并使加工叶在锅中翻滚而不散落。

第四，炒大锅。炒大锅是珠茶整形的最后阶段。珠茶成茶要求颗粒圆紧重实，色泽灰绿光润，香味正常，火候适当，成茶含水率为 7%以下。炒大锅投叶量可达 40 千克左右，甚至可达到 45 千克，一次大锅可炒出干茶近 40 千克。炒大锅的操作要领是：将炒板与水平面交角约调整到 45°，使炒板摆幅完全在炒锅下半部，只能推进到锅脐附近，以炒板往复 4～5 次使锅内加工叶翻转 1 次为适度。炒大锅的锅温要先低后高，开始阶段锅温可为 80℃左右，后期可达到 100℃左右，大锅炒制时间为 3 小时以上。

目前珠茶生产存在的主要问题是鲜叶原料过老、成茶香味郁闷和叶底黄暗等，除应采取措施改善原料鲜叶品质外，在加工技术上应解决杀青叶不论老嫩一律热揉、二青叶摊凉不及时或堆积过厚、炒对锅蒸汽透出不够、炒大锅加盖闷炒不当等问题；此外，对出锅后的热毛茶，要适当摊凉后再装袋，以免热茶"闷袋"影响品质。

任务六　代表性绿茶加工技术——扁形茶加工（以龙井茶为例）

1. 扁形茶的品质特点

扁形茶的外形扁平光滑，挺秀尖削，均匀整齐，色泽嫩绿，顶叶包芽，冲泡汤色黄绿明亮，清香持久，滋味甘醇爽口，叶底成朵微黄绿，故有"色绿、香郁、味醇、形美"四绝之称。

2. 扁形茶的鲜叶要求

特级龙井茶要求鲜叶原料为一芽一叶及一芽二叶初展，芽长于叶，全长为 2.5 厘米左右，最长不超过 3 cm；1～2 级龙井茶原料鲜叶要求为一芽二叶（初展叶），芽叶平齐，全长为 2.5～3.5 cm；3～4 级为一芽二、三叶（初展叶），叶长于芽；清明前采制的龙井茶极品，每千克干茶需 7.2 万～8 万个鲜嫩芽头。

3. 扁形茶的加工技术

扁形茶加工有手工炒制和机械炒制两种方式。高档龙井茶加工如今还是手工炒制比较普遍，机械炒制正在普及；中低档龙井和一般扁形茶加工用机械炒制已很普遍。

（1）手工炒制

龙井茶的手工炒制是指加工叶在电炒锅内用手工进行加工。为了防止加工叶粘锅，在投叶前或炒制过程中出现加工叶粘锅时，一般要在锅壁上擦拭少量制茶专用油。制茶专用油是一种固体状态的专用油，由液体茶籽油经氢化处理制成，无毒、无色、无味，并且不会在茶汤中产生油花。

手工炒制龙井茶有一套独特技艺与手法，其手法之多在名茶加工中绝无仅有。龙井茶炒制的基本手法有抓、抖、搭、抹、捺、推、扣、荡、磨、压等10种。

高档龙井茶青锅时，锅温为80～100℃，锅壁先擦拭少量茶叶炒制专用油，每锅投叶量为鲜叶100～150克，炒制时间为12～13分钟。炒制分三个阶段：第一阶段，以高温杀青和透去水分为主，抖炒3～4分钟；第二阶段，继续杀青、散发水汽和为初步做形做准备，抖、抹结合炒2～3分钟；第三阶段，用搭、抹结合手法进行初步做形，炒至加工叶舒展扁平，含水率降为25%～20%时起锅。

辉锅是龙井茶做形和干燥的重要过程。龙井茶辉锅，每锅投叶量高档茶为250～300克，中档龙井茶为400～500克。辉锅锅温为60～80℃，炒到加工叶受热回潮，吐露茸毛时，再提高锅温到80～90℃，待有茸毛脱落，加工叶收紧成扁平时，再降温到50℃。辉炒时间：高档茶为15～20分钟，中档茶为25～30分钟。高档龙井茶的辉锅主要手法是搭、抹、推、荡。中档龙井茶辉锅，则用搭、捺、抓、推等手法，搭时要结合抖，搭5～6分钟，改用捺、抓，使茶条齐而扁平，经过15分钟后再结合推，一抓一推，交替使用，直到茶叶足干为止。

（2）机械炒制

近年来，我国对名茶加工机械的研制十分重视，目前对扁形茶的加工，基本上全程已可机械化炒制。

扁形茶的加工机械，主要有鲜叶脱水机、滚筒式名茶杀青机、名茶多功能炒制机和最近才开发出的长板式龙井茶炒制机等。

龙井茶的机械炒制，有采用名茶多功能炒制机全程炒制的，有配合使用滚筒式名茶杀青机或手工辅助等炒制形式的，在此重点介绍名茶多功能炒制机全程炒制和与滚筒式名茶杀青机配合的炒制形式。

第一，青锅作业。当名茶多功能炒制机的槽锅温度达到120℃时，开始投入鲜叶或杀青叶，五槽机型每次约0.5千克，均匀加入各槽锅，槽锅往复频率为每分钟120次左右，开始3分钟左右不加棒，即不加压炒制，待叶质较为柔软时，将槽锅往复频率降至每分钟105次左右，投入轻压棒炒制约2分钟，然后取出压棒不加压炒制1～2分钟，使水分散发。此后再把轻压棒投入炒制4～6分钟，当茶条外形已基本扁平紧直，取出压棒，抛炒1分钟左右出锅。整个青锅时间10～12分钟。

第二，辉锅作业。当名茶多功能炒制机的槽锅温度为110℃，槽锅往复频率为每分钟105次左右时，五槽机型可以每次投入约0.5 kg青锅叶，开始1分钟左右不加棒，即不加压炒制，待叶质柔软，投入轻压棒炒制约1～2分钟，然后取出压棒不加压炒制1分钟，这时茶条已有触手感，则可加入重压棒炒制7～8分钟，在槽底稍有茶末时，取出重棒，到含水率降至7%以下，完成龙井茶炒制过程。

任务七　代表性绿茶加工技术——条形毛峰茶加工

1. 条形（毛峰）茶的品质特征

条形（毛峰）茶的外形条索紧卷稍弯曲，白毫显露，芽叶完整，肥壮匀齐，冲泡后汤色黄绿明亮，香气清高，滋味鲜爽回甘，叶底肥壮绿明，芽叶成朵。

2. 条形（毛峰）茶的加工工艺

条形（毛峰）茶加工的主要工艺过程为杀青、揉捻、初烘、整形提毫、足干等。毛峰茶基本上已全部实现机械化加工，在名茶加工机械中，毛峰茶加工机械也较成熟。

3. 条形（毛峰）茶加工的机械

在毛峰茶的加工机械中，杀青作业使用的是滚筒式名茶杀青机；揉捻作业使用名茶揉捻机；提毫作业使用电炒锅；干燥作业使用的名茶烘干设备，机型较多，最常用的是手拉百叶式和自动式名茶烘干机。

名茶揉捻机实际上是一种在大型盘式揉捻机的基础上，通过小型化设计制成的小型茶叶揉捻机，主要有6CR-20型、6CR-25型、6CR-30型、6CR-35型。

手拉百叶式名茶烘干机，与大宗茶加工所使用的手拉百叶式烘干机结构相似，但它多为摊叶面积为3平方米以下的小型烘干机型，结构简单，烘制的茶叶品质也较好，使用可靠、故障少，但操作较麻烦，体力消耗也较大。

生产名茶应用的自动式名茶烘干机与大宗茶加工所使用的大型自动烘干机相似，尤其是6CH-3型自动式名茶烘干机与大型自动链板式烘干机基本相同。

4. 条形（毛峰）茶的加工方式

（1）手工制作

鲜叶在电炒锅内杀青摊凉后，放在揉捻台上揉捻3~5分钟，然后将揉捻叶置于炭火为热源的烘笼上初烘，在80~100℃的温度下，烘至含水率为40%~35%。接着将初烘叶投入电炒锅内整形提毫。提毫过程中，两手用力要柔和均匀，不能在锅壁上摩擦，以免白毫脱落。随着水分的不断减少，加工叶的条索也不断紧结，当含水率降至25%~20%白毫显露，出锅摊凉。最后用烘笼在80度左右的温度下烘至含水率仅6%左右，毛峰茶的手工加工过程即告完成。

（2）机械加工

毛峰茶进行机械加工时，要配置6CS-30型或6CS-40型滚筒式名茶杀青机1台、6CR-30型名茶揉捻机2台、6CH-3型自动式名茶烘干机或6CH-3型手拉百叶式名茶烘干机1台，并要配电炒锅1~2台用于手工提毫。每小时可生产毛峰茶10千克左右。

5. 条形（毛峰）茶加工过程

第一步，杀青：毛峰茶的杀青作业与扁形茶的杀青作业一样。

第二步，揉捻：揉捻作业分2次进行，先将杀青叶投入名茶揉捻机初揉，在无压状况下轻揉 5~7 分钟，注意既要初步揉出茶汁和成条，又不要使白毫揉脱；初揉结束后用小型名茶解块机解块。

第三步，初烘：将揉捻叶投入 6CH-3 型自动式或手拉百叶式名茶烘干机进行初烘，热风温度为 100℃ 左右，含水率降到 50%~45% 后，下机摊凉。

第四步，做形：摊凉后进行复揉，空揉 3~5 分钟，再轻压 5~7 分钟，将茶条揉紧。复揉后即进行复烘，热风温度仍为 100℃ 左右，到含水率降到 40%~35%，即条索已有刺手感觉又具有弹性时即可下烘摊凉，进入提毫工序。

第五步，干燥：经过提毫后的加工叶，即可上名茶烘干机烘干，热风温度为 60~80℃，直到含水率降到 6%~5% 时即可。

任务八　代表性绿茶加工技术——针形茶加工（以南京雨花茶为例）

1. 针形名茶的品质特征

以南京雨花茶为代表的针形名茶，一般是采用一芽一叶初展的鲜叶为原料，要求芽叶大小均匀。雨花茶加工技艺和茶叶外形及内在品质要求严格，成品外形为松针状，条索紧结圆直、锋苗挺秀、色泽翠绿、披盖白毫，汤色清澈明亮，滋味鲜爽纯正，香气清高，叶底嫩绿匀净。

2. 针形名茶的加工工艺

针形茶的加工工序与条形毛峰茶相似，但其外形要求与毛峰茶最大的不同是条索紧直如松针，故其做形工序的搓直动作非常重要。针形茶的加工工艺过程为杀青、揉捻、做形（整形和提毫）、干燥。

3. 针形名茶的加工机械

针形茶加工所使用的设备：杀青与其他名优绿茶加工所应用的滚筒式名茶杀青机相同；做形和干燥等工序多结合使用多槽式茶叶理条机和碧螺春茶烘干机进行理条和烘干，也有做形和干燥工序全部应用针形茶整形机进行加工的。

4. 针形名茶的加工技术

针形名茶尤其是雨花茶也分手工加工和机械加工两种。

（1）手工加工

第一步，杀青：在电炒锅或柴灶炒茶锅内进行，锅温掌握在 150~160℃，投叶量为 0.5 千克左右，以抖闷结合、抖杀为主，杀青时间为 5~7 分钟，含水率降到 58%~55% 时出锅摊凉。

第二步，揉捻：将经过摊凉的杀青叶置于揉捻台上，采用双手推揉法进行揉捻。揉捻时，双手将加工叶在台上做推拉式的直线滚揉，绝对不能像毛峰茶或球形茶揉捻那样采用旋转式的团揉。在揉捻过程中一般要解块 3~4 次，通常经历 8~10 分钟，至初步成条、茶汁微出时，即完成揉捻工序。

第三步，做形：做形同样在电炒锅或柴灶炒茶锅中进行，锅温为 85～90℃，投叶量为 0.35 kg 左右，锅壁先擦拭少量制茶专用油，投叶后一边翻炒，一边抖散，抖散结合，将茶条理顺，然后将茶条置于手中开始轻轻滚转搓条。搓条是形成针形茶独特外形的关键，搓条时用力应掌握"前轻、中间重、后轻"的原则，至茶条不黏手时，将锅温降低到 65～60℃，把两手指伸直，将加工叶置于两手之间，顺着一个方向用力滚搓，轻重相间，同时结合理条。进行 20 min 左右，茶条已达到六七成干、含水率降到 30% 左右时，即转入拉条。拉条时锅温掌握在 85～90℃，用手不时将加工叶在锅中来回拉炒，并交替理顺和拉直茶条，大致经过 10～15 min 的拉条，加工叶含水率降到约 10% 时，即可出锅摊凉。

第四步，针形名茶干燥：经过摊凉的加工叶，还要进行筛分、去片割末，并分清长短和粗细，然后在 50℃ 文火状态下用烘笼进行足干，直至含水率降到 7% 以下。

（2）机械加工

针形茶常用的加工机械，有用于杀青的滚筒式名茶杀青机，有用于揉捻的名茶揉捻机，而用于初烘的有多种名茶烘干机。初烘叶含水率要求降到 35%～30%。初烘叶经摊凉后即可投入整形工序。针形名茶整形工序中可结合使用茶叶理条机和碧螺春烘干机，也可单用针形茶整形机进行整形。

任务九　代表性绿茶加工技术——卷曲形茶加工（以碧螺春为例）

1. 卷曲形名茶的品质特征

碧螺春茶的栽培方法提倡茶果间作，故形成了碧螺春茶具有"花香果味"的独特风格。高档碧螺春茶的鲜叶标准要求极高，为幼芽初展或稍有一芽一叶，长短整齐、大小均匀。经过特殊的工艺加工形成的产品，外形纤细，卷曲如螺，白毫显露，香气袭人，滋味爽口，叶底嫩匀，完整成朵。

2. 卷曲形名茶的加工工艺

碧螺春茶的加工工艺由杀青、揉捻、搓团、干燥等工序组成。

3. 卷曲形名茶的加工机械

卷曲形名优茶的外形非常特殊，要求卷曲如螺，且白毫显露，故对整形机械的研制带来很大的困难。虽然自 20 世纪 80 年代以来，茶区各地对卷曲形名茶整形机械进行过不少研制，但制茶效果均不理想。后来研制成功的曲毫炒干机和碧螺春茶烘干机，仅可用于卷曲形名优茶做形的辅助机型。

4. 卷曲形名茶的加工技术

卷曲形名茶碧螺春，可分别采用手工形式或机械形式进行加工。

（1）手工加工

碧螺春茶的手工炒制在加热的浅锅中进行。浅锅是一种专门用于碧螺春等卷曲形名茶加工的炒茶锅，锅口直径 55 厘米，深度 18 厘米，因深度较浅，故称"浅锅"。碧螺春茶所用的鲜叶原料，在采回后均经过严格的拣剔和摊放。鲜叶一旦下锅，全部加工过程都在浅锅内进行，即所谓的"连续炒制，一锅到底"，直接炒制到干茶为止。初制加工全程历时约30分钟。

第一步，杀青。待浅锅锅温达到120℃时投叶，投叶量为0.5千克左右。鲜叶下锅后，用手迅速旋转翻抖，动作要轻，翻抖均匀，不留"生叶"，旋转方向要始终一致，不要来回反转，为卷曲造型创造条件。同时，杀青锅温也要严格掌握，既要防止红梗红叶，又要防止烫焦。杀青时间为3分钟左右。

第二步，揉捻。杀青适度后，将锅温降到70℃左右，在浅锅内进行揉捻。揉捻时，用单手或双手把加工叶握在手中，均匀用力使叶团沿锅壁缓慢转动，方向要一致，不能倒转。用力要一重一轻，防止芽叶断碎或茶汁挤出过早、过多。揉捻时每揉转3~4转，就要解块抖散一次，以散发水汽，避免郁闷。揉捻历时15~20分钟，以加工叶基本成条卷曲、不黏手且容易散开为适度。

第三步，搓团。搓团是卷曲形名茶加工造型最关键的工序。锅温掌握在60~50℃，温度先高后低。搓团时一般是将一锅加工叶分成两团揉搓，即将锅中加工叶的一半，握于两手掌掌心，沿同一方向团转揉搓，促进茶条卷曲。每团搓揉4~5转再放入锅中定型。两团搓好并适度定型后，合并解块抖散。之后再反复操作，边揉团，边解块，边干燥。搓团的关键是要用力均匀，先由轻到重，再由重到轻，要求经过反复揉搓，把茶条揉成螺形。与此同时，要保证茶条芽毫完整、茸毛显露，这是卷曲形名优茶的特殊要求，否则将失去卷曲形名优茶的风格。历时10~15分钟，在加工叶含水率降到10%左右，即达到九成干时，进入干燥阶段。

第四步，干燥。使锅温保持在50℃，以洁净白纸铺于锅中（也可不铺白纸），将九成干的茶叶均匀薄摊在锅中，翻动数次，在经过3~5分钟的文火焙干后，当含水率降到6%时即可出锅。

（2）机械加工

卷曲形名优茶的机械加工工序一般是：使用滚筒式名茶杀青机进行杀青，再使用名茶揉捻机进行揉捻，然后用卷曲形名茶炒干机初步做形，最后在碧螺春茶烘干机上用手工搓团和干燥。

思考题：

1. 影响绿茶色、香、味、形的鲜叶成分有哪些？请简要说明。

2. 简要说明绿茶加工各个工艺环节对茶叶品质的影响。

3. 简单谈谈你对眉茶、珠茶、针形茶、扁形茶、卷曲形绿茶的认识。

学习情境四　茶叶审评技术

项目一　绪论

任务目标

1. 了解茶叶审评在茶产业链中的重要性
2. 初步了解茶叶审评的操作程序
3. 能明确茶叶审评的学习目的和方法
4. 了解茶叶审评的应用范围

任务　了解茶叶审评

1. 开设本课程的目的

了解现状：花色种类繁多，品质参差不齐。鱼目混珠，以次充好，市场混乱。

学习目的：准确、快速、有效地掌握评定茶叶品质的方法，具备一定的评茶技能。

2. 茶叶审评检验的发展及重要性

（1）概念

茶叶审评检验是一门研究茶叶品质感官鉴定和理化检验的应用型学科，它贯穿于茶叶的栽培、加工、生化、贸易及科学研究的全过程，是茶学专业的一门重要的专业课。

（2）发展

唐朝陆羽——《茶经》，第一部史籍。

宋朝蔡襄——《茶录》，偏重评茶的著作。

明朝许次纾——《茶疏》，评茶术语。

18世纪初——茶叶检验工作开始。

（3）重要性

鉴定茶叶的品质高低，体现经济价值；指导生产，改进工艺；把好出口关，维护国家信誉（农残、有害微生物、重金属）；优良品种的鉴定（种性差异）。

3. 茶叶审评的范围

茶叶审评贯穿于整个生产、加工、销售的过程中。一般着重对成品茶进行审评。

毛茶审评主要是依据市场，结合品质，对毛茶进行划分等级、自行定价、出口、流通。

精茶审评的流程为：原料归堆（毛茶）→筛号茶审评→拼配小样审评→精茶审评→验收审评、出口审评→进入流通。

4. 茶叶审评的方法

（1）感官审评

单轨评茶（对样审评）：对照参照样（实物标准样）进行单个茶样的评定。此时，还应对茶叶进行定级、定价工作。

双轨评茶（非对样审评）：当两个茶样品质比较接近时，对照茶样同时进行两个茶样品质的评定。

感官审评及其特点：利用人们的感觉器官（视觉、嗅觉、味觉、触觉）对茶叶的外形、内质客观存在的品质做出判断。优点是简单、快捷，成本低；缺点是具有主观性，不能提供客观数据。这些审评方式对评茶人员要求高，具有一定的局限性。

（2）理化检验

理化检验分为物理检验和化学检验。

理化检验及其特点（辅助）：通过一定的仪器、设备方法，探测茶叶的物理性状，分析茶叶内含成分的含量及变化，以计量上的数据评定茶叶优次。

优点：深入本质，揭露茶叶内部组成，反映理化特性与茶叶品质的客观联系，突破感官审评的局限性。

缺点：分析操作烦琐、耗时、成本高，所需仪器设备多，茶叶内含成分复杂，使理化检验更复杂和困难。

项目二　评茶基础知识

任务目标

1. 熟悉评茶室对环境的要求。

2. 熟悉评茶器具的尺寸及质量要求。

3. 能独立进行茶叶审评程序的操作。

4. 能正确地进行茶叶样品的抽取。

任务一　评茶设备、用具和要求

1. 审茶室的要求

气味：空气新鲜，无异味；室内禁止吸烟，不宜与卫生间、化学实验室、厨房等有杂味、异味的地方太近。

光线：光线明快，阳光不能直射（产生光斑），自然光充足。自然光不足会导致误差。坐南朝北（从早到晚，光线较均匀，变化小），安装日光灯，墙面粉白。距离审评室五米以内，不宜种植乔木型树种。

湿度：评茶室要干燥（相对湿度<75%），如太潮湿应安装除湿机，忌潮。

安静：评茶室要安静。审评茶叶是一种脑力劳动，要依靠大脑思维评定结果，环境切忌嘈杂、喧哗以免影响评定结果。

整洁：评茶室内物品摆放整齐，保持清洁。

2. 评茶人员要求

（1）具备基本的茶叶知识和评茶技能；

（2）在评茶之前，评茶人员不得抽烟，不得食用辛辣、有刺激性气味的食物；

（3）评茶人员不得施脂粉、用香水，以免影响评茶的准确性；

（4）评茶人员应保持个人和评茶室环境的整洁。

3. 评茶过程中的要求

扦样：扦样必须具有代表性，反映整批茶叶的品质，扦样要每个点都要取到，最后缩分至200~250克供审评茶叶用；

称样：首先将审评杯、碗编号，按顺序排列好。其次，称取一定数量的茶叶，如3克或5克。称样时要求上下三段茶都必须抓到，宁多勿少，不能多次添样，以免走样，导致鉴评结果不准确；

开汤审评：开汤是评判茶叶内质的第一步，要娴熟掌握开汤的整个过程，为内质评定做准备。茶汤冲泡好后，通常是先快看汤色，后闻香气，再尝滋味，最后评叶底。

清洗用具：清洗并消毒审评用具，收拾整理后，最终完成整个审评茶叶的过程。

4. 评茶设备和用具

评茶有专用的设备和用具，以保证结果的一致性。

具体要求：用具清洁，无异味、不刺目、无破损、规格一致，从而尽量减少误差。

（1）评茶设备

干评台：用于评定茶叶外形，一般靠窗设置。放置样茶罐、样茶盘，台面为黑色（不刺目，无反射光），高90~100厘米，宽50~60厘米，长度不定，可依具体情况而定。

湿评台：用于开汤审评茶叶内质，一般漆成白色，长140厘米、宽36厘米、高88厘米，台面镶边高5厘米，留缺口。

样茶柜和样茶架：用来盛放和摆放茶叶样品，通常摆放在靠墙一边，切记不能遮住光线。

冷藏柜：用来存放茶叶样品，相对低温有利于茶叶的保存。

消毒柜：主要是用来对审评杯、碗、茶匙和品茗杯等进行消毒。

（2）评茶用具

样茶盘：用于放置待审评的茶叶，以评定外形。样茶盘有正方形和长方形两种，正方形的规格为边长 23 厘米、高 3 厘米；长方形的规格为长 25 厘米、宽 16 厘米、高 3 厘米。左上方有一缺口，便于倾倒茶叶，一般以木制、漆成白色为好。（毛茶也可用直径 50 厘米，高 4 厘米的竹篾圆匾）

审评杯、碗：特制的广口白色瓷器，用于评定内质。杯盖有一小孔，杯柄对面的杯口有一排锯形缺口。容量有 150 毫升（精茶审评）、250 毫升（毛茶审评）和 110 毫升（青茶审评）三种。

品茗杯：用于盛放待评的茶汤，通常选用白瓷，容量为 10~15 毫升。

茶匙：白瓷，10 毫升容量，用以取茶汤。

样茶秤：秤样用，小型粗天平（1/10）。

定时钟：用以计时，如砂时计、定时钟等。

网匙：由铜丝网制成，用以捞取审评碗中的茶渣。

叶底盘：放置冲泡后的叶底，评定叶底用，黑色木质，规格为边长 10 厘米，高 2 厘米。现多将叶底倒入杯盖。

吐茶筒：用以吐茶、盛废水、茶渣。

烧水壶：用以烧水。

任务二 茶叶扦样（取样、抽样、采样）

所谓扦样是指从一批茶叶中扦取能代表本批茶叶品质的最低数量的样茶，是审评检验品质优劣和理化指标的依据。扦样是评茶工作的开始，同时也是评定茶叶品质的依据，在评定茶叶工作中具有重要的作用。

1. 扦样的意义和作用

一批茶由于存在形状大小、粗细、老嫩等差异，内含成分也就存在差异，扦样比例不同，审评结果也不同，这也是茶叶的不均匀性。

若扦样无代表性，则结果无准确性。所以扦样的正确性、代表性对评定茶叶品质将产生重要的作用。扦样要求客观、公正，仔细认真。

从收购、验收的角度来说，样茶是决定一批茶的品质等级和经济价值。

从生产和科学研究角度来说，样茶是反映茶叶生产水平和指导生茶技术改进，正确反映科研成果的依据。

从茶叶出口角度来说，样茶可反映茶叶品质与规格是否相符，这直接关系到国家信誉。

2. 扦样的方法

毛茶收购样的方法是：检查毛茶件数，做好标记（若超过 50 件，应采用随机抽样，但件数不少于总件数的1/3）→每件上、中、下及四周各扦取一把→评外形色泽、条索粗细、嗅干香是否一致（异味茶应单独处理）→如不一致，则匀堆后，再次取样→对角线缩分法至500克→审评检验用。

对角分样法（缩分法）：将样茶充分混合，并以一定的厚度摊平，再用分样板按对角画"×"形的沟，将茶分成独立的4份，取1、3份，弃2、4份，反复分取，直至达到所需数量为止。

精制茶取样的方法是：在匀堆后，装箱前扦取。对于加工连续化、匀堆装箱自动化的工序，扦样可以在匀堆作业流水线上定时分段进行。在茶堆的各个部位扦取样品→混匀→堆成锥形小堆→再在茶堆的各个部位（上、中、下、四周）扦取样品→缩分至500克，供审评检验用。

出口茶扦样：分为装箱前和装箱后取样。

审评样：从样茶罐取200~250克茶样→样茶盘（混匀）→食指、拇指、中指抓取审评样。掌握宁可手中有余，不宜多次抓茶添增，加样不能超过三次的原则。

3. 扦样的要求

第一，准确、有代表性。

第二，客观、公正。

第三，扦样动作要轻，避免茶叶断碎，导致走样。

第四，仔细、认真、负责，做好相关记录，以备查用。

任务三 评茶用水

1. 用水的选择与处理

评茶时所用的水的软、硬、清、浊、矿物质含量多少等都会影响茶叶的品质。硬度大的水，会降低浸出率，茶汤显得滋味淡薄；含铁量高的水，使汤色发暗，具铁腥气，味淡而苦；影响茶叶的汤色、滋味、香气。所以有句话叫："水为茶之母，器为茶之父。"

（1）用水的选择

唐代陆羽在《茶经》中说："其水，用山水上、江水中、井水下。"明代张大复在《梅花草堂笔谈》中说："茶性必发于水，八分之茶，遇十分之水，茶亦十分矣。八分之水，试十分之茶，茶只八分耳。"宋徽宗赵佶在《大观茶论》中说："水以清轻甘洁为美，轻甘乃水之自然，独为难得。"目前，我们对评茶用水的要求为：符合《生活饮用水卫生标准》（GB5749-2006）的软水，即不含肉眼可见的悬浮微粒；为无色、无臭、无味的液体，不含腐败的有机物和有害的微生物。

2. 水的处理

净化：除去水中的悬浮性杂质，使水清亮透明。采用沉降、混凝、过滤的方式达到水质清透的目的。

软化：除去水中溶解性的杂质，达到饮用水的标准。可采用石灰软化法、电渗析法、反渗透法、离子交换软化法（常用）达到软化的目的。

对硬度的判定：1L 水中含有 10 毫克氧化钙为 1 度，0~8 度为软水，8 度以上为硬水，硬度过高对日常生活用水、工业用水均有害。

2. 泡茶水温（沸水为宜）

泡茶的水温以能够沸滚起泡为度。沸滚，便于茶中所含成分最大限度地浸出。起泡（鱼目、蟹眼），以二沸为好，不宜水沸过久，沸水过久称为老水，刺激性弱或无刺激性。

3. 泡茶时间

随着冲泡时间的延长，浸出量增加，滋味浓强度也增加；10 分钟后，有效成分几乎全部浸出。浸泡 3 分钟时，汤色浅，滋味淡；随着冲泡时间的延长，酯型儿茶素溶解多，味感差，而且水溶性成分在茶汤中自动氧化，使得汤色变暗。选择 5 分钟的冲泡时间，要相对合理一些。

4. 茶水比例

（1）泡水量与水浸出物的关系

在相同茶量、相同水温（沸水），不同水量（20~200 毫升）的情况下，水多，则水浸出物量就多，水少，则水浸出物量就少。

（2）不同茶类的茶水比

大众绿茶、红茶、黄茶、白茶和花茶以 3 克茶 150 毫升水，茶水比为 1：50 为宜。

乌龙茶以 5 克茶 110 毫升水，茶水比为 1：22 为宜。（香味并重，耐泡性）

黑茶、紧压茶以 5 克茶 250 毫升水，茶水比为 1：50 为宜。

普洱茶以 3 克茶 150 毫升水，茶水比为 1：50 为宜。

毛茶以 5 克茶 250 毫升水，茶水比为 1：50 为宜。

任务四　评茶程序

感官审评分干茶审评和开汤审评。干茶审评主要看干茶外形（形状、色泽、整碎、净度）；开汤审评，则湿评内质（汤色、滋味、香气、叶底），评定茶叶品质时应两者兼评。

评茶程序：把盘→称样→开汤→计时→过滤→看汤色→嗅香气→尝滋味→评叶底。

1. 把盘

把盘俗称摇样，是审评干茶外形的第一步。审评人双手握住样茶盘，稍稍倾斜，通过"筛""收"等动作，使样茶盘里茶样按照轻重、大小、长短、粗细有次序的分布，分出上中下三层。

把盘的主要目的是评外形，如茶类、花色、名称、产地等。

毛茶外形审评方法是：对照标样，先看面展，再看中段，最后看下身。根据各段茶的比例，分析三层茶的品质情况，以确定等级。一般，三段茶的比例要适当，如面展茶过多，表明粗老茶叶多，身骨轻飘；一般以中段茶多为好，说明条索揉捻细紧重实、身骨重实；如下段茶过多，则表明断碎茶多，同时还要注意是否属于本茶本末。

对精制茶外形的审评：把盘结束后，先看面展和下段茶，再看中段茶。三段茶拼配比例是否恰当和相符，是否平伏匀齐不脱档。红碎茶的外形审评，应评比粗细度、匀齐度和净度，同时抓一撮茶叶在盘中散开，便于审评其重实度和匀净度。

2. 开汤

开汤俗称泡茶或沏茶，是内质审评的第一步。称取一定数量的茶叶放入审评杯，注入沸水，到时后过滤于审评碗里，对其进行内质评定的过程称为开汤。

开汤的要求如下：

（1）将审评杯碗洗净擦干，按编号顺序整齐排列在湿评台上；

（2）将杯盖对应放在审评碗中；

（3）称取茶样，由低级到高级，由左到右，依次投入审评杯；

（4）注入沸水，齐杯口，随即加杯盖，盖孔朝杯柄；

（5）计时，从冲泡第一杯起开始计时，时间 5 分钟；

（6）茶汤过滤于审评碗里，杯中残余茶汁应完全滤尽，如有茶渣应用网匙捞出。

3. 评内质

（1）看汤色

茶叶开汤后，茶叶内含成分溶解在沸水中的溶液所呈现的色彩，称为汤色，又称水色。审评汤色要及时、快速。防止茶汤中的成分与空气接触后发生氧化，随着汤温的下降，汤色变深、变暗。汤色按汤色类型、深浅、明暗、清浊等评比优次。

（2）嗅香气

嗅香气依靠嗅觉器官完成，为正确判别香气的纯异、类型、高低、长短（持久性），嗅香一般重复多次；嗅香时间一般为 3 秒即可完成嗅香全过程。嗅香不宜过长，以免引起嗅觉疲劳；嗅香温度一般在 55℃，若超过 60℃ 则会烫鼻、损伤黏膜、难以辨香；若低于 30℃，则香气低沉，难以辨别异气。嗅香还应结合热嗅、温嗅和冷嗅。热嗅辨别香气正常与否、香气类型及高低；温嗅，辨别香气的优次；冷嗅，辨别香气的持久性。

（3）尝滋味

尝滋味依靠味觉器官完成，味觉器官是通过布满舌面上的味蕾而起作用的，舌面不同的位置对味道的敏感度不一。所以茶汤入口后，应在舌面回旋两次（3~4 秒），使舌面充分接触茶汤。茶汤温度以 45~55℃ 为宜，高于 70℃ 会烫嘴，难以辨味，低于 40℃ 则显迟钝，苦涩味加重。茶汤以 4~5 毫升为宜（1/3 匙），多于 8 毫升则茶汤难以在口中回旋，少于 3 毫升则不易辨味。尝味时舌头的动作：茶汤入口→舌尖顶住上齿根→嘴唇微微展开→舌面稍往上台，使茶汤留在舌的中部→用口慢慢吸入空气使茶汤在舌面上滚动→辨别滋味。评滋味按浓淡、强弱、鲜滞、纯异评定等级、优次。

（4）评叶底

经冲泡后的茶叶片，通过触觉和视觉完成对叶底的评定。叶底倒入叶底盘或审评盖的反面，将叶底拌匀、摊开、按平观察其嫩度（软硬、厚薄）、匀度、色泽、整碎，看有无掺杂。

思考题：

1. 简述茶叶审评的操作程序及要求。

2. 简述茶叶样品扦取的意义和方法。

项目三　茶叶品质的形成

任务目标

1. 了解茶叶形状、色泽（干茶色、汤色、叶底色）、香气、滋味形成的原因。

2. 了解影响形状、色泽、滋味、香气、叶底质量的因素。

3. 能根据茶叶品质的要求，对茶园管理、加工工艺、贮运等环节提出改进和提高的技术措施。

4. 能应用评茶术语对不同茶类的茶叶形状、色泽、汤色、香气、叶底进行定性评定概述。

（1）茶叶的品质因子

外形：形状、色泽、整碎、净度。

内质：汤色、香气、滋味、叶底。

（2）影响茶叶品质的因素

采制技术（采摘标准、方法、时间、加工技术等）；鲜叶质量（栽培管理、培肥措施、生态环境、品种差异等）。

（3）鉴别茶叶的品质

鉴别茶叶的品质就是从外到内，从现象到本质的辨证过程。通过对茶叶品质形成的内因与外因的分析，使茶叶审评从感性认识上升到理性认识，从而对不同茶类的茶叶品质（色、香、味、形、叶底）的形成有更深刻的认识和理解。

任务一　茶叶色泽

一般来说，我们可通过色泽来区分茶类，干茶色泽、汤色、叶底色泽微小的变化都很容易被感知，是影响茶叶品质的主要因子，且与其他因子关系密切，从而推断其他因子的优劣。比如：春茶与夏茶、新茶与陈茶。

1. 茶叶色泽的化学组成

色泽：鲜叶经不同加工工艺后呈现的多种有色物质的综合反映。

有色物质的分类如下：

脂溶性：叶绿素，类胡萝卜素。水溶性：黄酮类、花青素、叶绿素转化产物、多酚类氧化产物。干茶色泽：由脂溶性色素和水溶性色素共同构成。茶汤色泽：水溶性色素是其主要物质，虽然脂溶性色素不能直接进入茶汤，但对茶汤色泽也起到一定的作用。叶底色泽：主要呈色物质是非水溶性色素。

（1）绿茶色泽的化学组成

干茶色泽及叶底色泽以叶绿素及其转化产物、叶黄素、类胡萝卜素、花青素及茶多酚不同氧化程度的有色物质构成，以脂溶性色素为主。

绿茶汤色的化学组成：水溶性色素是构成绿茶汤色的主要物质。黄烷酮是构成绿茶茶汤黄绿色的主要物质，从绿茶中已分离出 21 种黄烷酮化合物，已鉴定的有牡荆甙、异牡荆甙、皂草甙。黄烷醇在绿茶制造过程中发生非酶促氧化，其产物部分能溶于水，呈现棕色或黄色。花青素溶于茶汤，汤色深暗。叶绿素及其氧化产物对绿茶茶汤也起到一定作用。

（2）红茶色泽的化学组成

干茶色泽是叶绿素降解产物、果胶质及多种物质（茶多酚、蛋白质、糖等）参与氧化聚合所形成的有色物综合反应的结果。红茶干茶色泽的乌黑油润度与脱镁叶绿素/茶红素的比值呈正相关，即比值越大，色泽越乌黑油润，相反色泽泛棕色。

脂溶性色素和未溶入茶汤中的部分水溶性色素是红茶叶底色泽的物质基础。红茶叶底橙黄明亮主要是由茶黄素决定，而红亮则是茶红素较多所致。

茶黄素是橙黄色的针状结晶体，水溶液呈鲜明的橙黄色，对茶汤的明亮度有极其重要的作用；含量为 0.3%～1.5%，大于 0.7%则品质好，与红茶品质呈正相关。

茶红素是茶汤红浓的主体物质。含量一般在 5%～10%，与红茶品质呈正相关。

茶褐素是茶汤发暗的因素。含量为 4～9%，与红茶品质呈负相关。

2. 影响茶叶色泽的主要因素

（1）品种

品种不同，色素含量高低不同。

（2）栽培条件

①纬度不同的影响：南方茶区低纬度、温度高、日照强，有利于多酚合成，叶色呈黄绿色；北方茶区，高纬度、温度低、叶绿素增加，叶色深。

②海拔不同的影响：高山茶园，云雾缭绕，湿度大、日照时间短，漫射光占优势，日夜温差大，土壤肥沃、土层深厚，叶质柔软，持嫩性好，干茶色泽显亮，称为"宝色"；光照不同的影响，主要是影响碳氮代谢的比例。

③季节不同的影响：春季日照适度，水湿适宜，芽叶肥壮，嫩度相近。红茶色泽乌黑油润，叶底红匀；绿茶色泽绿润，叶底绿匀，汤色绿亮。夏季日照强，日照时长，芽叶生长快，芽头小，易老化，嫩度差异大。绿茶色泽青绿，叶底多靛青叶，红茶干茶色泽红褐、发暗，汤色、叶底欠红亮。

④土壤不同的影响：土壤肥沃，有机质含量高，叶片肥厚，鲜叶叶绿素含量较高，芽叶色泽鲜绿、油润，汤色清澈明亮，叶底色匀。

⑤栽培技术可分为水分管理和养分管理。

水分管理：水分与茶树物质代谢是密不可分的，如水分充足时，茶树生长良好，正常芽叶多，叶质柔软，持嫩性好，色泽一致、油润。缺水情况下，茶树生长受阻，芽叶瘦小，对夹叶多，叶质硬，导致色泽干枯、花杂不匀。

养分管理：施用氮肥，可以促进叶绿素的形成，使叶色浓绿。

（3）采摘质量

鲜叶嫩度：不同嫩梢叶位色素含量不同。

匀净度：鲜叶理化性状应相对一致性，如芽叶组成、嫩梢肥瘦、叶片大小、色泽深浅、夹杂物的多少等。

新鲜度：结合制茶考虑，在制茶要求的前提下，尽量保持鲜叶的鲜活。

（4）制茶工艺

在鲜叶符合各类茶制作要求的前提下，制茶工艺是形成茶叶品质（色泽、香气、滋味、叶底）的关键。

①绿茶色泽与制造：

品质特征：清汤绿叶。制茶技术：保绿，防红、黄措施（如杀青时应防红变）。揉捻：温度与时间，尽量使用低温（小于40℃），短时。干燥：进行干燥时一定要控制好温度，温度过高会加速叶绿素的破坏，外干内湿，芽尖叶边焦枯；温度过低，湿热作用会促进叶绿素的转化，使叶色黄暗。

②红茶色泽与制造：

品质特征：红汤红叶。制茶技术：破坏叶绿素，促进多酚氧化（如萎凋时，应控制好温度和时间温度一般不超过35℃，若温度过高，会使多酚损失、失水快，难以形成乌润的干茶色泽。揉捻：工夫红茶、红碎茶（揉切）。发酵：叶温及空气湿度对色泽影响大，叶温为30℃，空气湿度为90%以上。干燥：毛火高温（110～120℃）钝化酶活性，到八成干时，改用足火低、长时，有利于提高红茶的乌润度。

（5）贮藏环境

水分：茶叶含水量在5%以下较耐贮藏，随着水分的增加，会加快内含物质的氧化，从而使茶叶色泽变枯，汤色叶底变暗。

光线：茶叶在密闭无光的环境中色泽较稳定，如长期在有光环境，尤其是直射光线下，色泽变枯暗，尤其是高级绿茶，色泽变化更快。

温度：一般低温贮藏，色泽变化较慢，而随着温度的提升，变化则加快，其原因是多酚类物质会自动分解，故茶叶贮藏在高温环境中能促进茶叶物质的分解。实验表明，温度每升高10℃，色泽褐变加快3~5倍，在10℃以下贮藏，色泽会稍有变化。

氧气：氧气几乎能与所有的元素结合而成为化合物，分子态氧易使醛类、酯类、酚类等物质氧化而形成化合物，并能继续氧化分解使之变质。为防止氧化发生，应尽量避免与空气接触。

物质变化：叶绿素的降解会使茶叶色泽泛黄、发暗，甚至红变；多酚的非酶促氧化会产生棕褐色产物，茶汤褐变；随着温度的升高（10℃），褐变反应速度加快（3~5倍）。以上变化会导致茶叶中维生素C含量下降，从而降低茶叶的营养价值。所以，茶叶在贮藏过程中要求：低温（0~5℃）；低湿：空气湿度不超过50%；各类茶的含水量在要求范围内；避光：防止光化学反应，褪色。无氧或低氧环境：抽空充氮，真空包装。

3. 茶叶色泽类型

（1）干茶色泽类型

①各类茶叶干茶色泽类型：

绿茶：翠绿型为高级绿茶，深绿型为普通绿茶，墨绿型为炒青绿茶，黄绿型为中、低档绿茶。

红茶：乌黑油润型为高级工夫红茶，棕红型为红碎茶。

青茶：砂绿型为铁观音，青褐型为武夷岩茶。

白茶：灰绿型为绿中带灰，银白型为高级白茶。

黄茶：嫩黄型为高级黄茶，金黄型为君山银针，黄褐型为黄大茶。

黑茶：黑褐型。

普洱茶：生茶为黄绿色，熟茶为红褐色。

②描述干茶色泽术语：

油润：指干茶色泽鲜活，光泽好。枯暗：指干茶色泽枯燥，无光泽。调匀：指干茶色泽均匀一致。花杂：指干茶叶色不一，形状不一（也适用于叶底）。

（2）汤色类型

①各类茶叶的汤色类型：

高级绿茶：嫩绿、浅绿、翠绿、杏绿。大众绿茶：黄绿（普洱生茶）。青茶：金黄、橙黄（普洱生茶）、橙红。红茶：红亮、红艳、深红、红暗、棕红。普洱茶：红浓、褐红。黄茶：杏黄、浅黄、深黄。白茶：微黄、浅黄（绿）。

②描述汤色术语：

清澈：清净、透明、光亮、无沉淀物。鲜艳：鲜明艳丽，清澈明亮。鲜明：新鲜明亮（也适用于叶底）。深：茶汤颜色深。浅：茶汤色浅似水。明亮：清净透明。暗：不透亮

（也适用于叶底）。混浊：大量悬浮物，透明度差。

（3）叶底色泽

①各类茶叶的叶底色泽类型：

高级绿茶：嫩绿、翠绿、鲜绿。大众绿茶：黄绿、深绿。青茶：绿叶红边。红茶：红亮、红艳。黄茶：嫩黄、褐黄。普洱茶：红褐、黑褐。

②描述叶底色泽术语：

细嫩：芽头多，叶子细小嫩软。柔嫩：嫩而柔软。柔软：手按如绵，按后服帖盘底。匀：老嫩、大小、厚薄、整碎或色泽等均匀一致。杂：老嫩、大小、厚薄、整碎或色泽等不一致。嫩匀：芽叶匀齐一致，嫩而柔软。肥厚：芽头肥壮、叶肉肥厚，叶脉不露。粗老：叶质粗硬、叶脉显露。皱缩：叶质老，叶面卷缩起皱纹。破碎：短碎、破碎叶片多。鲜亮：鲜艳明亮。暗杂：叶色暗沉、老嫩不一。硬杂：叶质粗老、坚硬、多梗、色泽驳杂。焦斑：叶张边缘、叶面或叶背有局部黑色或黄色烧伤斑痕。

任务二　茶叶香气

1. 概述

茶叶的香气是由芳香成分决定的，不同茶类香气不一。香气成分有些是鲜叶中固有的，有的是在加工过程中产生的。迄今为止，已鉴定的茶叶香气物质约有 700 种，但主要成分仅为数十种。

2. 茶叶芳香物的香气类型

具有青草气、粗青气：顺式青叶醇（顺 - 3 - 己烯醇）、己烯醛、异戊醇；具有清香：反式青叶醇、戊烯醇；具有果味香：苯甲醇、苯甲醛、香叶醇、水杨酸甲酯；具有花香：香叶醇、橙花醇、苯乙醇；玫瑰香型：茉莉酮、醋酸苯甲酯；茉莉花香：茶螺烯酮。

3. 茶叶香气的化学组成

（1）绿茶香气的化学组成

绿茶的香气大部分是鲜叶中固有的，加工中形成的香气物质较其他茶类少；青叶醇具有清香味；吡嗪、吡咯具有烘炒香味。

绿茶香气的主体是芳香物质，但其他一些非芳香物质也参与其香气形成。如氨基酸的氧化生成相应的醛类，如苯丙氨酸氧化为苯乙醛；蛋白质水解生成氨基酸，氨基酸和儿茶素的氧化产物邻醌生成苹果香气物质；糖类和氨基酸生成糖胺类化合物。

（2）红茶香气的化学组成

红茶的香气绝大部分是加工过程中由其他非芳香物质转化而来的。如类胡萝卜素的转化，发生氧化作用（香气、滋味、叶底）。

鲜叶中固有的芳香物质有萜烯类、芳香族类。

典型的地域香有祁门红茶：蔷薇花香和浓郁的木香（香叶醇）；滇红：高锐的花香、

蜜糖香（沉香醇）；闽红白琳工夫：干草香。

（3）乌龙茶香气的化学组成

乌龙茶以独特的天然花果香和独特的韵味（音韵、岩韵）久负盛名。各种乌龙茶因品种、产地、发酵程度的不同表现出各自的香气特征。品种不同，香气不同：如铁观音具有兰花香；水仙具有黄枝花香；梅占具有玉兰花香；黄棪具有蜜桃香或桂花香；佛手具有雪梨香。

乌龙茶最突出的特点：橙花叔醇是大部分乌龙茶香气的最重要的成分，占香气成分含量的50%（花香、水果香）。

（4）茉莉花茶香气的化学组成

茉莉花茶香气的成分主要来自窨制过程中吸附的花香成分。

茉莉花茶的香气成分含量是最高的，约占干物质的0.06%~0.4%。

茉莉花茶的香气具有茉莉花香精油组成的特点，以乙酸苯甲酯含量最高，占总量的40%~60%。

4. 影响茶叶香气的主要因素

品种：品种不同，香气组成、含量、比例以及与香气有关的其他成分，如蛋白质、氨基酸、糖类及多酚的含量也不同，所以即使采用相同的加工方法，制出的茶叶香气也不一样。

栽培环境及管理：茶树生长环境适宜，培肥管理得当，茶树生长良好，内含成分多，茶叶品质较好。

鲜叶采摘质量：嫩度；新鲜度、匀净度。含梗量：茶梗中也含有较多的氨基酸和类胡萝卜素参与香气的形成。

制茶与香气：绿茶须杀青、干燥；红茶须发酵；青茶须做青。

5. 茶叶香气类型

绿茶：高档绿茶具有毫香、嫩香（花香、甜香）；大众绿茶具有清香、烘炒香（熟板栗香）；不正常香气为高火味、异味、青草气。

红茶：具有甜香、花果香、蜜香、焦糖香、松烟香；不正常香气有酸味、高火味、青气。

乌龙茶具有花果香（典型的香气）。

普洱茶具有陈香。

6. 茶叶香气术语

高香：茶香高而持久；纯正：茶香不高不低，纯净正常；低：香气低，但无异杂味；钝浊：香气滞钝不爽；闷气：沉闷不爽；粗气：粗老叶的气息，不正；青臭气：带有青草或青叶气息；高火：微带烤黄的锅巴或焦糖香气；老火：火气程度重于高火；劣异气：烟、焦、酸、馊、霉等茶叶劣变或外来污染物导致产生的气息（描述时应指明属于哪种劣异气）。

任务三　茶叶滋味

1. 茶叶滋味的化学组成

茶叶滋味的差异，是茶叶中呈味物质的种类、含量及比例的不同所导致。茶叶中主要的呈味物质归纳起来，可分为以下几种：

涩味物质：多酚类（儿茶素、黄酮）；

苦味物质：咖啡碱、花青素、茶皂素；

鲜爽味物质：游离氨基酸、茶黄素、儿茶素与咖啡碱形成的络合物；

甜味物质：可溶性糖、部分氨基酸（甘氨酸、丙氨酸、丝氨酸）；水溶性果胶，增进茶汤浓度和"味厚"感；

酸味物质：有机酸、抗坏血酸、没食子酸、部分氨基酸；发酵茶重酸味物质所占比重大一些；

咸味物质：NaCL、KCL；

陈味物质：游离脂肪酸。

决定绿茶滋味的四种主要物质为：

多酚类（20%~24%），其中儿茶素总量为105~115 mg/g；

氨基酸（1%~3%）、茶氨酸可缓解茶多酚的收敛性；

咖啡碱、可溶性糖；

绿茶一般以味感浓厚、鲜爽、回味甘甜为好。酚氨比，反应绿茶滋味品质。一般而言，两者含量高，比值低时，滋味鲜浓，绿茶品质较优；若二者含量高，比值也高，则味浓而涩，绿茶品质较次。

一定含量范围内（3%~5%）咖啡碱与多酚类、氨基酸等的络合作用，可以减轻茶汤苦涩味，但超过一定限度，将导致苦味显露。

水浸出物含量的高低反映了茶汤滋味成分的多少，与茶叶品质呈正相关，但含量特别高时，滋味表现特别浓、苦涩。

构成红茶滋味的主要成分是茶多酚的氧化产物茶黄素（TF）、茶红素（TR）、茶褐素（TB）及未被氧化的残留多酚类物质。

TF：汤味刺激性强烈和鲜爽的重要成分；TR：汤味浓醇的主要成分，刺激性较弱；TB：汤味淡薄的因素；未氧化部分是构成滋味浓厚、强烈的主要物质。氨基酸及儿茶素、茶黄素与咖啡碱形成的络合物使茶具有鲜爽味；可溶性糖类和水溶性果胶会在加工过程中形成各种酸类物质。

工夫红茶滋味甜醇，而红碎茶滋味浓、强、鲜，存在这种差异是因为：第一，多酚的保留量不同，工夫红茶为50%以下，红碎茶为55%~65%；第二，茶黄素含量不同，工夫红茶的茶黄素含量小于红碎茶的。

2. 影响茶叶滋味的主要因素

（1）品种

茶叶的品种不同，内含成分（呈味物质）的含量和比例也不同。品种的特性与物质代谢有密切关系；不同树型的茶多酚含量为乔木型多于灌木型；不同叶型的茶多酚含量为叶型大的多于叶型小的；不同叶色的茶多酚含量为黄绿色多于深绿色；早生种的茶叶氮代谢旺盛，其氨基酸和咖啡碱含量多于晚生种（碳代谢旺盛，多酚含量高）的茶叶；同一品种的鲜叶制成不同茶类，滋味不一；不同品种鲜叶制成同一茶类，滋味也有差异。

（2）茶类

红茶：多酚含量高，由三种儿茶素含量较高（L-EGC、L-EGCG、L-ECG）的茶叶制成的红茶，茶黄素含量也相对较高。研究发现：在 L-EGCG、L-ECG 有一定含量的基础上，L-EGC 的含量与茶黄素的形成量呈高度正相关。

绿茶：一般而言，氨基酸含量高的品种，制绿茶的滋味得分较高，两者之间呈高度的正相关。

（3）适制性

氨基酸含量较高，多酚含量高，酚与氨的比值小的品种，适制绿茶；相反，则适值制红茶。

（4）生态条件及栽培管理

纬度、海拔、季节、土壤、栽培管理（培肥措施、遮阴、水分）。

（5）采摘质量

嫩度：嫩度高，内含物丰富；嫩度低，内含物少而单调；茶叶太嫩，则多酚含量低，氨基酸含量高，茶味鲜而淡；茶叶太老，则多酚和出浸出物高，氨基酸含量低，茶味浓而涩。匀净度：老嫩不一，含水量和化学成分含量有差异，会影响工艺（杀青、萎凋）。新鲜度：堆积过厚或压得过紧，会使叶温身高，通气不良、供氧不足，进行无氧呼吸，导致酸、馊、酒味的产生。

（6）制茶工艺

①绿茶滋味与制茶：

第一，多酚类物质在湿热作用下，发生部分氧化、热解、聚合和异构化等变化，含量下降（降幅一般在 15% 左右）使滋味变得醇爽；

第二，多酚类物质的减少，调整了酚与氨的比值，有利于增进滋味的鲜爽度；

第三，蛋白质、淀粉、原果胶物质发生水解反应，生成的物质促进了茶汤的鲜爽和回甘；

第四，咖啡碱和维生素 C 的含量减少。

②红茶滋味与制茶：

在制造红茶的过程中，发酵是其品质形成的关键工序，滋味浓强、鲜爽与发酵程度密切相关。发酵过度，TF、TR 保留少，茶汤滋味淡薄；发酵不足，TF 保留过多，汤味青涩。使用变温发酵法，可获得鲜爽度和浓强度均较好的滋味品质。

茶叶在贮藏期间会发生与滋味有关的物质变化，总的变化趋势为：有益于滋味构成的物质随着贮藏时间的延长而不断减少，有损于滋味的物质则不断增加，使滋味变得淡薄、鲜爽度降低，最终因陈化而产生明显的陈味。

3. 茶叶滋味的类型

浓：茶汤浸出物丰富，感觉味浓厚；强：刺激性强，初入口有黏、滞感，其后有较强的收敛性；纯：正，不带异味，茶类本身具有的香气、滋味类型；和：物质不丰富，无刺激性，醇和、平和等；鲜：鲜叶嫩度高，采制及时、得当；醇：茶汤浸出物较丰富，有厚感，回味甜。

4. 描述茶叶滋味的术语

回甘：回味较佳，略有甜感；回甜。

浓强：苦涩味重，刺激性强；浓烈。

浓厚：茶汤味厚，刺激性较强。

浓醇：浓爽适口，回味甘醇。刺激性比浓厚弱，比醇厚强。

醇厚：爽适甘厚，有刺激性。

醇正：清爽正常，略带甜。

醇和：醇而平和，带甜。刺激性比醇正弱，比平和强。

平和：茶味正常、刺激性弱。

淡薄：入口稍有茶味，后淡而无味，平淡、清淡。

涩：茶汤入口后，有麻嘴厚舌的感觉。

青涩：涩而带有生青味。

苦：入口有苦味，后味更苦。

熟味：茶汤入口不爽，带有蒸熟或焖熟味。

纯正：无杂味、异味，正常。

此外，还有高火味、老火味、陈味和劣异味来形容茶叶的异味。

任务四 茶叶形状

1. 茶叶形状的化学组成

茶叶形状与鲜叶有关，但主要是由制茶工艺所定。

与茶叶形状有关的主要内含成分有：纤维素、半纤维素、木质素、果胶物质、可溶性糖、水分及内含可溶性成分。

2. 影响茶叶形状的主要因素

（1）品种

品种不同，鲜叶的形状、叶质软硬、叶片厚薄及茸毛多少（遗传特性决定）有明显差异。质地好、内含成分多的鲜叶原料，有利于制茶技术的发挥，即有利于造型。所以茶叶形状与品种有很大的关系。

（2）栽培条件

适宜的生长环境，正常芽叶多、叶厚实而质软，持嫩性好，内含可溶性成分多，可塑性强，黏合力大，有利于做形，干茶重实、叶底柔软；相反，则可塑性差，黏合力小，做形困难且干茶轻飘。

（3）采摘质量与形状

①鲜叶老嫩度对形状的影响：

嫩度高的鲜叶纤维素含量低，叶质软，可塑性好，有利于做形；嫩度低的鲜叶纤维素、半纤维素、木质素含量都高，可塑性差，不利于做形。

②鲜叶匀、净、新鲜度对形状的影响：

鲜叶形状有大有小，则茶叶基础不一致；净度差，则代表会混入各种夹杂物（粗老叶、梗）；新鲜度差（红变、沤坏、机械损伤），则很难制出形状均匀一致、外形美观的茶叶。

③茶叶形状与鲜叶采摘标准：

按照成品茶叶形状的要求，采摘适制的鲜叶；名优茶，有采摘的具体要求。

（4）制茶工艺技术与形状

制茶工艺是影响茶叶形状的主要因素，不同形状的茶叶，须运用不同的工艺。

条形茶：揉捻成条；

珠形茶：揉捻、初干、炒制（造型）做大锅（颗粒变紧）；

扁形茶：传统手工制作，18 种手法；

颗粒状茶：CTC、转子机；

团块形茶：特殊的加工工艺（紧压茶）；

粉末形茶：末茶、速溶茶。

（5）贮藏与形状

贮藏时应注意的因素有：茶叶含水量与外界压力。

保存时应放在免受外力挤压的容器中，如低湿、防潮的茶箱或茶筒中。

3. 茶叶形状的类型

条形：烘青绿茶、工夫红茶、岩茶、长炒青绿茶；

卷曲形：碧螺春、铁观音（螺钉形）；

圆珠形：珠茶、茉莉香珠；

扁形：龙井、宝洪龙井；

针形：安化松针、南京雨花茶；

颗粒形：红碎茶；

粉末形：末茶、抹茶。

4. 茶叶形状的术语

（1）干茶形状术语

显毫：（茸毛显露），茸毛含量特别多；

锋苗：芽叶细嫩，紧卷而有尖锋；

身骨：茶身轻重；

重实：身骨重，茶在手中有沉重感；

轻飘：身骨轻，茶在手中分量很轻；

平伏：茶叶在盘中相互紧贴，无松起架空现象；

紧结：卷紧而结实；

紧直：卷紧而圆直；

紧实：松紧适中，身骨较重实；

肥壮：芽叶肥嫩身骨重实；

壮实：尚肥嫩，身骨较重实；

粗实：嫩度较差，形粗大而尚重实；

粗松：嫩度差，形状粗大而松散；

松条：卷紧度较差；

松扁：不紧而呈平扁状；

圆浑：条索圆而紧结；

圆直：条索圆浑而挺直；

挺直：光滑匀齐，不曲不弯，平直；

弯曲：不直，呈钩状或弓状；

匀整：上中下三段茶的粗细、长短、大小较一致，比例适当，无脱档现象；

脱档：上下段茶多，中段茶少，三段茶比例不当；

匀净：匀整、干净，不含梗朴及其他夹杂物；

短碎：面张条短，下段茶多，欠匀整；

下脚重：下段中最小的筛号茶过多；

爆点：干茶上的突起泡点；

破口：折、切断口痕迹显露。

（2）叶底形状类型

芽形：墨针、银针、君山银针；

花朵形：白牡丹、绿牡丹；

雀舌形：一芽一叶，毛峰、莫干黄芽；

整叶形：炒青、烘青毛茶；

半叶形：精制茶；

碎叶形、末形：红碎茶。

思考题：

1. 分别说明影响茶叶色泽、香气、形状、滋味、叶底的原因，并提出对应的措施。

2. 茶叶品质的形成，是由其内含成分决定的，请谈谈如何才能使这些物质的量和比例处于茶叶品质最佳的状态。

项目四　茶叶品质特征

任务目标

1. 熟悉各个茶类的品质特征。

2. 了解各个茶类品质特征表现的物质基础。

3. 能对未知茶样进行品质评定。

4. 能通过感官审评指出被评茶样存在的优缺点。

任务一　绿茶品质特征

1. 炒青绿茶

大众非手工的炒青绿茶，色泽墨绿或深绿起霜，具有显毫特点；内质汤色黄绿明亮，滋味鲜爽、浓厚回甘，叶底柔软，嫩绿。

长炒青：眉茶，7 个花色。

圆炒青：珠茶，4 个花色。

扁炒青：龙井、旗枪、大方。

特种炒青：造型丰富，色泽光润。

卷曲形：洞庭碧螺春，银绿。

针形：雨花茶、安化松针。

圆扁：竹叶青。

条形：信阳毛尖、凌云白毫。

2. 烘青绿茶（大宗）

外形条索较紧，完整，显锋毫；色泽黄绿油润；内质香气清高，汤色清澈明亮，滋味鲜醇，叶底匀整、嫩绿明亮。色泽：墨绿、翠绿、嫩绿；滋味：浓；香气：高。

普通（大宗）烘青：主要作为窨制花茶的茶坯，色泽为黄绿、绿黄。

特种（细嫩）烘青：采用细嫩，多单芽、一芽一叶初展至一芽一叶的茶叶作为原料。加工时受力作用不大，细胞破损率小外形，多成自然状，如黄山毛峰、太平猴魁、六安瓜片。

3. 烘炒结合绿茶

烘炒结合绿茶的品质特征表现为：外形比全烘干茶叶的紧结，比炒干的茶叶完整，香味有浓度也有鲜爽度。目前的名优绿茶多采用烘炒结合的干燥方式。代表性品种有慧明茶、高桥银峰。

4. 蒸青绿茶

蒸青是利用蒸汽热量来破坏鲜叶中酶的活性，使杀青完全、彻底，所以形成干茶色泽深绿（翠绿）、茶汤碧绿和叶底青绿的"三绿"品质特征，但香气带青气，涩味也较重，不及锅炒杀青鲜爽。

5. 晒青绿茶

种类：滇青、川青、黔青、桂青、鄂青；品质较优："滇青"，部分就地销售，部分再加工成压制茶后内销、边销或侨销；也有经渥堆发酵压制成普洱茶。

品质特征：干燥以晒干为主（或全部晒干），其香气较高、有日晒味、滋味浓厚且收敛性强，汤色黄绿明亮，叶底肥厚；外形条索粗壮，有白毫，色泽墨绿尚油润。

任务二 黄茶品质特征

按照芽叶嫩度不同和制造工艺（揉捻）的差异，黄茶分为黄芽茶、黄小茶和黄大茶。黄茶总的品质特点为黄汤黄叶。

黄芽茶主要有君山银针、蒙顶黄芽、莫干黄芽。

黄小茶主要有沩山毛尖。

黄大茶主要有霍山黄大茶、广东大叶青。

君山银针：由未展开的芽头制成，色泽金黄光亮，俗称"金镶玉"，满披茸毛，匀齐，香气清鲜，滋味甜爽。

蒙顶黄芽：一芽一叶初展，外形扁直、肥嫩多毫、色泽金黄、香气清纯、汤色黄亮、滋味甘醇。

莫干黄芽：一芽一叶初展，外形紧细匀齐略勾曲，茸毛显露、色泽黄绿、内质香气嫩香持久，汤色橙黄，滋味醇爽。

黄小茶的鲜叶标准：一芽二叶，具有色泽金黄、汤色杏黄、叶底嫩黄的特点。

沩山毛尖：外形叶边微卷成条，金毫显露，色泽嫩黄，香气浓郁的"松烟香"，汤色杏黄，滋味甜醇。

北港毛尖：湖北远安鹿苑茶。

黄大茶的鲜叶标准：一芽三四叶或四五叶。

安徽霍山黄大茶：闷黄时间长（5~7 天），趁热踩篓包装，是形成黄大茶品质特征的主要原因。

品质特点：外形叶大梗长，色泽褐黄，香气似锅巴香，汤色深黄，滋味醇和，叶底黄、粗硬。

广东大叶青：以侨销为主。

品质特征：条索粗壮，色泽黄褐或青褐带黄，内质香气纯正，汤色深黄，滋味浓醇，叶底欠匀，粗硬。

任务三　红茶品质特征

1. 概述

红茶，是世界茶饮料的主要花色品种，全世界有 40 多个国家生产红茶，具有代表性的花色品种有中国的祁门红茶、滇红、大吉岭红茶、斯里兰卡高地茶及肯尼亚红茶等。产品主销欧、美、澳及近中东国家。

类型：条形茶（工夫红茶、小种红茶）；颗粒状（红碎茶）。

2. 红茶品质的形成

（1）红茶品质形成的物质基础

鲜叶是成茶品质形成的基础。在正常工艺条件下，鲜叶质量的优劣决定了成茶品质的好坏，红茶也不例外。一般而言，叶色较浅、柔软、茶多酚含量高、氨基酸含量适中、酚氨比值大的大叶种鲜叶，较适制红茶。

（2）红茶加工工艺

①条形红茶。

小种红的主要加工工序为：鲜叶—萎凋—揉捻—发酵—初烘—复揉—熏焙。

工夫红茶：因精制过程破费工夫而得名。根据产地、品种不同，分为：祁红、滇红、川红、宜红、闽红等。

②红碎茶。

红碎茶初制萎凋叶经过充分揉切，细胞破损率高，有利于多酚的氧化和冲泡。根据加工机械的不同，红碎茶分为：

传统红碎茶：叶、碎、片、末；

转子红碎茶：叶温高，氧化剧烈，降低鲜强度；

CTC 红碎茶：碎、片、末，颗粒重实，色泽泛棕；

LTP 红碎茶：锤击式粉碎机，片、末，颗粒形碎茶极少，细胞破损率比 CTC 大，色泽棕红，鲜强度好，但略带涩味；

不萎凋红碎茶：鲜叶不经萎凋，直接切成细条后揉捻—发酵—烘干；扁片，香味带青涩，刺激性强。

3. 种类及品质特点

（1）红碎茶

品质要求汤味浓、强、鲜，发酵程度偏轻，多酚保留量为 55%～65%，制法不同（机械），品质不一。总的品质要求包括：外形匀整、体型较小，净度好，内质汤色红艳，滋味浓强鲜爽，香气高锐持久。

（2）红条茶

滋味要求醇厚带甜，发酵较充分，多酚保留不到 50%，包括工夫红茶和小种红茶。小种红茶（正山小种）是我国福建特产，具特殊的松烟香；色泽乌黑（油润），汤色深金黄色，滋味醇厚，似桂圆汤味，叶底古铜色。工夫红茶，外形条索紧结匀直，色泽乌褐、润，毫金黄，内质香气甜香馥郁，滋味甜醇，汤色红亮，叶底红明。

任务四　白茶品质特征

按品种分，可将白茶分为：大白、水仙白、小白。

大白：用政和大白茶树品种鲜叶制成。

特点：毫心肥壮，白色芽毫显露，叶脉微红，色泽翠绿，滋味鲜醇，毫香特显。

水仙白：用水仙茶树品种的鲜叶制成。

特点：毫心长而肥壮，有白毫，色泽灰绿带黄，毫香，滋味醇厚，叶底芽叶肥厚、黄绿明亮。

小白：用菜茶茶树品种的鲜叶制成。

特点：毫心较小，叶张细嫩柔软，有白毫，色灰绿，有毫香，滋味鲜醇，叶底嫩匀、灰绿明亮。

按芽叶嫩度，可将白茶分为：白毫银针、白牡丹、贡眉。

白毫银针：用大白茶的肥大芽头制成，产品有特级和一级；品质特点：芽头满披白毫，色白如银，形状如针；内质：汤色浅黄明亮，毫香显，滋味鲜醇，叶底嫩绿、柔软、明亮。

白牡丹：外形芽叶连枝，自然舒张，色泽灰绿，汤色橙黄、明亮，滋味鲜浓，香气清纯有毫香，叶底芽叶连枝呈朵，叶脉微红，叶色嫩绿，明亮。

贡眉：用大白茶的嫩叶，或菜茶的瘦小芽叶（一芽二三叶）制成。

特点：芽心较小，色泽灰绿稍黄，香气鲜纯，汤色黄亮，滋味清甜，叶底黄绿，叶脉带红。

再加工茶品质特征：

再加工茶：是以绿茶、红茶、白茶、黄茶、青茶、黑茶的毛茶或精茶为原料进行再加工以后的产品，其外形和内质与原产品有较大区别。

①花茶：茉莉花茶。窨制后香气：鲜灵、浓厚清高、纯正；滋味：涩味减轻，苦味略增，色泽：偏黄。

②紧压茶：普洱茶。

③袋泡茶、速溶茶、含茶饮料等。

任务五　黑茶品质特征

1. 概述

黑茶是六大茶类之一，产量占全国茶叶总产量的 1/4 左右，生产历史悠久，产区广阔，销售量大，品种花色也很多。黑茶多以边销为主，因而习惯上称黑茶为"边茶"，是我国藏族、蒙古族、维吾尔族等兄弟民族日常生活必不可少的饮料。

黑茶具有以下共性：

原料粗老：一般鲜叶较粗，多系新梢形成驻芽时采摘，外形粗大，叶老梗长。

渥堆变色：黑茶都有渥堆变色的过程，有的采用毛茶干坯渥堆变色，如湖北老青砖茶和茯砖茶等；有的采用湿坯渥堆变色，如广西六堡茶。

高温汽蒸：目的在于吸收一定的蒸汽湿热，促使茶坯变软，便于压造成型；同时，因受湿热作用，可促进内含物一定程度的转化，外形色泽黑褐油润，汤色橙黄或橙红，滋味醇和不涩，叶底黄褐的要求。

压造成型：黑茶成品都需要经过压造成型，砖茶在压模内冷却，使其形状紧实固定后，将其退出。如饼茶、沱茶等。

2. 成品黑茶的种类及特点

以湖南黑毛茶为原料压制的紧茶有：黑砖、花砖、茯砖、湘尖等。

特点：原料粗老，外形条索尚紧，圆直（圆浑而挺直），色泽尚黑润；内质香气纯正、汤色橙黄、滋味醇和、叶底黄褐。

以湖北老青茶为原料蒸压而成的青砖茶，色泽青褐，香气纯正，滋味尚浓，无青气，汤色红黄尚明，叶底暗黑粗老。

康砖茶和金尖茶是四川南路边销茶的两大花色品种。

康砖：色泽棕褐，香气纯正，滋味醇和，汤色红浓，叶底花杂较粗；品质较好。

金尖：色泽棕褐，香气平和，滋味醇和，汤色红亮，叶底暗褐粗老；品质较次。

方包茶：是四川西路边茶的一个主要花色品种，因将原料茶筑压在方形蔑包中而得名。方包茶的鲜叶原料比南路边茶更粗老，特点是：色泽黄褐，稍带烟焦气，滋味醇和，汤色红黄，叶底黄褐。

六堡茶：是广西特产，因产地而得名。分散茶和箩装紧压茶两种；特点：外形条索粗壮、完整尚紧，色泽黑褐光润，汤色红浓，香气陈醇，滋味甘醇爽口，叶底呈铜褐色，并带有松烟味和槟榔味。

任务六　青茶品质特征

1. 概述

青茶品质特征的形成与茶树品种、采摘标准和初制工艺密不可分。不同品种因香气成分组成及比例不同，表现出不同类型的香气。鲜叶采摘一般要求新梢长成驻芽时，采其二、三叶，俗称"开面采"，鲜叶成熟度较高；青茶属半发酵茶，经晒青（萎凋）、凉青、做青，使叶缘组织遭受摩擦，破坏叶缘细胞，有效控制多酚类的酶促氧化，氧化程度在酶性氧化中是最轻的，最后形成"绿叶红镶边"的特征。

2. 闽北青茶

种类：武夷岩茶（水仙、肉桂、乌龙等）。

命名：地名+茶树品种名。

品质特点：外形条索肥壮、紧结、匀整，内质香气馥郁隽永，具独特的"岩韵"，滋味醇厚回甘，汤色橙黄，叶底柔软匀亮，边缘朱红或起红点。

3. 闽南青茶

种类：铁观音、乌龙、色种等。

色种：不是单一品种，而是由除铁观音和乌龙外的其他品种青茶拼配而成。

品质特点：外形条索紧结卷曲，色泽油润，稍带砂绿，香气浓郁高长，汤色橙黄清亮，滋味醇厚回甘，叶底柔软红点显。

4. 广东青茶

种类：水仙、浪菜、单枞、乌龙、色种等。

命名：凤凰水仙、凤凰单枞。采用水仙群体中经过选育繁殖的单枞茶树制作的优质产品，属单枞级，较次为浪菜级、再次为水仙级。

品质特点（凤凰单枞）：外形条索肥壮紧结重实，色泽褐似鳝皮色，油润有光；内质香气清高，有天然的花香，汤色橙黄、清澈明亮，滋味浓而鲜爽、回甘，耐冲泡，叶底肥厚柔软，绿腹红边。

5. 台湾青茶

种类：主要有包种和乌龙。

包种：发酵程度较轻，香气清新具花香，汤色金黄，滋味清醇爽口。如文山包种、冻顶乌龙。

乌龙：发酵程度较重，香气浓郁带果香，滋味醇厚润滑。如台湾铁观音、白毫乌龙（香槟乌龙、东方美人）。

思考题：

1. 简述六大茶类品质的特征。

2. 名优茶的优势是什么？

项目五　茶叶标准

任务目标

1. 了解国际国内茶叶的标准系统。

2. 熟悉标准的制定依据。

3. 能初步进行茶叶标准的制定。

4. 能按标准进行生产管理。

任务一　概述

1. 茶叶标准的概念

茶叶标准：各产茶国和消费国根据各自的生产水平和消费需要，对进出口茶叶规定的检验项目和品质指标。

作用：对内作为茶叶生产的规范和准绳；对外作为双边或多边贸易的品质指标和执行品质检验的技术依据。

目前，我国实行 4 级标准体制：国家标准（GB）行业标准（NY、SY）；地方标准（DB）企业标准（Q）；强制性标准：必须执行，不符合强制性标准的产品，禁止生产、销售和进口；推荐性标准：国家鼓励自愿采用。

2. 茶叶标准的分类

（1）标准内容划分

基础性标准：如茶叶卫生标准（GB9679）；产品标准：如普洱茶（GB22111）；检验方法标准：如水分检验（GB8304）、总灰分检验（GB8306）。

（2）标准形式

文字标准：茶叶生产的特殊性，文字和实物的结合，保证更好的执行标准管理。

实物标准：20 世纪 80 年代前，多数茶叶没有文字标准，而是采用实物标准样来管理茶叶的收购、生产和贸易。

3. 我国茶叶标准的历史与现状

茶叶标准工作，是从茶叶检验标准开始，于 1950 年制定了《输出茶叶检验暂行标准》。

1988 年之前，我国还没有制定过茶叶产品标准，对茶叶的管制采用的是茶叶标准样。

1979 年，商业部对毛茶标准样进行改革和修订。

1983 年，商业部颁布了 7 套初制炒毛茶（屯绿、婺绿、杭绿等）标准。

1984 年，茶叶市场放开，计划经济进入市场经济，毛茶标准样制度受到冲击，作用淡化。

1988 年，由国家技术监督局批准，我国第一批茶叶产品质量标准出台（花砖茶、黑砖茶、茯砖茶）。

1989 年，康砖、沱茶、紧茶等国家标准公布。

目前，我国共制定茶叶及相关标准 154 项，涉及茶叶检验、产品、卫生、感官审评等方面。

任务二　茶叶标准

1. 国内茶叶标准

（1）产品标准

我国茶产品最多，标准也最多，六大茶类都有各自的国家标准。如白茶（GB22291）受地理标志保护的地理标志产品：武夷岩茶（GB18745）。

（2）安全卫生标准

1988 年颁布《茶叶卫生标准》（GB9679-1988）。2001 年农业部颁布《无公害茶叶食品标准》，规定了 13 种农药和 2 种有毒有害元素的限量要求，如有害微生物、农药残留、重金属等。

（3）理化检测标准

常规成分的检测（水分、粗纤维等）；单体成分的检测（茶氨酸、儿茶素）。

（4）感官审评条件、方法标准

《茶叶感官审评方法》（GB/T23776-2009）。

《茶叶感官审评实验室基本条件》（GB/T18797-2012）。

2. 国外茶叶标准

国外茶叶标准分国际茶叶标准和国家茶叶标准两种。

（1）国际茶叶标准

国际组织标准：国际标准化组织（ISO）、国际食品法典委员会（CAC）和联合国粮食及农业组织（FAO）。

ISO 涉及茶叶产品标准有：（ISO3720）。

CAC 涉及茶叶的标准有 5 项，先后制定了 16 种农药残留限量标准。

FAO 对茶叶种的农药残留限量标准有 10 项。

（2）国家茶叶标准

①茶叶出口国家标准：

印度、斯里兰卡、肯尼亚将 ISO3720 转化为本国的国家标准。

日本的国标，着重对农药残留进行限量，2003 年规定了 81 种农药的残留新标准。

②茶叶进口国家标准：

欧盟：欧盟茶叶委员会发布《茶叶农残—实施规则》（ETC18/3）。

美国：根据《茶叶进口法案》，FDA 抽样检验，不合格产品严禁进口。

埃及：采用本国的限量指标。

任务三　茶叶标准样

茶叶标准样包括毛茶标准样、加工标准样、贸易标准样三种，它们都是衡量茶叶品质优次、级别高低的标尺，但其基础、用途、特点各不相同。

毛茶标准样（收购标准样）：是初制茶在收购或验收时，对样审评其外形内质，以确定其等级和茶价的实物依据。

加工标准样：是毛茶据以对样加工成精茶使各个花色的成品茶达到规格化、标准化的实物依据。

贸易标准样：是茶叶对外贸易中作为成交计价和货物交接的实物依据。每个茶类按花色各分若干级，每个花色等级都有相应的茶号。

1. 毛茶标准样的制定

（1）制定依据或原则

茶叶标准样是本着有利于促进茶叶生产发展和品质提高的原则，参照历史上划分等级的情况和适应国内外市场销售的需要而确定的。

（2）发展阶段

第一阶段：50—70 年代初——中准制。

1953 年，我国统一建立毛茶收购标准样。

中准制：毛茶按形状、色泽、香气、叶底分为五级，每个级别设上、中、下 3 等，各级实物标准样都设在中等。当时：一至四级各分上、中、下 3 等，最低一级只分上下 2 等，五级 14 等。

1954 年，外销红、绿毛茶标准样改为五级 18 等，一、二级各设 5 等，三、四、五级照旧，部分省改为五级 19 等。

第二阶段：70 年代末期——由中准制改为最低界限制。

1979 年，商业部对毛茶标准样进行了全面改革和修订，由中准制改为最低界限制。

最低界限制是指一级一样，在双等上设一个实物标准样，为各级的最低界限。如红毛茶、炒青及烘青绿毛茶统一改为六级 12 等；晒青绿毛茶分五级 10 等；乌龙毛茶分四级 8 等

第三阶段：80 年代后期——由标准样向标准化发展。

为使毛茶实物标准样逐步向标准化发展，1983年商业部颁布了屯绿、婺绿等七套初制炒青毛茶的标准。此标准从品质规格、感官特征（八因子）、理化指标及评茶设备、取样和审评方法等方面做了说明和要求，使标准更趋向完善和具体。

2. 制样原料茶的选留

（1）定队选留

事先和生产单位商议，对生产单位进行茶叶采制技术辅导，从收茶开始，将该队茶叶逐等对样验收留用。

（2）从众多出售茶叶的单样中挑选

样茶换配一般一年一换，换制的小样、大样都必须由相关部门审批管理。

3. 标准样的审批管理

省标准：产量较少而有一定代表性的品种，由省主管部门管理（共112套）。

部标准：产量较大、涉及面广的主要茶类及品种，由商业部管理（共40套）。

3. 加工标准样的种类和制定

（1）种类

外销茶：绿茶、花茶、压制茶、乌龙茶、工夫红茶、红碎茶（由外贸主管部门负责审订核定）。

内销茶、边销茶：加工标准样由产方提出，经销方同意而制定。

（2）制定（1963年建立统一加工标准样）

外销绿茶加工标准样的制定，以眉茶为例。

眉茶：长炒青绿茶之一。茶条外形略弯以恰似老人的眉毛得名。其中主要产区为安徽、浙江、江西三省。分为特珍（特级、一级至二级）；珍眉（一级至五级及不列级）；雨茶、贡熙（特贡一级至三级及不列级）；秀眉（特级、一级至三级）和茶片，共计19个花色。

4. 加工标准样的制定方式：

（1）按地区品质特征单独制样

各省所产的眉茶，品质各有不同。其中生产数量较多，品质较好的有：浙江的杭绿、温绿和遂绿；安徽的屯绿、舒绿和芜绿；江西的婺绿和饶绿以及湘绿；贵州的黔绿；四川的川绿；广东的粤绿；云南的滇绿等。

（2）根据外销需要定制

结合外销需要将各产茶区（眉茶）按照产量和质量的不同，确定拼配比例制成一套标准样。这套标准样按品质优次分成若干等级，每个花色按级别编一个号码，茶号类似"唛头"，代替花色和级别。如9371代表特珍一级；9370代表特珍二级；9369代表一级珍眉；9368代表二级珍眉；9372代表一级珠茶；

这类加工标准样又是外贸成交样，简称贸易样，在产地对样加工后匀箱出口。而前一类传统产品运输到口岸后，一般经过拼配整理后出口。

5. 红茶加工标准样

工夫红茶加工标准样：大叶工夫和中小叶工夫分特级、一至六级，设有每级最低标准。红碎茶加工标准样（叶茶、碎茶、片茶、末茶四个类型），共四套样，大叶种两套样（第一、第二套样），中小叶种两套样（第三、第四套样）。

第一套样只适用于云南省以云南大叶种制成的红碎茶，共有 17 个花色，设 17 个标准样。第二套样适用于广东、广西、四川等省除云南外大叶种制成的红碎茶，共设 11 个标准样。

6. 贸易标准样

贸易标准样是茶叶对外贸易中作为成交计价和货物交换的实物依据。在对外贸易中每个茶类按花色各分若干级，编制有固定的号码为贸易标准样的茶号，也称"号码茶"。如 80304、80404、80504 分别代表三、四、五级祁门工夫红茶。

红茶贸易标准样分为工夫红茶和红碎茶两类，工夫红茶又分地名工夫，如 80304、80404、80504 分别代表三至五级祁门工夫红茶；中国工夫（混合工夫），分地区采用几种地名红茶按比例拼配而成，有华东、中南、西南三套标准样，每套四个级。华东地 2~5级的茶号：1010、1011、1012、1013；中南地区 2~5 级茶号：2010、2011、2012、2013；西南地区 2~5 级茶号：3010、3011、3012、3013。

红碎茶贸易标准样（国际通用花色名称）如下：

叶茶类：1 号——F. O. P；2 号——O. P；碎茶类；片茶类；末茶类。各省自营出口红碎茶的编号见表 4-1。

表 4-1 各省自营出口红碎茶编号

花色	叶	碎	片	末
代号	1	2	3	4
茶号	叶茶 1 号、2 号	碎一、二、三		
代号	1	2	1、2、3	
档别	高　中　低			
代号	1	2	3	

注：我国红碎茶编唛由汉字、数字组成。

铁观音：K100 代表特级；K101 代表一级；K102 代表二级；K103 代表三级。W902 代表银针白毫；4101 代表寿眉。

思考题：

1. 简述标准的种类及其应用范围。

2. 说说标准制定的程序有哪些？怎样操作？

项目六　茶叶感官审评

任务目标

1. 熟悉茶叶审评的项目及审评因子包含的内容。

2. 理解茶叶感官审评评语的含义及评分的依据。

3. 能熟练进行不同茶叶的定性审评和定量审评。

4. 能根据要求进行评语评茶、等级评茶、符合度评茶和排名评茶。

任务一　审评项目和审评因子

1. 审评项目

审评项目有外形、汤色、香气、滋味、叶底五项。

2. 审评因子

审评因子分为外形：形状、色泽、整碎、净度。内质：汤色、香气、滋味、叶底，共八个因子。

3. 外形审评

（1）嫩度

决定茶叶品质的基本条件。嫩度好，则可溶性物质含量高，饮用价值高，内质优良，外形美观；嫩度低，则有效成分少，内质差，外形也差。注意：审评茶叶嫩度时应因茶而异。

衡量嫩度有三个指标：

芽叶比：根据芽、嫩叶数量多少、比例高低来衡量数量；根据芽头壮、瘦来衡量质量。

锋苗：（条形茶）指芽叶紧卷成条的锐度，条索紧结、芽头完整锋利并显露，表明嫩度好，制工好。显毫性：芽头上的茸毛多而长。

光糙度：老叶则外形粗糙，揉紧后表面凸凹起皱；嫩叶则光滑平伏，果胶多，条索紧。

（2）条索

叶片卷转成条称为"条索"。条形茶评条索松紧、弯直、壮瘦、圆扁、轻重。

松紧（粗细）：条细，空隙度小，体积小，条紧为好。条粗，空隙度大，体积粗大，条松为差。

弯直：条索圆浑、紧直为好，弯曲、钩曲为差。

壮瘦：芽叶肥壮、叶肉厚。制成的条索紧结壮实、身骨重、品质好。芽叶瘦小、叶肉薄，品质较次。

圆扁："圆"，长度比宽度大若干倍的条形茶其横切面近圆形。长炒青绿茶的条索要圆浑，圆而带扁的为次。

轻重：指身骨（条索）的轻重。嫩度好、叶肉肥厚，条索紧结而沉重；相反，条索粗松而轻飘。

一般，在评条形茶时以条索紧结、重实、圆直、显锋苗为好。

扁形茶评规格和糙滑。

规格：各扁形茶都有各自的外形规格和特点。如：龙井、旗枪、大方、宝洪等。

糙滑：表面凸凹不平或平整光滑。

一般，以扁平、光滑、挺直、匀齐一致为好；如出现粗糙、短钝、带浑条为差。

圆珠形茶评颗粒的松紧、匀整、轻重、空实。

松紧：芽叶紧卷成颗粒，粒小紧实而完整的称"圆紧"，而颗粒粗大谓之"松"。

轻重：指身骨（条索）的轻重。嫩度好、叶肉肥厚，条索紧结而沉重；相反，条索粗松而轻飘。

空实：颗粒圆整而紧实称之实（重实）；圆粒粗大或朴块则称轻飘。

一般，以颗粒圆紧、光滑、重实、匀整一致为好。

（3）色泽

色度：茶叶的颜色及色的深浅程度。评颜色的类型和深浅。

光泽度：茶叶的亮暗程度。润枯、鲜暗、匀杂。

不同的茶类，色泽的要求不一，与嫩度、加工有紧密的联系。茶叶的颜色类型由加工工艺决定，茶类不同，颜色不一；同一茶类，嫩度不一致，颜色也不一；在原料、加工都较好的条件下，外形色泽调和一致，光泽明亮，油润鲜活；原料老嫩不一，做工差，色泽驳杂，外观枯暗欠亮。

（4）整碎度

整碎度是指外形的匀整程度。

毛茶：保持芽叶的自然形态，完整的为好，断碎为差。

精制茶：评比各孔茶（筛号茶）的拼配是否恰当，要求筛档匀称不脱档，面张茶平伏，下盘茶含量不超标，本茶本末。三段茶比例恰当，相互衔接。

（5）净度

净度是指茶叶中含夹杂物的程度。不含夹杂物的净度好，反之则净度差。

茶类夹杂物：茶籽、茶梗、茶朴、茶末、毛衣等。

非茶类夹杂物：指在茶叶采、制、存、运中混入的杂物，如：竹屑、杂草、泥沙、毛发等。

4. 内质审评

（1）汤色

汤色是内质审评的第一审评因子，它是指茶叶冲泡后溶解在热水中的溶液所呈现的色泽。审评汤色要求要快，以免氧化变色。一般从色度、亮度、清浊度三方面来评比。

色度，即茶汤颜色。

正常色：即一个地区的鲜叶在正常采制条件下制成的茶，冲泡后所呈现的汤色。如：绿茶绿汤，绿中呈黄；红茶红汤，红艳明亮等。

虽同属正常色，尚有优次之分：进一步区别其浓淡、深浅。色深而亮——浓：表明茶汤物质丰富；色浅而明——淡：表明汤淡物质不丰富。汤色的深浅不能一概而论，只能在同类同地区同等级间进行比较。

劣变色：非正常茶类的颜色。

陈变色：随贮存时间变长，陈化加深，汤色变暗。

亮度，即汤色的亮暗程度。

凡茶汤亮度好的品质亦好，即汤透底，且金圈亮而厚。

清浊度，即茶汤清澈或混浊程度。

清：汤色纯净透明，无混杂物，清澈见底，则品质好。

浊（混、浑）：汤不清，有沉淀物或悬浮物。

（2）香气

茶叶冲泡后随水蒸气挥发出来的气味。不同的茶类，香气不一。即便是同一茶类，也有地域性的特点。审评香气除了辨别香型外，主要评香气的纯异、高低和长短。

香型，即不同茶类具有各自的香气特点。

纯异：纯是指某茶应有的香气，主要有以下三种情况。

茶类香：指某茶类应有的香气。茶类香会由于产地和季节的不同，表现出一定的差异。比如：高山茶和低山茶；春茶和夏茶，虽有差异，但都属茶类香。

地域香：有些茶类具有明显的地域性，表现出独特的香气特点。比如：不同地域的红茶，所表现出的香气不一样。

附加香：富含提高茶叶香气的成分。如花茶，不仅具有茶叶香，还引入花香。

异是指茶香不纯，或沾染了外来气味。香气不纯如烟焦、酸馊、陈霉、日晒、水闷、青草气、铁腥气等气味。

高低，即代表香气的质量。

浓：香气高，入鼻充沛有活力，刺激性强。

鲜：新鲜，有醒神爽快感。

清：清爽、新鲜之感。

纯：香气一般，无粗杂味。

平：香气平淡，无粗杂味。

粗：老叶粗气。

长短，即香气的持久程度。

如热闻、温闻、冷闻都能嗅到香气，表明香气长，反之则短。香气以高而长、鲜爽馥郁的好，高而短次之，低而粗为差，凡有杂味、异味为低劣。

（3）滋味

纯正是品质正常的茶应有的滋味。

浓淡：浓则浸出物丰富，有黏厚的感觉；淡则相反，内含物少，淡薄无味。

强弱：强表示茶汤入口感到刺激性或收敛性强，吐出茶汤时间内味感增强；弱则相反，入口刺激性弱，吐出茶汤口中味平淡。

鲜爽：新鲜爽口。

醇：表示茶味尚浓，回味也爽，但刺激性欠强；和：表示茶味平淡正常。

不纯正指茶的滋味不正或变质有异味

苦：茶汤入口先微苦后回甘即为好茶；先微苦后不苦也不甜者次之；先微苦后也苦又次之；先苦后更苦者最差。

涩：似食生柿，有麻嘴、厚舌、紧舌之感。

粗：粗老茶汤在舌面感觉粗糙。

异：不正常滋味，如酸、馊、霉、焦等。

（4）叶底

叶底是指茶叶冲泡后剩下的茶渣。叶底可反映叶质老嫩、色泽、匀度及鲜叶加工合理与否。

嫩度主要指茶叶的软硬度和弹性，如手指按压叶底柔软，放开后不松起的嫩度好；质硬有弹性，放手后松起表示粗老。

此外，还可以从植物学特征判断：叶脉隆起、叶缘锯齿明显、叶肉薄、硬为粗老；相反则嫩。

色泽是指色度和亮度，含义与干茶色泽相同。

匀度：主要看叶底的老嫩、大小、厚薄，色泽和整碎情况。

叶底的舒展情况：以亮、嫩、厚、稍卷为好；以暗、老、薄、摊为次。

5. 审评因子的相关性

茶叶感观审评中的各审评因子不是孤立的而是相互联系的。

（1）外形与内质的相关性

一般来说：外形好的茶叶，在做工正常的情况下，其内质也好。

（2）香气与滋味的相关性

香气好的茶叶，滋味也好。

香气高、浓的茶，滋味浓纯；香气低的茶，滋味淡；香气异常的茶，滋味也异常。

（3）色泽与滋味的相关性

除特制情况外，色泽（干茶、汤色、叶底）反映一致，香气、滋味表现好。比如：

红茶：色泽红、匀，发酵正常，香气鲜甜、滋味浓醇；色泽花杂、有青张，发酵不足，香气带生青，滋味带涩。

绿茶：叶底红梗红叶，香气不清，滋味不爽。

（4）外形与叶底的相关性

外形与叶底也表现出一致性：外形条索的老嫩度、芽叶大小、匀整度、色泽明暗与叶底相一致。

任务二　毛茶审评

1. 毛茶审评的方法——对样评定

（1）毛茶定义

毛茶就是从茶树上采摘下来的新梢芽叶，经不同制法制成的初制茶。

（2）审评原则

对照国家制定的毛茶标准样，按外形、内质逐个因子进行评比，并结合嗅干茶香气，手测茶叶含水量进行审评。若抓一把茶，用力紧握很刺手，手捻即成粉，嫩梗轻折即断，干、香高（火足），则表明含水量在5%左右。

若抓一把茶，用力紧握感觉刺手，条能压碎尚脆，手捻成粉末，嫩梗轻折即断，香气充足，则表明含水量在7%左右。

若抓一把茶，用力紧握有些刺手，条能折断，手捻有片末，嫩梗稍用力可断，香气正常，则表明含水量在10%左右；若抓一把茶，用力紧握微感刺手，条无显著折断，手捻略有细片，间有碎茶，嫩梗用力可折断，但梗皮不脱离，则表明含水量在13%左右。若抓一把茶，用力紧握，茶条弯曲，张手时逐渐伸展，手捻略有碎片，嫩梗用力折不断，手感湿润，新茶出现陈气，则表明含水量在16%左右。含水量为6%~7%的茶叶品质比较稳定；若含水量大于10%易陈化，大于12%易霉变。

2. 各类毛茶审评的重点因子

（1）外形

绿毛茶：干评以嫩度和条索为主。嫩度标准：下段茶的嫩度要求同等级品质水平，本茶本末。以整碎、净度为辅。

红毛茶：以嫩度和条索并重，适当结合净度和整碎。

青毛茶：干评以条索、色泽为主，适当结合净度。

黄毛茶：干评以形状、嫩度并重，适当结合色泽、净度。

黑毛茶：干评以条索为主，兼评色泽、含梗、含杂。

白毛茶：干评以嫩度、色泽并重，适当结合形态、净度。

毛茶定级以嫩度为主，净度、整碎只是辅助因子。

（2）内质

一般毛茶其内质以叶底为主因子，从叶底上可反映出毛茶的嫩度和加工。其他内质因子要求正常即可。

3. 各类毛茶品质要求

形状：紧结、圆实、身骨重实者为好，凡松、轻飘、短秃、无锋苗者为次。

嫩度、色泽：凡芽毫显露、色泽调和一致、明亮、油润鲜活者为好；以芽毫不显，色泽花杂不匀、枯暗为差。

整碎：上段茶完整，中段茶均匀，无过多片末者为好。

净度：茶类和非茶类夹杂物不得超过标准样含量。

香气：茶香袭人，浓郁、持久为好。

汤色：符合各茶类的汤色要求。绿茶：绿、清亮为好。红茶：红、亮为好。

滋味：醇、爽、甘。

叶底分嫩度和色泽两个方面：

①嫩度：凡叶肉柔软、匀嫩、芽头较多而梗少者为好；叶质粗硬、梗多者为次。②色泽：明亮、均匀、鲜活为好；枯暗、驳杂为次。

4. 对样审评注意的问题

在对样审评时首先需注意标样是否完整，以免对外形审评有误；其次要观察标样（干茶、汤色、叶底）的色泽是否变暗；最后品其滋味，看标样的浓醇度和鲜味是否降低。不过，无论标样的形状、色泽和滋味是否发生变化，它的嫩度都不变，所以毛茶定级是以嫩度为主。

5. 真假茶的鉴别

（1）形态（植物学特征）

芽和嫩叶背面有灰色茸毛，叶齿疏浅，嫩茎呈扁形，叶片侧脉离叶缘 2/3 处向上弯，连接上一条侧脉。

（2）化学分析法

主要是对特征性内含成分的测定，如茶氨酸使用纸谱法，显色，有紫色斑点，说明是真茶；咖啡碱具有升华现象，经灼烧有结晶；用含量为 2% 假茶茶多酚对茶进行测试，若测量值小于 10%，则表明是假茶。

任务三　精茶审评

毛茶经过精制加工后的成品茶称为精茶，绿茶的精茶有眉茶、珠茶和蒸青茶，红茶有工夫红茶和红碎茶，均主要供应出口。

1．绿茶审评

（1）眉茶：外形、内质并重（八因子）

条索：以条索紧结圆直、完整重实、有锋苗的为好；以条索不圆浑、紧中带扁、短秃的次之；以条索松扁、弯曲、轻飘的为差。

色泽：以绿润起霜为好，色黄枯暗的差。

整碎：三段茶的老嫩；条索的松紧、粗细、长短；拼配比例应匀整或匀齐，忌下盘茶过多。

净度：梗、筋、片、朴的含量，净度差的条松色黄、老嫩不匀、叶底花杂、香味欠纯。

汤色：黄绿、清澈、明亮为好，深黄次之，橙红暗浊为差。

香气：清香或熟板栗香气味高长的好，烟焦味及其他异味的为劣。

滋味：浓醇鲜爽、回甘带甜为好；浓而不爽为次之；淡薄、粗涩为下，其他异杂味为劣。

叶底：嫩度以芽多叶柔、厚实、嫩匀的为好，反之则差。色泽以嫩绿匀亮的好，色泽花杂的差。

（2）珠茶

颗粒：颗粒紧结、滚圆如珠、匀正重实为好；颗粒粗大或呈朴块状、空松的差。

匀整：各段茶拼配匀称。

色泽：以墨绿光润者为好，乌暗者为差。

汤色：黄绿明亮为好，深黄发暗者为差。

香气、滋味：香高味醇为好，香低味淡为次，香味欠纯带烟气、闷气、熟味者为差。

叶底主要看嫩度和色泽。嫩度：有盘花芽叶或芽头、嫩张比重大的好，有大叶、老叶张、摊叶比重大的差。色泽：与眉茶基本相同，比眉茶色稍黄，属正常。

（3）蒸青绿茶

名茶有恩施玉露，外形如松针，紧细、挺直、匀正，色泽绿润，清香持久，味醇爽口。

普通蒸青绿茶分三绿和高档两种。三绿：干茶为深绿；汤色为浅绿；叶底为青绿。高档：条紧、挺直呈针状，匀称有锋苗。一般：紧结挺直带扁状，色泽鲜绿或墨绿有光泽。

（4）审评方法

色泽：翠绿调匀者好，黄暗、花杂者差。

条索：细长圆形、紧结重实、挺直、匀整，芽尖显露完整为好；条索折皱、弯曲、松扁次之；外形断碎，下盘茶多的差。

汤色：高级茶浅金黄色泛绿，清澈明亮；中级茶浅黄绿色；色暗深黄、暗浊、泛红的品质不好。

香气：鲜嫩带果香、花香、清香的为上品；有青草气、烟焦气的为差。

滋味：浓厚、新鲜、甘涩调和，口中有清鲜，清凉的余味为好；涩、粗、熟味为差。

叶底：青绿色，忌黄褐及红梗红叶。

2. 红茶审评

（1）工夫红茶

条索：紧结圆直，身骨重实。

嫩度：锋苗及金毫显露。

色泽：乌润调匀。

整碎：条索、锋苗完整，三段茶拼配比例恰当，平伏匀称。

净度：无梗筋、片朴末及非茶类夹杂物。

香气：高级茶香高而长；中级茶香高而短，持久性较差；低级茶香低而短，或带粗老气。以高锐有花香或果香，新鲜而持久的为好；香低带粗老气的差。

汤色：红浓，金圈显的为好；红亮或红明者次，浅暗或深暗混浊者最差。

滋味：醇厚、鲜甜为好，醇和次之；味淡薄带青涩为差。

叶底：嫩度和色泽　芽叶整齐匀净，柔软厚实，色泽红亮鲜活，忌花青、乌条。

（2）红碎茶

外形：匀整、洁净、色泽乌润带褐红色、栗红、棕红油润，规格分明，重实。

内质：香气、滋味为主，浓、强、鲜。汤色红艳明亮为好，灰浅暗浊为差。叶底匀度和亮度为主，以红亮色匀为好，嫩度相当即可。

3. 青茶审评

由于产地不同，加工方式不同，形成不同的品质特点，如外形：条形、颗粒状；香气：品种香、地域香。

（1）外形

条索有圆曲和弯曲两种。圆曲：铁观音、色种、佛手、冻顶乌龙等。弯曲：岩水仙、奇种，以紧结重实为好，粗松、轻飘为差。

色泽（颜色、枯润、鲜暗）：依品种不同有砂绿、青绿、乌褐、绿中带金黄等色泽。多以鲜活、油润为好，死红枯暗为差。

整碎：条索、锋苗完整。

净度：无梗筋、片朴末及非茶类夹杂物。

（2）内质

以香气、滋味为主，兼评汤色、叶底。

冲泡时使用体积为110毫升的钟形杯，取茶样5克，茶水比为1∶22。

茶样5克→110毫升审评杯→冲水、刮末、盖杯盖→计时1分钟→沿盖嗅香→评香气→2分钟过滤入审评碗→看汤色、尝滋味→第二次冲泡3分钟、三次5分钟→评叶底。

一般来说，高级茶评 4 次，中级茶评 3 次，低级茶评 2 次。

香气：第一泡的嗅香气高低、有无异气；第二泡的嗅香气类型；有无花香及鲜爽度；第三泡嗅香气的持久程度，以耐泡有余香者为好。

汤色（参考因子）：汤色会受火候的影响，火候轻的汤色浅，火候足的汤色深。一般高级茶火候轻汤色浅；低级茶火候足汤色深。汤色以清亮为好，忌浑浊。

滋味：讲究浓醇、鲜爽，滋味粗淡为差。

叶底主要用于鉴定品种和判断发酵程度。

鉴定品种：根据叶形态特征来判断。如水仙品种：叶张大，主脉基部宽扁，外形肥壮；铁观音：叶张肥厚呈椭圆形，外形呈螺钉状；佛手：叶张近圆形，外形圆结；毛蟹：叶张锯齿密，茸毛多，外形卷曲。

发酵程度：绿叶红边，点、面红亮为好。叶张完整、柔软、厚实、色泽青绿稍带黄，红点明亮的为好，叶底单薄、粗硬、色泽暗、红点暗红的差，暗绿色、死红张最差。

任务四　再加工茶审评

1. 花茶审评

花茶质量取决于窨次，窨制的次数越多，香气越浓。

（1）外形

条索比素坯略松，色稍黄属正常，嫩度不变，净度符合要求，无花干为好。

（2）内质（以香气为主）

香气分为鲜、浓、纯三方面。

鲜：香气的鲜灵程度，与窨制工序有关。（鲜花质量好、窨堆不宜过厚、通花起花及时）

浓：花茶的耐泡率。浓度好的花茶，香气持久耐泡。这也与窨花次数、窨花量有关，次数多，花量多，浓度好。

纯：香气纯正不带烟、焦、霉等异味。

滋味：香气鲜则滋味醇，香气浓则滋味厚，香气纯则滋味纯。

汤色：比素坯深，偏黄。

叶底：嫩度、匀度无变化，色泽偏黄。

（3）开汤方法

开汤时一般采用单杯审评：单杯一次冲泡法（常规法）取 3 克花茶，加 150 毫升水，冲泡 5 分钟。单杯两次冲泡法（正确性好、但有差别），第一次 3 分钟，评香气的鲜灵度、滋味鲜灵度；第二次 5 分钟，评香气的浓度、纯度和滋味浓、醇。

双杯审评：又分为双杯一次冲泡和双杯两次冲泡，此方法应用在茶叶品质差异小、有争议时，特别是在茶叶出口时应用最多。

2. 压制茶审评

毛茶经汽蒸压制成型的茶叶，称为压制茶。

（1）外形

分里面茶的，看匀整度、松紧度、洒面。

匀整度：形状是否端正，棱角是否分明，表面是否平整、边缘是否光滑，压模是否清晰。

松紧：松紧应适度。

洒面：分布均匀，包心不外露，无起层落面。

将个体分开，检查内部，如梗的嫩度，心茶、里茶有无腐烂、夹杂物等，嗅干香，有无异味、霉味、馊味等。

不分里面茶的，看篓装、压制成空、松紧度和色泽。

篓装：如六堡茶、湘尖，外形评梗叶老嫩、色泽、条索、净度。

压制成型：外形评匀整、松紧、嫩度、色泽、净度。

松紧度：黑砖、青砖、米砖、花砖越紧越好，茯砖、饼茶、沱茶不宜过紧，松紧适度。

色泽：黄褐至乌黑不一。

（2）内质

香气：正常，特种花色具有松烟或槟榔香。

滋味：醇和、平和，是否馊霉。

色泽：橙黄至红褐，不同的茶会各不相同。

叶底：含梗量，允许含有一定比例的嫩梗，但不能含有隔年老梗。

3. 速溶茶审评

速溶茶是一类速溶于水，无茶渣的茶叶饮料，可分为纯速溶茶和调味速溶茶两种。

（1）外形

形状可分为颗粒状、碎片状、粉末状三种。

按色泽可为分红茶和绿茶两种。

速溶红茶：红黄、红棕、红褐，鲜活有光泽。

速溶绿茶：黄绿色、绿黄色，鲜活有光泽。

（2）内质

速溶性：溶解后无浮面、无沉淀现象为速溶性好；凡颗粒悬浮或呈块状沉结杯底者为冷溶度差，只能做热饮。

速溶性指标：颗粒直径为 200~500 微米、容重为 0.06~0.17 克/毫升，疏松度为 0.13 克/毫升左右为最佳。

汤色：应清澈透亮。

香味：具有原茶风格，有鲜爽感，香味正常，无酸馊气、熟汤味及其他异味。调味速溶茶按添加剂不同而异，无论何种速溶茶均不能有其他化学合成的香精气味。

4. 袋泡茶审评

袋泡茶是在原有茶类的基础上，经过拼配、粉碎，用滤纸包装而成。袋泡茶的种类繁多，大致可分为普通型、名茶型、营养保健型。

（1）外形

主要评其包装材料、包装方法、图案设计、包装防潮性能、文字说明是否符合食品通用标准。

（2）内质

汤色：类型和明浊度。具有正常的颜色，明亮鲜活为好，陈暗少光泽的为次，混浊不清的为差。

香气：纯异、类型、高低与持久；其他保健型的袋泡茶，香气协调适宜，能正常被人接受为佳。

滋味：浓淡和爽涩调和为好。

内袋：是否完整无裂口，茶渣有无溢出，提线是否脱离包袋。

任务五　评茶术语

评语：用简短、明确的词汇来表达和描述茶叶的品质特征。评语具有褒义和贬义之分。

褒义评语是指出茶叶品质优点，如香高、细嫩、显毫等。

贬义评语是指出茶叶的缺点，如粗老、枯涩、异味、花杂等等。

有些评语只能用在某一茶类，如"鲜灵"只能用于评花茶；"烘炒香"只能用于评绿茶；有些评语可用在不同的茶类，如"浓厚""鲜爽""浓醇"等；有些评语可用在同一因子上，如醇和、醇厚、鲜醇是用于评价滋味的；有些评语可用在不同的因子上，如纯正既可用于评价香气，也可用于评价滋味。

1. 外形评语

（1）形状

形状是由加工方式和原料老嫩决定的以、紧、重、壮、嫩、（显毫、锋苗）为好。

（2）色泽

评审色泽时，应抓住主色，带上次要色，再结合光润、枯暗进行评价。

（3）整碎

条索、锋苗完整。

（4）净度

无梗筋、片朴及非茶类夹杂物。

2. 内质评语

（1）汤色

掌握茶类汤色特征，结合清澈、明暗、浑浊进行评价。

（2）香气

纯异、类型、高低、持久。

（3）滋味

正常与否、浓淡、强弱、鲜钝。

（4）叶底

嫩度、匀度、色泽。

3. 评语中常用的副词——区别程度、差异

（1）尚

衡量某项或某点不足，表示品质一般或基本接近标样，通常该副词用在褒义词前。比如：尚嫩、尚浓、尚鲜、尚紧。

（2）较

两茶相比，高于或低于标准可用在褒义词前，表示品质稍次；也可用在贬义词前，表示品质稍好。如浓、较浓，暗、较暗。

（3）稍、略

表示程度上有差异，但差别不突出。如稍有花香（褒义）；稍（略）淡（贬义）。

（4）欠

某点不足，但程度严重，与褒义词连用。如欠匀整、欠浓醇。

（5）带

某种程度轻微时使用。与稍、略连用，程度更轻，如带花香、带烟气、带枯涩。

（6）有

形容某些方面具体存在，如有茎梗、有朴片。

（7）显

某方面较突出，如显毫、显锋苗、显松。

（8）微

在差异程度很轻微时用，如微烟、微焦、微枯涩、微黄。

任务六　评茶计分

评茶计分：是指以评语和分数记录茶叶品质优次，包括评茶和计分两个部分。

1. 对样评茶

所谓对样评茶是对照某一特定的标准样来评定茶叶的品质。

（1）对样评茶的应用范围

产品交接验收、购销，定级计价的依据——级别判定。

符合标准样的，评以标准级；高于或低于标准样的，按质量差异幅度大小，评出相应的级价或档次。

质量控制和质量监管中，货样是否相符的依据——合格判定。

这种对样评茶应以符合标准样为佳，交货品质必须与对照样相符，高于或低于标准样的都属不符。将符合标准样的评为"合格"，不符合的评为"不合格"。交货品质不允许上下浮动。

（2）对样评茶的方法

对样评茶的方法有三种，分别是密码评茶（主观片面性）、双杯评茶（更准确）、三样评茶（保证货样相符）。

2. 对样评分

评茶计分的方法各国虽不同，但只要统一标准，按照本国该地区惯用的方法来评分，即可。

我国现行评茶计分方法有以下两种：

（1）百分法

等级评分法：100 分为最高分，各级标准样规定一个分数范围，级与级的分距相等。

七档制评分法：不能区分等级，合格判断。

（2）权分法——加权评分法

权分：是衡量某审评项目在整个品质中所居主次地位而确定的分数，这个分数即为权数。各类茶的品质要求不同，审评因子所确定的权数是不同的。

思考题：

1. 简述不同茶类的审评操作。

2. 如何才能正确使用评茶术语？

3. 如何进行茶叶感官的量化审评？

3. 等级审评、符合度审评、排名审评、毛茶审评、成品茶审评、筛号茶审评的区别是什么？

学习情境五　茶叶市场营销

项目一　树立现代市场营销观念

任务目标

1. 体会市场营销学是一门应用科学。
2. 识记市场营销的含义。
3. 树立现代市场营销观念。
4. 把握市场营销的丰富内涵。
5. 以现代市场营销观念指导经营活动。

任务一　了解市场营销学的性质和研究内容

市场营销学译自英文"marketing"一词，原意是指市场上的买卖交易活动，它作为一门学科，在我国被译为市场营销学、市场学和销售学等，是适应现代市场经济高度发展而产生和发展起来的一门关于企业经营管理决策的科学。

1. 市场营销学的产生和发展

（1）市场营销学的产生和发展

市场营销学是适应市场经济高度发展而发展起来的一门多学科交叉渗透、实用性很强的新学科。市场营销学的产生和发展大体可划分为四个阶段。

第一个阶段，从19世纪末到20世纪初，是市场营销学的初创阶段。第二个阶段，从20世纪20年代起到第二次世界大战爆发前，为市场营销学的发展阶段。第三个阶段，从第二次世界大战后至20世纪70年代，为市场营销学的传播阶段。第四个阶段，从20世纪70年代以后，是市场营销学的繁荣阶段。

（2）市场营销学在中国的发展

引进阶段（1978—1982年）。主要通过翻译、考察及邀请专家的形式，系统介绍和引进了国外的市场营销理论。

传播阶段（1983—1985年）。1984年1月，全国高等综合性大学、财贸院校的"市场学教学研究会"成立，大大促进了营销理论在全国范围内的传播，营销学开始得到高校教学的重视，有关营销学的著作、教材和论文在数量和质量上都有很大的提高。

应用阶段（1985—1992年）。中国经济体制改革步伐的加快，市场环境的改善为企业应用现代营销原理指导自身经营创造了条件，但在应用过程中出现了较大的不均衡：不同地区、行业及机制中的企业在应用营销原理的自觉性和水平上表现出较大的差距，同时应用本身也存在一定的片面性。

扩展阶段（1992以后）。在此期间，无论是市场营销的研究队伍，还是市场营销教学、研究和应用的内容，都有了极大的发展。研究重点也从过去的单纯教学与研究，改变为结合企业营销实践的研究，且取得了一定的成果。

2. 市场营销学的性质

（1）市场营销学是一门科学吗

市场营销学是否是一门科学？对此，国内外学术界持有不同的见解。概括起来，大致分为三种观点：

第一种观点认为市场营销学不是一门科学，而是一门艺术。他们认为，工商管理（包括市场营销学在内）不是科学而是一种教会人们如何做营销决策的艺术。

第二种观点认为市场营销学既是一种科学，又是一种行为和一种艺术。这种观点认为，市场营销学不完全是科学，也不完全是艺术，有时偏向科学，有时偏向艺术。

第三种观点认为市场营销学是一门科学。

（2）市场营销学是一门应用科学吗

市场营销学是一门经济科学还是一门应用科学，学术界对此存在两种观点：

一种是少数学者认为市场营销学是一门经济科学，是研究商品流通、供求关系及价值规律的科学。另一种观点认为市场营销学是一门应用科学。美国著名市场营销学家菲利浦·科特勒指出："市场营销学是一门建立在经济科学、行为科学、现代管理理论之上的应用科学。"

3. 市场营销学的研究内容

（1）市场营销学的研究内容

市场营销学是以消费者为中心展开对整个市场营销活动的研究，主要包括四个方面的内容，即产品（product）、定价（price）、渠道（place）、促销（promotion），简称"4P"。

（2）市场概念与构成要素

传统的市场概念：市场是商品交换的场所。经济学的市场概念：市场是商品交换关系的总和。营销学的市场概念：市场是指某项产品或劳务现实或潜在购买者的集合。

（3）市场的类型

根据不同的划分标准进行划分，市场可以划分为不同的种类。

根据市场范围分。可分为区域市场、国内市场、国际市场。根据市场客体分。可分为消费者市场、生产者市场、中间商市场、政府市场。根据市场状况分。可分为买方市场、卖方市场。根据竞争程度分。可分为完全竞争市场、完全垄断市场、寡头垄断市场、竞争垄断市场。

4. 市场营销的基本含义

市场营销是个人或群体通过创造、提供并同他人交换有价值的产品，以满足各自的需要和欲望的一种社会活动和管理过程。

现代营销学之父菲利普·科特勒说过：营销并不是以精明的方式兜售自己的产品，而是一门创造真正的客户价值的艺术。

5. 市场营销的任务

第一，生产者与消费者在空间上的分离。这就需要某些市场营销机构，把产品从产地运往全国各地乃至世界各地，以便适时适地地将产品销售给广大用户。第二，生产者与消费者在时间上的分离。这就需要市场营销机构向工厂或农民收购产品，并对产品进行加工和储存，以保证广大消费者和工业用户的常年需要。第三，生产者与消费者在信息上的分离。这种生产与消费信息的分离，需要营销者进行市场营销调研，通过广告媒体传递市场信息。第四，生产者与消费者在产品估价上的差异或矛盾。因此，需要营销者通过提高产品质量，降低成本，广告及合理定价等市场营销活动，千方百计与顾客达成交易以解决这一矛盾。第五，生产者与消费者在商品所有权上的分离。因此，需要营销机构组织商品交换活动，在帮助生产者把产品转移到消费者手中的同时，实现产品所有权的转移。第六，生产者与消费者在产品供需数量上的差异或矛盾。这就需要批发企业向许多生产企业大批量采购，以较小批量转卖给众多零售企业，再由它们零售给广大消费者，以解决产品供需数量的矛盾。第七，生产者与消费者在产品花色品种的供需上的差异或矛盾。这就需要营销者按照其顾客的需要，向许多生产企业采购各种花色品种、规格、型号的产品，然后转卖给广大消费者，以满足消费者多种多样的需要。

任务二　把握市场营销观念的发展

1. 经营理念

所谓经营理念，就是管理者追求企业绩效的根据，是顾客、竞争者以及职工价值观与正确经营行为的确认，然后在此基础上形成企业基本设想与科技优势、发展方向、共同信念和企业追求的经营目标。

市场营销观念，也称营销导向、营销理念、营销管理哲学等，是企业制定营销战略、实施营销策略、组织开展营销活动所遵循的一系列指导思想的总称。企业的市场营销活动是在特定的经营观念（或称营销管理哲学）指导下进行的。一种经营观念一旦形成，就会成为全社会在一定时期经营活动的行为准则。随着市场的发展，现已有现代市场营销观念产生，它与传统市场营销观念的比较如表 5-1 所示。

表 5-1　两种市场营销观念比较

营销观念		营销程序	重点	手段	营销目标
传统市场营销观念	生产观念	产品→市场	产品	提高生产效率	通过扩大产量降低成本取得利润
	产品观念	产品→市场	产品	生产优质产品	通过提高质量扩大销量取得利润
	推销观念	产品→市场	产品	促进销售策略	加强销售促进活动，扩大销量取得利润
现代市场营销观念	市场营销观念	市场→产品→市场	消费者需求	整体市场营销活动	通过满足消费者需求和欲望，取得利润
	社会市场营销观念	市场→产品→市场	消费者需求、社会长期利益	协调性市场营销活动	通过满足消费者的欲望和需求，增进社会长期利益，企业取得利益

2. 传统市场营销观念

（1）生产观念

生产观念是指导企业市场经营行为的最古老的观念之一。这种营销观念产生于 20 世纪 20 年代前，其考虑问题的出发点是企业的生产能力与技术优势；其观念前提是"物以稀为贵，只要能生产出来，就不愁卖不出去"；其指导思想是"我能生产什么，就销售什么，我销售什么，顾客就购买什么"；企业主要任务是"提高生产效率，降低产品成本，以量取胜"。

（2）产品观念

产品观念也是一种较古老的企业市场营销观念。其出发点仍是企业生产能力与技术优势；其观念的前提是"物因优为贵，只要产品质量好，就不愁卖不出去"；其指导思想仍沿袭生产观念的指导思想；企业的主要任务是"提高产品质量，以质取胜"。

（3）推销观念

这一经营观念产生于 20 世纪 20 年代末至 50 年代前。当时，社会生产力有了巨大发展，市场趋势由卖方市场向买方市场过渡，尤其在 1929—1933 年的特大经济危机期间，大量产品销售不出去，迫使企业重视广告术与推销术的应用研究。这种观念认为，消费者通常表现出一种购买惰性或抗衡心理，企业必须进行大量推销和促销努力。但其实质仍然是以生产为中心的。

3. 现代市场营销观念

（1）市场营销观念

市场营销观念认为，实现企业目标、获取最大利润的关键在于，以市场需求为中心组织企业营销活动,有效地满足消费者的需求和欲望。即要求企业一切计划与策略应以消费者为中心,正确确定目标市场的需要与欲望,比竞争者更有效地满足目标市场的要求。

(2)社会市场营销观念

所谓社会市场营销观念,就是不仅要满足消费者的需要和欲望并由此获得企业利益,而且要符合消费者自身和整个社会的长远利益,要正确处理消费者欲望、企业利润和社会整体利益之间的矛盾,统筹兼顾,求得三者之间的平衡与协调。

思考题:

1. 总结市场和市场营销的真正含义。
2. 比较现代市场营销观念与传统观念的区别。

项目二　茶叶市场营销

任务目标

1. 了解茶叶市场营销的发展。
2. 掌握茶叶营销的特点。
3. 把握茶叶市场营销的丰富内涵。
4. 熟知茶叶营销各种方式及其特点。

任务　茶叶市场营销相关内容

1. 茶叶营销概述

随着茶叶消费的国际化,茶叶市场营销的理论以及实践方式也得到不断地丰富和发展。在今天,如何围绕消费者的需求与选择,关注消费趋势的变化,采取有效的营销手段,以吸引消费者的目光,获得消费者的青睐,成为茶叶企业营销管理的基本内容。

(1)营销的各个阶段

第一,形成阶段(19世纪末至20世纪初);第二,应用阶段(20世纪30年代至第二次世界大战结束);第三,成熟阶段(20世纪50年代至今);第四,传播阶段(20世纪50—60年代开始)

(2)茶叶营销内涵

茶叶营销是指茶叶企业为满足消费者或用户的需求而提供相关茶叶商品或劳务的整体营销活动。茶叶营销包括国际市场营销和国内市场营销两个部分。

茶叶国际市场营销是指茶叶企业跨越国界的营销活动,具体来说就是引导茶叶相关企业的商品和劳务提供给一个以上国家消费者或用户以满足其需求,实现茶叶及相关企业盈利目标的整体营销活动行为。茶叶国际营销和国内营销既有共性又有区别。

茶叶国际营销与国内营销共性主要包括：第一，国际营销和国内营销的理论基础和营销的基本方式以及最终目的是基本相同的；第二，理论基础都是以市场营销的 4P、4C、4S 等基础理论为指导，以价格策略、产品策略、渠道策略等基本方式为基础，进行茶叶商品开发和销售来参与国内外市场竞争。

茶叶国际营销与国内营销的区别主要指茶叶国际营销和茶叶国内营销各自所面临的营销环境以及做出的相应的、具体的战略对策是有所差别。茶叶国际营销所面临的环境在经济、政治、文化等方面比国内更为复杂。因此，所做出的营销策略针对性强、独特性佳以及适用范围的专业性高。

（3）中国茶叶营销发展历程

我国茶叶的发展可分为计划阶段、经营阶段、促销阶段和营销阶段。

2. 茶叶营销特点

（1）营销观念不断更新

在市场经济中，营销观念随着市场的变化而变化。"最好的伯乐是市场。"因此，在茶叶市场不断开拓过程中，茶叶销售人员不断采纳实用的、先进的营销观念，如关系营销、文化营销、创造消费需求等新的营销理念等。

其一，关系营销作为一种全新小营销战略，其着眼点是提高客户保留率，增强客户的忠诚度；拥有较好的客户关系，茶叶企业才易与客户进行双向沟通，及时把握客户的需求经脉，进而适时开发顺应市场需求的茶叶产品。

其二，从事国际化经营的茶叶企业，需要弘扬中华茶文化以及充分调查利用东道国的文化，帮助茶叶企业的经营者和决策者，从而对自己锁定的目标市场有全面的认识，达到投其所好、避其所恶的满意效果。制定出适宜的茶叶国际营销策略与手段，为成功开辟茶叶国际市场营销奠定坚实的基础。

其三，营销观念从"满足需求"向"创造需求"，从以"以产品为中心"转向以"消费者为中心"这也正是以人为本的思想在市场营销领域中的体现。

（2）营销范围不断扩大

茶叶营销范围的不断扩大体现在以下几个方面：

其一，在地域范围上，茶叶营销范围不断扩大，茶叶在中国国内市场上，其扩展趋势为不断从南到北拓展。如江、浙一带的茶叶受到北方人的宠爱；福建、广东等地的乌龙茶、白茶、普洱茶接连不断地在全国各地引起关注，且持续升温。在国际市场上，绿茶除了供应老客户关系的摩洛哥、苏丹、巴基斯坦等国家外，还在进军美国、加拿大、日本、俄罗斯等国。尤其对于特种茶乌龙茶，在不断提高产品质量，增强乌龙茶宣传、推广。

其二，在产品覆盖范围上，应用比较广泛。在茶叶市场上，既存在着传统冲泡的纯茶型饮料茶，又提供了调味型的果味型饮料、混合型饮料等；不但有符合崇尚自然、保健消费时尚的茶叶饮料产业，而且有琳琅满目的茶食品产业。因此，茶叶市场上不仅存在饮料行业、食品行业的市场争锋，而且存在着工业行业的同台竞技，如生产茶叶功能性成分产品的提取茶多酚、茶氨酸、茶叶的香气物质等方面的竞争角逐。

其三，在消费范围方面，涉及面较宽。由于茶叶产品在地域上不断延伸，产品类型也琳琅满目，所对应的不同年龄阶层的消费者也受益颇多。如对青少年，有不同类型的营养茶饮料和茶保健品；对中老年人，有营养丰富、加工独特的茶叶食品，让人大饱口福。此外，还有适合各个年龄阶段人的相关茶叶保健用品，让人目不暇接。

（3）营销方式不断创新

营销范围全球化、营销渠道的网络化、市场竞争的国际化、营销人员素质的知识化等。市场营销方式出现了由大众营销向差异化营销、由单向市场营销向互动市场营销、由单一促销方式向整合营销的发展趋势。

其一，茶叶企业进行国际营销特别注重国际营销的整合，实现营销系统内外部的协调。营销内部的整合包括以统一的目标和统一的形象传递产品信息，实现与消费者的双向沟通，迅速树立产品品牌在消费者心目中的地位，建立产品品牌与消费者长期密切的关系。

其二，企业国际营销的外部整合是让企业摒弃传统的"商场如战场"的营销观念，与同行业进行合作，开展互补营销，进行资源共享，构成优势互补的战略联盟。这是全球化的大趋势，也是企业进行国际营销的进一步升华。

3. 茶叶营销手段

茶叶营销的基本手段有广告营销、宣传营销、包装营销、人员推销、形象营销、电话推销、成本领先、概念营销、价格营销、E营销、书目营销、情感营销、定制营销等基本的手段。

（1）广告营销

茶叶广告的形式很多，历史上的广告，如招牌广告、对联广告、印刷广告、商标品牌广告、包装装潢广告等；现代流行且占主导地位的广告，如电视广告、电台广告、报纸、杂志刊物广告、邮寄广告、刊物广告、邮寄广告、户外广告以及其他广告。

广告营销的特点：传播速度快，覆盖面广，表现手段可以丰富多彩。

广告的目的：说服消费者，使消费者产生购买欲望。

（2）宣传营销

宣传营销是以付费或非付费新闻报道、消费等形式出现的，一般通过电台广播、电视、报刊文章、口碑、标志牌或其他媒介，为人们提供有关茶叶产品以及服务的信息，这种方式容易得到人们的信任，它是基于一定的社会现象或社会事实基础之上的。

宣传营销的特点：扩大茶叶产品在社会上的正面影响，提高茶叶行业的声誉。

宣传营销的目的：通过开展茶文化活动，形成茶文化气氛，做好茶叶销售和宣传，但要注意宣传的同时应注意茶叶商品的时间性、地区性、针对性、艺术性、真实性等特点。

（3）书目营销

书目是一个出版社的门面，可以让人知道哪个出版社有哪类图书、哪个专业的图书。它是工作者投入了大量的计划制作出来的，具有一定的指导方向。

书目营销的目的：通过书目的形式，向广大消费者宣传不同茶类的制作工艺、专业文化等，避免盲目消费.

书目营销的特点：吸引人，具有引导消费者进行相关消费的功能。例：图书馆的书籍。

（4）概念营销

所谓的概念营销是指企业在市场调研和预测的基础上，将产品或服务的特点加以提炼，创造出某一具有核心价值理念的概念，通过这一概念向目标顾客传播产品或服务的所包含的功能取向、价值理念、文化内涵、时尚观念、科技知识等，从而激发目标顾客的心理共鸣，最终促使其购买的一种营销新理念。

概念营销是未来的先驱产品，同时也是创造品牌的契机。如：可以借概念产品之势，绿色食品、有机茶的概念，做好茶叶产品的营销。食品不等同于其他日用品，直接关系到人类的饮食健康与安全。因此，茶叶产品可打绿色食品、有机食品的无形品牌，拓展茶叶市场。

（5）情感营销

当今茶叶市场营销的手段五花八门，在众多营销方式中，情感销售最能契合消费者心理的情感，可谓独树一帜，具有其他消费手段不可比拟的优势。一是通过人们之间的友好交流，表达人与人之间的相互关爱；二是通过认真、及时的完成顾客的需要，可透露出人性的光辉，令人感动不已。三是通过更人性化的服务满足顾客多反面的需求。

如：海尔集团在为顾客送货时，由于道路泥泞，送货车无法到达，而业务员背着洗衣机步行几十千米，把货送到客户家中，令客户感动不已，因此海尔在客户心目中的形象油然而生。这不是口头上的"顾客至上"。

因此，茶叶企业家需要这种情感投入，中国的茶叶市场营销需要这种制胜武器。

（6）定制营销

定制营销是指企业在大规模生产的基础上，将每一位顾客视为一个单独的细分市场，根据个人的特定需求来进行市场营销组合，以最大限度地满足每位顾客的特定需求的一种营销方式。

随着消费需求的多样化，个性化发展，定制营销成为 21 世纪市场营销策略中最重要的手段，必须让茶叶产品能够满足顾客的需要，这一切基本的营销手段才有意义。

如：制作适合老人、老茶客喝的传统茶；加工适合年轻一族的方便快捷的新型饮料茶；开发适合女士的美容茶等。

思考题：比较各种营销手段的差别。

项目三　国际市场茶叶营销

任务目标

1. 了解国际市场茶叶营销特性。

2. 学会分析包装在茶叶国际市场营销中的作用。

3. 把握茶叶技术壁垒的内涵。

任务　国际市场茶叶营销探析

茶叶国际营销所面临的环境，如经济、政治、文化等方面比国内更为复杂。因此，在对茶叶市场营销举措列举分析后，我们期望能够针对国际市场的复杂特性展开具体分析，探讨更具有针对性的茶叶国际市场营销决策。

1. 经济特性与茶叶国际营销

国际市场营销方式、方法及策略与经济环境有着重要的关系。结合一般的产品、价格、渠道、促销市场营销组合特点，分析国际经济环境，有利于确定国际茶叶市场的潜力和优先营销的对象。

（1）人口决定营销茶叶产品的规模

通过研究国际市场的人口现状及发展趋势，确定市场营销组合策略中市场投放的茶叶产品种类及产品数量。其一，人口愈多，茶叶市场愈大。其二，人口的增长率也是影响茶叶市场的重要因素。其三，人口的年龄组成，也是细分目标市场的重要依据。

（2）收入影响营销茶叶产品的档次

一个地域的经济收入水平的高低，与其消费结构有着莫大的关系。收入水平是划分茶消费群体和层次的重要标准，一般来说，低收入的人泡茶的习惯是用少量的茶叶泡很多茶水；而中等收入者会选择质量更高的茶叶，消费量高也较高，这个群体值得特别重视。

决定茶叶市场增幅的因素，一方面生产国要努力提供价格和品质相当的产品，并通过协商和当地其他产业之间的关系保证茶产业的可持续发展；另一方面，消费国通过利用出口商之间的竞争来降低进口茶叶价格。

（3）自然条件影响营销茶叶产品的渠道

茶叶进入国际市场，必须重视确定进入饥饿市场的方式和渠道。首先锁定目标市场，然后分析其自然条件的优劣以及产品的供给情况；这在很大程度上决定着产品的销售渠道的变换。

其一，若目标市场自然资源匮乏，但需求量不小，则企业的最佳选择为向其出口茶叶产品。如欧美发达国家，由于地理气候的原因，不具备茶叶生产的土壤和气候条件，则直接向其出口茶叶产品。

其二，若目标市场自然资源丰富，且茶叶产品需求量大；具有生产茶叶的自然条件，则可就地建设本土企业，进行即产即销的方式或者进行茶叶产品转口贸易。

其三，由于自然条件的原因，消费结构有规律的变化，呈现季节性。

（4）消费习性决定营销茶叶产品的手段

其一，转变营销理念，树立诱导消费的观念。

其二，宣扬营销理念，注重宣传消费的理念。

其三，扩大营销范围，拓宽营销渠道。

2. 茶叶包装与茶叶国际营销

（1）包装在茶叶国际市场营销中的作用

其一，广告效用。茶叶包装的广告作用主要体现在宣传与展示产品方面。通过直观的包装展现，是实实在在的产品推介，主要体现在两方面：

①通过包装方面的地域文化、历史文化、消费观念的交融创造出来的包装产品。②通过品牌的塑造，身份的认证展示自己实实在在的产品。让在众多琳琅满目的产品中脱颖而出。实现名声和实际产品的和消费者的零距离接触。

其二，产品品质保护效用。茶叶产品包装不仅像广告一样，可以起到造势的作用，而且还增加了切切实实的作用。

①体现在保护基本茶叶产品上。在储藏过程中，防透气、防潮、防霉、防异味、防光照等，促进茶叶商品销售，便于市场营销。②通过包装设计的多样性适合不断改变生活方式。包装若按大小来分，则可分为小包装、中包装和大包装。

其三，市场传播效用。茶叶产品包装的广告性、实用性为茶叶产品的传播奠定了坚实基础。一方面，促进茶叶产品顺利的传播运输。另一方面，满足人类对精神文化的需求。包装设计作为文化媒介，承载了一个国家的民族文化、中华茶文化精神，如社会意识形态、审美倾向、民俗风尚等。

其四，文化特色彰显效用。

①表现文化性。②形成文化性。

（2）国际市场营销的茶叶包装策略

第一，地域特色。主要是产品名字的突显和产品的质量上乘。

第二，环保特性。包装材料的选用和包装内容上的讲究，有机茶的上市，无公害茶的普遍发展，是人们回归自然和谐式发展的模范。

第三，文化特点。茶叶包装的文化性主要突出表现在两个方面：结合消费的时尚性和传承历史文化。

第四，针对性强。主要表现在：及时了解当地市场需求和进行订单交易。

3. 技术壁垒与茶叶国际营销

（1）茶叶技术壁垒的内涵

茶叶技术壁垒是指国家的政府或非政府机构，以维护国家安全，保护自然界及其生命的健康和安全为理由，制定、发布和实施种种较为苛刻的且难以达到的强制性和非强制性的技术限制措施和规定，包括技术法规、标准和合格评定程序以及产品检验检疫措施、茶叶产品包装及标志和环境要求等。在茶叶产品方面，农残是最高的技术性壁垒。

（2）茶叶技术壁垒的正面影响是：促进我国茶叶产品质量的提高；促进我国茶叶行业标准体系的健全。

（3）技术壁垒的负面影响是：增加茶叶茶品成本；降低茶叶产品的竞争力

思考题：阐述中华历史文化对产品包装的影响。

项目四　茶叶品牌经营探讨

任务目标

1. 了解茶叶品牌。

2. 分析、认识我国的茶叶品牌存在的不足。

3. 掌握茶叶品牌定位、营销与管理。

我国有成千上万种茶叶品牌，但大多都无人知晓，更不用说品牌的美誉度了。通过本任务我们可以看出茶叶市场中存在的问题，诸如市场不规范、结构不合理、制度不完善、技术落后等，但这些问题都是表面现象，更深层次的问题是，中国茶叶知名品牌的缺失。因此，茶叶品牌建设刻不容缓。

任务一　对茶叶品牌的探讨

1. 茶叶品牌内涵

（1）品牌界定

第一，从表征上看，品牌是用来识别一个企业的商品或服务，并与其他厂商区别开来的一个名称、术语、标记、符号、图案或是这些因素的组合。第二，从其本质来看，品牌是由厂商通过各种营销手段，在每一次与消费者接触中，刻意塑造的品牌形象、品牌个性、品牌联想以及品牌的承诺。一般情况下，品牌必须具备三个层次结构，即基础层、功能层和扩展层。

（2）茶叶品牌

茶叶是一种商品，因此茶叶品牌也属于品牌理论的范畴，茶叶品牌也必须具备品牌三个层次结构，即茶叶必须具有满足消费者消费的需求，能为消费者提供消费者所要满足的期望和需要，且能带给消费者以精神层面的享受。

茶叶品牌要有以上这些功能，必须满足以下条件：

第一，茶叶质量是茶叶品牌的立足之本。茶叶质量关系到茶叶品牌的美誉度和信任度。茶叶质量包括茶叶本身还包括茶叶外延的服务。

第二，准确的品牌定位是茶叶品牌的灵魂。品牌的定位就是建立一个与目标市场有关的品牌的灵魂。茶叶品牌定位的一般过程：分析茶叶自身产品个性，选择目标市场，品牌定位。

第三，茶叶品牌的形象设计。茶叶品牌设计是品牌经营者为在人们心中树立关于品牌各要素的图像及概念集合体，而采取各种营销手段的过程。

第四，有策略的茶叶品牌推广。茶叶品牌的推广，简言之就是茶叶品牌的宣传，品牌经营者通过广告、公共等手段把产品的定位以及名称、图案等 LOGO 传递给消费者，并起到加深品牌印象的效果。

第五，茶叶品牌的持续管理。所谓品牌管理，是对品牌全过程进行有机的管理，以使品牌运营在整个企业运行过程中起到良好驱动作用，不断提高企业的核心价值和品牌资产，为企业造就百年金字招牌打下基础。

2. 中国茶叶品牌状况

我国有近万个茶叶品牌，却没有像"立顿"这样的世界品牌，国内只有名茶，而无名牌茶，"立顿"抢占了中国茶叶的大部分市场，在消费者满意度、市场占有率上都遥遥领先，"立顿"一年的利润额已超过我国茶叶出口的总额，作为一个产茶和茶叶消费的中国只能成为茶叶原料的殖民地。

我国的茶叶品牌存在以下情况：知名的牌子少；茶叶品牌杂且乱；茶叶品牌缺乏美誉度；茶叶品牌文化内涵苍白；茶叶品牌经营意识淡薄。

因此，我国应打造茶叶品牌，提升茶叶市场竞争力，这样做是因为品牌能够带来相对市场垄断优势、能够带来相对高价的优势、具有较高的市场渗透能力和辐射效应。

3. 茶叶品牌定位与设计

品牌定位包括的内容有文化定位、消费方式定位、理念定位、功效定位、价格定位、竞争对手定位等。茶叶品牌的定位包括：文化定位、市场定位和消费方式定位。

（1）品牌的市场定位

定位是直接以产品的消费群体为诉求对象，突出产品专为该类消费群体服务，来获得目标消费的认同。把品牌与消费者结合起来，有利于增进消费者的归属感，使其产生"我自己的品牌"的感觉。

如金利来定位为"男人的世界"；哈药的护彤定位为"儿童感冒药"；百事可乐定位为"青年一代的可乐"等。

在品牌市场定位上首先需要清楚行业的市场容量是多大，其次我们必须了解竞争对手的特征是什么，他们的目标群体是什么，占据多少的市场份额。再次，我们必须进行一定的市场调查，这个市场调查必须从年龄、工作、教育、工资、性别等方面进行调查。主要目的就是了解目前有哪些人在消费中国的茶叶以及他们都选择什么品牌以确定品牌的定位。最后根据收集的数据进行整理分析，积极寻找市场的空白。在茶叶品牌的市场定位上，可以采用以品茶消费为主线，以多渠道消费为分线的策略进行。

（2）品牌的文化定位

品牌的文化定位是指企业在市场定位和产品定位的基础上，对特定的品牌在文化取向及个性差异上的商业性决策，它是建立一个与目标市场有关的品牌形象的过程和结果。换言之，即指为某个特定品牌确定一个适当的市场位置，使商品在消费者的心中占领一个特殊的位置，当某种需要突然产生时，比如在炎热的夏天突然口渴时，人们会立即想到"可口可乐"红白相间的清凉爽口。

中国茶文化包罗万象，有茶道、茶德、茶文、茶礼、茶艺、茶具、茶事、茶风景和茶旅游等，茶是地域性的产物，由于受到土壤、气候、雨水、人文等因素影响，具有很强的地方特性，因此在茶文化的表象上也存在很大差异，但他们都在中华文化影响下保持着很大的相通性。

中过茶文化在中国乃至全世界都发挥着主导者的作用，因此在中国茶叶品牌定位中必须深挖中国茶文化，以提升中国茶叶的品牌内涵，使顾客在消费茶叶时能体会到茶叶所蕴含的人文价值，提高中国茶叶品牌的竞争力。

（3）茶叶品牌的 CIS 战略

企业形象战略（corporate identity system，CIS 战略），主要包括理念识别（MI），活动识别（BI）和视觉识别计划（VI）。其中，理念识别（MI）是经营宗旨方针、精神标语、座右铭，是企业在长期的发展中逐渐形成的具有独特个性的价值体系，是企业成熟和完善的象征，也是企业不断发展壮大的原动力。

活动识别（BI）内容包括：对内指干部培训、员工培训、生产福利、工作环境、内部设备、劳动保护、研究发展，对外指市场调查产品开发、公共关系、广告宣传、促销活动、代销商、主管部门、公益性文化活动。

视觉识别计划（VI）内容包括：企业名称、企业标志、品牌名称、商业标志、企业标准字、商品标准字、企业标准色、企业专用印刷、企业象征物等。

茶叶品牌 CIS 战略直接关系到中国茶叶品牌能否成功，CIS 战略的相关方面紧密联系，缺一不可，因此必须完善茶叶品牌的 CIS 战略，保证 CIS 战略从导入、实施到评价都能对保健起到支撑性作用。

4. 茶叶品牌的营销与管理

（1）茶叶品牌的营销

品牌营销的目的是把品牌的定位通过营销的战略组合传达给消费者，使品牌的形象树立在消费者心里，产生对品牌的识别、认可和拥护。

第一，产品策略。产品是品牌的基础，品牌以产品为载体。产品设计要体现产品的特色，即品牌代表的是情感型与自我表现型，产品设计也要围绕品牌定位。

产品包装也就是对产品实物进行保护与美化，茶叶有着悠久的文化内涵，包装上应围绕着茶叶的文化内涵而进行选材包装，在风格上体现出茶叶品牌的内涵，其中也必须考虑茶叶的特点，在包装设计时应该做到保护茶叶质量。

有了产品实物，还必须有产品服务。因此在茶叶品牌的经营过程中，应在保证茶叶质量的基础上提高茶叶品牌的服务，从而提高茶叶品牌的整体形象。

第二，沟通策略。一般沟通策略有广告、公关、媒介事件等。广告是品牌传播的主要方式、常用手段。它是打造知名品牌的利器，是品牌成功的关键，也是品牌成功最有效的方式之一。在运用广告策略时，我们必须注意以下一些问题：

①市场调查是广告运动的基础环节，在广告策划之前，要对市场作认真的分析；②确定广告目标就是要清楚为什么要做广告，针对谁做广告，广告的宣传范围有多大？③广告预算的编制，要根据自身的情况来分析，不要盲目行动、自不量力。

公关，是指企业在从事市场营销活动中正确处理企业与社会公共关系，以便树立企业的良好形象，从而促进产品销售的一种活动。

媒介事件，指社会组织为吸引新闻媒介报道并扩散自身所希望传播开去的信息而专门策划的活动。

第三，销售与价格策略。销售策略指产品从制造者中转至消费者所经过的各种间商连接起来形成的方式，它包括了零售商、代理商、用户等方面的内容。

价格策略是市场营销组合中非常重要并且独具特色的组成部分。

中国茶叶品牌营销的常见误区是相关企业在营销的技术与战术中，没有正确解读市场的能力。误区之一，市场与品牌相对立。误区之二，广告等于创造品牌。误区之三，片面追求短期效果。

（2）茶叶品牌的管理

品牌管理所担负的使命是创建、培育以及提升品牌资产。

品牌资产包含品牌认知度、品牌知名度、品牌忠诚度、品牌联想和其他资产。品牌管理的基本步骤包含了研究过程、品牌定位过程、品牌规划过程、品牌实施过程和效果评估过程。

第一，品牌管理的三大职能：明确资源、妥善协调和改善经营。

明确资源是指明确企业的资源现状以及获取外部资源的能力。妥善协调是指通过与各职能的协调实现以品牌为核心的企业内部作业规范，促进以品牌为核心的企业经营理念的落实。改善经营是指制定品牌战略规划，并通过战术实施促进品牌成长。

第二，品牌管理的三大关系：与消费者的沟通关系、与竞争者的竞合关系、与合作者的合作关系。

沟通关系是针对消费者而言。品牌管理的目标是通过研究明确目标消费者的需求所在，依据总体战略规划，通过广告宣传、公关活动等推广手段，实现目标消费者对品牌的深度了解，在消费者心目中建立品牌地位，促进品牌忠诚。

竞合关系是针对竞争者而言。竞争的核心并非对抗，而是根据市场的实际、竞争者在市场中地位、竞争者的态度等建立相应的竞争和合作关系。爱立信、索尼联合推出索爱系列手机，就是有效整合市场资源和企业资源，通过合作共促发展。

合作关系是针对企业合作而言。合作者包括服务于企业的相关单位，如咨询、广告、调研、策划等企业外脑以及企业服务的单位，包括通路中代理商、经销商，上游的供应商，此外，还包括品牌合作者、业务合作者等。合作关系的建立需要企业内部各职能的共同努力。

茶叶品牌管理，也存在着这三种关系，因此必须时刻关注品牌的沟通、竞合、合作关系。

任务二　案例分析

1. 立顿营销策略：品牌标准化

谈到茶企的营销，我们不得不要谈一谈立顿：1848 年，英国皇家植物园温室部主管福琼从中国带走 2 万株茶苗、1.7 万粒茶籽以及 8 位中国茶工，自此印度茶业迅速崛起，成为英国茶叶市场 90% 的原茶供应方，英国下午茶的传统也由此形成。尽管立顿和中国大多数茶叶的产品定位不同，但其今天的成功是非常值得我们国内的茶企学习的，因为来自茶叶发源地的中华儿女，一定不愿意看到我们在国际上没有一个响亮的茶叶品牌，不希望看到我们出口的茶叶平均价格比印度、斯里兰卡还低，不希望看到日本把具有深邃文化底蕴的"茶道"发扬光大，不希望看到我们七万个茶厂的总产值还没有一个立顿大。

国内的茶企和立顿没有任何可比性，立顿一百多年来把茶卖到了世界每一个角落，靠的是优秀的工业标准化和出色的营销策略，特别是其营销策略，想做大做强自主品牌的国内茶企一定要了解、借鉴，我们不是生搬硬套，但取其精华绝对不是一件坏事。

在与一些茶叶生产的企业家沟通的过程中我们发现，他们大多数都是技术出身，有多年接触茶叶的经验，是绝对顶尖的茶叶鉴赏师和制作、烹调师，他们通常强调品茶的文化、茶道和茶的历史等背景。但是懂茶的人，并不等于能把茶卖好。在今天，那些把"茶叶店"当作"渠道"的企业家们，显然更需要营销策略和销售管理的变革，否则只能把我们非常好的茶叶卖成"农产品"，茶叶从茶园到茶厂，再到茶店、商超等销售终端的过程都是需要精心"包装"的，在每年接近 5 亿千克的市场消费规模面前，我们的茶企一定要靠营销手段来突围，才能走出特定市场区域，走向全国，甚至走向世界。

2. 立顿营销策略

（1）以市场为导向，而非以产品为导向

国内 95% 以上的茶企都是"慢销"型的，问题就在于这种销售模式是按茶叶本身的分类和区域特点来销售，而不是以市场消费者的需求差异来营销的。比如在云南就做普洱茶，在浙江就卖西湖龙井，在广东、福建就做铁观音，而这里面 85% 以上的消费者都不能区别茶的等级和好坏，也基本上没有品牌意识，所以销售就全凭两张嘴：促销一张嘴和自己一张嘴，价格一般的看店主的介绍和过去的信誉，价格稍微贵的最多试喝几口再买。这样就形成了茶企被动销售的局面，一切主动权都掌握在销售终端的手上，终端茶店或者商场陈列得漂亮一点、位置好一点，或者让促销员主动推，茶就卖得动，否则销售就很慢。随着消费者越来越理性，以及 80 后、90 后年轻人成为消费主力，茶企到了最迫切需要建立品牌拉动销售的时候。

反观立顿，把各种茶的品种分割成不同的产品品类，不断创造出新的口味和用户体验，瞄准消费者方便快速地喝一杯茶的需求，吸引了大量年轻人和办公室白领。在官方网站上，立顿在动态的茶园中放上几段幽默的视频，向消费者告知喝茶可以达到的目的：保持轻盈体态、再现青春、净化心灵、摆脱疲劳、延年益寿等，各种不同功能、不同口味的产品满足不同年龄、不同需求的消费者，这样就有了明确的市场目标，在营销上便可大做文章。

这是国内茶企最急需突破的地方，只有把茶产品做成不同细分功能的"方便面"产品，才能更好地树立品牌，而一味地向消费者宣传我们博大精深的茶文化对于企业做强做大一点用处都没有，因为俗语"柴米油盐酱醋茶"中的"茶"就应该是每天必用的东西，是饭后、上班时间、休闲时间必备的，而不是到了周末聚会或者需要小资情调的时候才想起它。当茶产品被功能化、大众化、日常化之后，茶企品牌的崛起才会变得现实可行。

（2）产品和品牌形象标准化

实际上，在一个懂喝茶、懂品茶的人看来，立顿的品质其实一般，其他都好，但是从品牌营销的角度来看，我们国内上百个茶叶品类就是品质都好，其他都一般。国内上万的茶企中所谓的品牌企业屈指可数，就是因为我们的茶企都沉迷于自身产品的品质，而不是产品和品牌的标准化。

天福茗茶目前在中国的直营店超过了八百家，现已开始筹划在旧金山、洛杉矶等地建立集茶叶经营和茶文化传播为一体的茶馆，致力于打造全球茶业界的"星巴克"。从天福的连锁店我们可以发现，天福有标准化的、精致的茶文化服务，每家门店都布置了专门的空间供顾客品茗体验，古色古香的座椅、茶道小姐娴熟优雅的泡制手法、清脆悦耳的茶知识讲解，配以曼妙轻松的音乐为背景，即使是茶叶外行也会被深深吸引。另外，天福还推广自己品牌的茶点茶食，这显然增加了更多销售、吸引了更多的年轻消费者。

茶产品由于种植环境、采摘、制作等原因难以形成口味的标准化，这可以理解，但是产品功能、外观形象和品牌形象无法标准化则是行业的通病。大多数老百姓是没有茶叶鉴别能力的，这就给了许多茶企茶商以次充好的机会，随着媒体曝光和消费行为的逐渐成熟，这实际上对整个行业来说都是在制造信任危机。如果有茶企能够借助自身的生产工艺，以及根据产品的功能定位、品牌定位做一个"立顿"式的标准，然后进行设计、包装和推广，一定可以增强消费者的信任及市场的认可。

（3）渠道制胜、终端为王

从 1996 年开始，八马就已经在沃尔玛等连锁大卖场开设专柜；云南龙润普洱茶也是同行中向快销品市场转型较早的企业，其开发的袋泡普洱茶已经开始进驻超市。这种剑走偏锋的做法显然是一个非常好的尝试和开始。因为，传统的门店经营和陈旧的营销理念已经严重阻碍了茶企的发展，茶产品就应该在快速消费中普及化、大众化，所以打通传统渠道（批发、商超）和现代渠道（连锁 KA）是非常重要的。

对于众多茶企来说，运作传统和现代渠道一定要保证有健康的资金链、战斗力极强的销售队伍以及规范快速的物流配送系统，这对自身企业管理又提出了更高的要求。但这也是企业做强做大的必经之路，谁控制了渠道，谁拥有了终端，谁就离消费者更近，所以我们看到逢年过节，大型商超最好的陈列位置就成了黄金宝地。

3. 结语

立顿在渠道和终端的强势形象，改变了一代年轻人和白领的喝茶习惯。利用互联网等创新营销手段，立顿在粉丝论坛上与消费者亲密"互动"，又让立顿品牌融入了一代人的生活。打造品牌是一个系统工程，营销也是一个需要积累的漫长过程，但是，中国茶企急需补上"品牌营销"这一课。

项目五　茶叶营销策略

任务目标

1. 了解茶叶标准化和质量体系建设。
2. 分析产品开发策略。
3. 掌握社会资源整合策略。

任务　茶叶营销策略探析

1. 品牌塑造策略

品牌内容涵盖企业形象（CI）、企业管理、企业文化、企业商誉、企业规模、知识产权管理、产品质量、产品研发、营销策略及售后服务等。其重点策略分析如下：

茶叶标准化和质量体系建设：从茶园管理、原料供给、茶叶加工、包装及贮运等方面，实现茶叶生产的全程标准化；根据茶叶产品定位及特点，申报无公害茶、绿色食品茶或机茶等相关质量认证，办理卫生许可证、出口茶叶企业卫生注册等；建立 HACCP 质量安全控制体系，实施 ISO 9000 质量体系及 QS 质量安全认证等。

知识产权管理：区分茶叶原产地、产品名称、注册商标、证明商标之间的关系，加强知识产权管理与保护。申办国家驰名商标或省著名商标、中国名牌产品或省名牌产品、国家质量免检产品、原产地域保护、证明商标（特定产品名称）、产品商标注册（包括母子品牌、品类及商品专用标识等）、产品或包装专利（发明、实用新型、外观设计）等，以上内容具有显著的促销作用、识别作用、广告作用和受惠作用。

推行公司制运营：按照现代企业管理模式，推行公司制规范经营，解决企业合伙人、股权人、债务人、经理人之间的利益冲突和矛盾，实行所有权、经营权的分制分立和清晰的责权利架构。公司制有利于茶叶企业的人力、财力、物力的配置优化和效能增加，促进产品研发、资源整合、质量控制、成本核算、营销创新等经营行为，更为高效、有序、规范而富有活力。

品牌形象的定位及宣传推广：茶叶企业根据自身发展战略、产品质量特性及市场营销需求，进行科学、明晰的品牌定位，保持品牌形象的稳定性、连续性和成长性。茶叶企业的广告宣传应量力而行、循序渐进，加强社会协作、分销渠道、市场终端等途径的品牌展示；并通过广播电视、平面媒体（报刊）、户外广告、互联网及茶博会和茶叶节等途径，针对性地宣传推广茶叶品牌。

2. 市场分销策略

（1）分销模式

厂商直销、区域代理、省级直销与市县代理结合，跨区域综合市场批发、区域代理与市场批发结合，买断包销等。渠道分销取决于茶叶企业的经营模式、资金实力、产品结构、品牌影响力等诸多因素。实力强的茶叶企业可选用省级直销与市县代理、直销分店等方式，规模中等的企业可采用区域代理与市场批发结合、加盟店等，实力较弱的企业则采取跨区域市场批发、买断包销等。

（2）经销产形态

中间商（批发商）是指食品、土特产、茶叶公司以及经营茶叶的综合性公司（含一批、二批）；销售终端（零售商）包括综合卖场、超市、便利店、食杂店、茶叶专营店（茶庄、茶楼）等。由于商品茶质量的特殊性，一般不提倡管理烦琐、纷争较多的代销制，而采用铺货支持的经销制。

（3）经销商管理

加强市场网络、销售终端的维护与开发，充分发挥市场通路的平台作用，提高商品流（物流）、资金流、信息流的运作效率。通过终端行动管理系统（专人定责）、出货速度控制（铺货率）、客户销售及货款预警管理（回款率）等形式，监督管理经销商的业内动态，防止经销商通路崩盘而造成销货款损失。根据渠道的分销特点，确定回款结算方式（压批付款或现货现款）及授信额度，有效控制商品茶铺货率、货款回笼率、渠道返利率等销售财务指标。

3. 产品开发策略

茶叶企业的经营定位，决定了产品开发及产品线的规划设计与走向。目前，许多茶叶企业产品结构较为单一，名优茶与大宗茶、内销茶与外销茶等经营过于细化，我国规范管理的公司大都获得自营进出口权，一体化的国际市场对茶叶产品的开发定位和策略提出更高的要求。茶叶市场的高端产品（名茶）的开发有利于品牌塑造，中低端产品（优质茶、大宗茶）则是提高市场份额和盈利的来源。茶叶企业可根据货源供应、经营规模、市场需求等因素调整优化产品结构。商品茶经营档位可以各有侧重，经营范围也不宜过广，避免经营品类过多过滥以及产品特色和诉求点不明晰。可根据快速消费品的营销特点，加强市场调研和产品研发的力度，保持茶叶产品线和创新线延伸，从原料、加工工艺与设备、包装等方面入手不断推出新品，以满足细分市场的消费需求。

4. 商品茶价格策略

价格因素直接影响到商品茶的市场竞争力、市场份额与经济效益。高端途径及消费群相对固定，礼品馈赠比例很大，价格弹性小，从而定价较高，以保持名茶的形象。中低端产品（大宗茶）属于大众消费品，价格弹性大，应坚持薄利多销、走量为主的定价原则，追求批量化的规模效益。

加强销售渠道及终端的价格管理与监督，实施商品茶批发、零售的指导价，鼓励、引导经销商遵循行业价格规则。避免售价畸高而损害消费者利益及出货量减少，或者是低价批零、跨区冲货而引起的价格混乱、品牌形象受损。确立商品茶良好的价格稳定与互利，从容应对原料收购、产品销售中的价格战。

5. 市场促销策略

市场促销包括渠道促销和消费促销两个层面，渠道促销主要有提高铺货率、销售费用率、返利率、销售资源分配比例，提供渠道及终端形象设计与宣传支持等。茶叶市场促销以消费促销为主，首先要加强区域市场、目标消费群的调研分析及信息反馈，深入分析消费者层次、茶叶消费程度、成长潜力、消费传统或倾向。根据市场调研结论，结合产品特点和市场竞争需要，针对性地确定促销推广方案。通过经济、实惠的品牌传播途径，如报刊的分类广告和软文广告、茶博会的斗茶会等，实施差异化营销创新，配置新颖、别致的宣传品、展品等，倡导茶艺、茶道等的文化推广传播，达到"润物细无声"的品牌推介和促销效果。有效运用买赠（特色茶用品）、免费品尝、低价限购、现场抽奖、会员制、短期打折等符合茶叶营销特点的促销手段，合理分配利用销售资源。并切实做好促销活动的事前评估设计、事中执行和费用监控、事后总结评价。

6. 社会资源整合策略

以茶叶产业化经营为目标，采取多种协调、联动、互利的合作形式，建立健全茶叶产销协作体系，因地制宜确立基地、茶厂、公司三者之间的最佳链接方式。有效整合利用社会资源（茶园、茶厂），基地茶园的整合手段主要有折价入股（合资）、返租倒包、合作生产、订单收购、经营权买断等，货源茶厂的整合措施则包括合资（独资）建厂、租赁加工、订单供货、委托加工、贴牌加工等。茶园管理是茶叶卫生质量的主要关键控制点，原料加工则是茶叶品牌形成的关键环节，茶叶企业应切实抓好生产源头（产地）的技术、资金扶持及质量管理和监控。加强订单合同的法律约束，规范经济行为，明确协作各方的责、权、利，在茶叶管理、原料加工、产品研发、质量控制、成本核算、市场营销等方面，发挥各自的积极性、创造性，以茶叶经营企业为核心，构成紧密层、松散层有机结合的股份合作公司，促使参与茶叶开发的各方之间形成最大的利益共性及良性运作机制。

思考题：谈谈你对销售渠道的管理方法。

项目六 茶叶企业与电子商务

任务目标

1. 了解茶叶企业在电子商务运营中存在的误区。

2. 学会分析如何避免在电子商务运营中进入误区（各位学员讨论）。

任务 茶企与电子商务探析

1. 茶叶企业在电子商务运营中存在的误区。

随着电子商务全面渗透到企业运营和个人生活当中，电子商务逐渐为越来越多的传统茶叶企业所认识与采用。然而，由于电子商务是一种新型的营销手段，因此在实施的过程中，传统茶企业难免出现诸多误区，造成投入与产出的效果总是未能如愿，让满怀信心的传统茶企受到打击，以下是我们总结的传统茶叶企业在电子商务运营中存在的四个误区。

（1）"建茶叶网站商城赚钱"

这句话初看有道理，但是大多数传统茶企把这句话理解成"有了茶叶网站就能够顺势赚到钱"。其实，传统茶叶企业建网站，只代表茶叶企业走出了开展电子商务的第一步。茶叶网站完全是根据茶叶企业本身的需要建立的，并非由其他网络服务商所经营，因此在功能上茶叶企业有较大的自主性和灵活性，也正因为如此，每个茶叶企业网站的内容和功能会有差别，但是传统茶企有了茶叶网站，就有了通过互联网络展示产品、展示服务的窗口。

（2）"中小传统茶企业没有实力做电子商务"

恰恰相反，中小传统茶企完全有实力做电子商务，它们缺乏的只是网络意识。电子商务相对于传统的宣传途径来说，性价比高，正适合中小传统茶企采用。在茫茫网海中，如何建立你的品牌，让更多的人了解你的茶叶和服务，从而促进茶叶的销售，这才是茶叶电子商务真正要解决的核心问题。

（3）"网上广告就是电子商务"

茶叶企业投放网站广告，只是电子商务运营中网络推广的一种方式，仅仅是电子商务体系的冰山一角。来自"幸福茶城"的运营经验总结：成功的茶叶企业电子商务运营，不仅仅是一两次网上软文广告，而是集茶叶品牌策划、茶叶广告设计、电子商务技术、茶叶销售管理和茶叶市场营销等于一体的新型网络营销体系。茶叶企业进行电子商务应该有完整周详的策划，加上准确有效的实施，才能够得到期待的效果。

（4）"电子商务就是网络营销"

电子商务是网络营销发展到一定阶段的结果，网络营销是为实现电子商务而进行的一项基本活动，但电子商务本身并不等于网上销售。茶叶网站的电子商务网络营销价值，是通过茶叶网站的各种功能以及各种网络营销手段而体现出来的，网站的信息和功能是基础，网络营销方法的应用是条件，茶叶企业的服务和提供的茶叶品质是核心。茶叶企业电子商务运营效果的好坏，主动权掌握在它们自己手里，其前提是对茶叶网站有正确的认识，这样才能适应企业营销策略的需要，并且从经济上、技术上有实现的条件。

现在的茶叶市场情况与几年前相比，已经截然不同。传统茶叶的竞争格局已经剧烈改变，各路传统茶企进入电子商务，群雄并起，都在拼命追赶想要成为茶叶电子商务的佼佼者，并以此获取最大的利益。

学习情境六 茶叶电子商务

项目一 茶叶电子商务的发展

任务目标

1. 了解我国互联网的发展状况。
2. 了解茶叶电子商务的发展状况。
3. 理解与掌握《中华人民共和国电子商务法》。
4. 明晰茶叶食品在网上销售应具备的资质条件。
5. 理解与掌握电子商务的内涵。

任务一 认识互联网在我国的发展状况

1. 中国互联网络发展状况统计报告

为全面了解和掌握中国互联网发展状况，1997 年，经国家主管部门研究决定，由中国互联网络信息中心（CNNIC）牵头组织有关互联网络单位共同开展互联网发展状况调查，中国互联网络信息中心于 1997 年 11 月发布了第一次《中国互联网络发展状况统计报告》。从 1998 年起，为了使调查工作正规化、制度化，中国互联网络信息中心于每年年初和年中定期发布《中国互联网络发展状况统计报告》（以下简称《报告》）的惯例，目前已发布 45 次。《报告》通过核心数据反映我国网络强国的发展历程，已成为我国政府部门、国内外行业机构、专家学者等了解中国互联网发展状况、制定相关决策的依据。

2018 年是贯彻党的十九大精神的开局之年，是改革开放 40 周年，是决胜全面建成小康社会、实施"十三五"规划承上启下的关键一年。以习近平同志为核心的党中央高度重视网络安全和信息化工作，中国互联网络发展迅速，2019 年 2 月 28 日，中国互联网络信息中心（CNNIC）在北京发布了第 43 次《中国互联网络发展状况统计报告》。此次报告从互联网基础建设、互联网应用发展、政务应用发展、产业与技术发展及互联网安全等五个方面，通过多角度、全方位的数据反映了 2018 年我国互联网发展状况。

2. 我国互联网发展状况的趋势特点

一是我国互联网普及率高，入网门槛进一步降低。

如图 6-1 所示，截至 2018 年 12 月，我国网民规模达 8.29 亿，普及率达 59.6%，较 2017 年年底提升 3.8 个百分点，全年新增网民 5 653 万。我国手机网民规模达 8.17 亿，全年新增手机网民 6 433 万，网民通过手机接入互联网的比例高达 98.6%，使用台式电脑、笔记本电脑、平板电脑、电视上网的比例分别为 48.0%、35.9%、29.8%、31.1%。农村网民规模为 2.22 亿，占整体网民的 26.7%，较 2017 年年底增长 6.2%，农村互联网普及率为 38.4%，较 2017 年年底增长 3.0%。

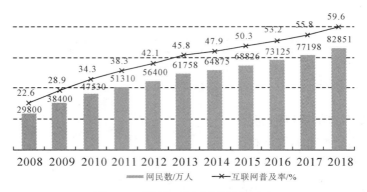

图 6-1　网民规模与互联网普及率

资料来源：中国互联网络发展状况统计调查。

2018 年，互联网覆盖范围进一步扩大，贫困地区网络基础设施"最后一公里"逐步打通，"数字鸿沟"加快弥合；移动流量资费大幅下降，跨省"漫游"成为历史，居民入网门槛进一步降低，信息交流效率得到提升。

二是基础资源保有量稳步提升，IPv6 应用前景广阔。

截至 2018 年 12 月，我国 IPv6 地址数量为 41 079 块/32，年增长率为 75.3%；域名总数为 3 792.8 万个，其中"．CN"域名总数为 2 124.3 万个，占域名总数的 56.0%。在 IPv6 方面，我国正在持续推动 IPv6 大规模部署，进一步规范 IPv6 地址分配与追溯机制，有效提升 IPv6 安全保障能力，从而推动 IPv6 的全面应用；在域名方面，2018 年我国域名高性能解析技术不断发展，自主知识产权软件研发取得新突破，域名服务安全策略本地化定制能力进一步增强，从而显著提升了我国域名服务系统的服务能力和安全保障能力。

三是电子商务领域首部法律出台，行业加速动能转换。

截至 2018 年 12 月，我国网络购物用户规模达 6.10 亿，年增长率为 14.4%，网民使用率为 73.6%。电子商务领域首部法律《中华人民共和国电子商务法》正式出台，对促进行业持续健康发展具有重大意义。在经历多年高速发展后，网络消费市场逐步进入提质升级的发展阶段，供需两端"双升级"正成为行业增长新一轮驱动力。在供给侧，线上线下资源加速整合，社交电商、品质电商等新模式不断丰富消费场景，带动零售业转型升级；大数据、区块链等技术深入应用，有效提升了运营效率。在需求侧，消费升级趋势保持不变，消费分层特征日渐凸显，进一步推动市场多元化。

四是线下支付习惯持续巩固，国际支付市场加速开拓。

截至 2018 年 12 月，我国手机网络支付用户规模达 5.83 亿，年增长率为 10.7%，网民手机使用率达 71.4%。线下网络支付使用习惯持续巩固，网民在线下消费时使用手机网络支付的比例由 2017 年年底的 65.5% 提升至 2018 年 12 月的 67.2%。在跨境支付方面，支付宝和微信支付已分别在 40 个以上国家和地区合规接入；在境外本土化支付方面，我国企业已在亚洲 9 个国家和地区运营本土化数字钱包产品。

五是互联网娱乐进入规范发展轨道，短视频用户使用率近八成。

截至 2018 年 12 月，网络视频、网络音乐和网络游戏的用户规模分别为 6.12 亿、5.76 亿和 4.84 亿，使用率分别为 73.9%、69.5% 和 58.4%。各大网络视频平台注重节目内容质量提升，自制内容走向精品化。网络音乐企业版权合作不断加深，数字音乐版权的正版化进程显著加快。越来越多的游戏公司开始侧重海外业务，国产游戏在海外市场的影响力进一步扩大。短视频用户规模达 6.48 亿，用户使用率为 78.2%，随着众多互联网企业布局短视频，市场成熟度逐渐提高，内容生产的专业度与垂直度不断加深，优质内容成为各平台的核心竞争力。

六是在线政务服务效能得到提升，践行以民为本的发展理念。

截至 2018 年 12 月，我国在线政务服务用户规模达 3.94 亿，占整体网民的 47.5%。2018 年，我国"互联网+政务服务"深化发展，各级政府依托网上政务服务平台，推动线上线下集成融合，实时汇入网上申报、排队预约、审批审查结果等信息，加强建设全国统一、多级互联的数据共享交换平台，通过"数据多跑路"，实现"群众少跑腿"。同时，各地相继开展县级融媒体中心建设，将县广播电视台、县党报、县属网站等媒体单位全部纳入，负责全县所有信息发布服务，实现资源集中、统一管理、信息优质、服务规范，更好地传递政务信息，为当地群众服务。

七是新兴技术领域保持良好发展势头，开拓网络强国建设新局面。

2018 年，我国在基础资源、5G、量子信息、人工智能、云计算、大数据、区块链、虚拟现实、物联网标识、超级计算等领域发展势头向好。在 5G 领域，核心技术研发取得突破性进展，政企合力推动产业稳步发展；在人工智能领域，科技创新能力得到加强，各地规划及政策相继颁布，有效推动人工智能与经济社会发展深度融合；在云计算领域，我国政府高度重视以其为代表的新一代信息产业发展，企业积极推动战略布局，云计算服务已逐渐被国内市场认可和接受。

任务二　农产品（茶叶）顺势搭上电子商务快车

1. 我国电子商务发展水平状况

我国电子商务发展水平走在世界前列，从产业规模比较，电子商务交易额增长快速，网络零售额连续六年居世界第一，如图 6-2 所示 2013 年至 2018 年，我国电子商务交易额从 10.40 万亿元增长到 31.63 万亿元，在一定时期内仍然保持快速增长趋势。如图 6-3 所示，2018 年全国网上零售额超 9 万亿元，同比增长 23.9%，其中实物商品网上零售超过 7 万亿元，同比增长增长 25.4%，占社会消费品零售总额的比重 18.4%，比 2017 年提高 3.4 个百分点。

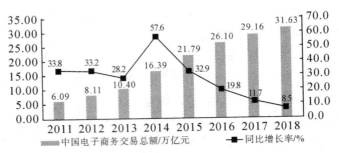

图 6-2 　2011—2018 年中国电子商务交易总额

数据来源：中国互联网络发展状况统计调查。

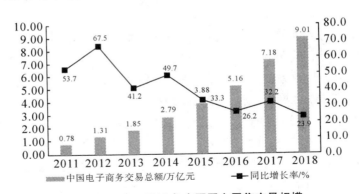

图 6-3 　2011—2018 年中国网上零售交易规模

数据来源：中国互联网络发展状况统计调查。

从分品类分析来看，2018 年增速排在第一位的是粮油食品及饮料，同比增速为 35.1%。

分省份分析，浙江、江苏、福建、山东、广东五省农村网络零售额占全国农村网络零售额的 73.4%。随着基础设施不断完善，电子商务知识的不断推广，农民运用电子商务的意识和能力不断增强，电子商务带动农产品上行，促进农民增收作用不断显现。2018 年全国农产品网络零售额 2 305 亿元，同比增长 33.8%。其中农产品茶叶位居零售额第二名，288.125 亿元，占比 12.5%。

2. 我国农村电子商务发展状况

2014—2018 年中央"一号文件"政策支持不断强化，明确提出要发展农村电子商务，

2018年提出实施数字乡村战略，围绕补短板、强基础，国家相关部委先后出台综合示范、产销对接、脱贫攻坚、标准体系建设等方面政策文件，进一步提升农村地区的宽带网络、快递配送、冷链物流、农产品上行等支撑服务体系。

（1）黔南州农村电商状况

农村电商是精确扶贫的重要载体，对推进乡村振兴、农业产业转型升级、促进农村商贸流通、带动农民就业、脱贫增收可发挥重要作用。全国各省市国家级贫困县县584个（截至2019年1月），贵州省47个，黔南布依族苗族自治州6个（独山县、平塘县、荔波县、长顺县、三都县、罗甸县）。2015—2019年国家级电子商务示范县有独山县、平塘县、罗甸县、瓮安县、三都县、长顺县、贵定县、龙里县、荔波县、惠水县。2018年，根据黔南州统计局发布的《黔南州2018年国民经济和社会发展统计公报》数据得到：国家级贫困县网络零售额为697.9亿元，同比增长36.4%，贵州省网络零售额为180.4亿元，同比增长37.1%，黔南州网络零售额为9.06亿元，同比增长147.2%，电商扶贫已见成效。

（2）农村电商新模式发展

政企联合推动电商精准扶贫，阿里巴巴、京东、腾讯、拼多多、苏宁等企业在商务部指导下搭建平台、扩大网上销售渠道，充分展示贫困落后地区采用电商实现跨越式发展的巨大潜力。2018年社交电商、小程序、短视频等电子商务新模式、新业态激发了中小城市、农村地区网购消费潜力。如拼多多"山村直连小区"的农货上行模式；京东和苏宁的拼购业务；今日头条、抖音、快手的三农扶持计划；微博的三农中小V扶持计划，通过社交电商、内容电商打通供应与产品销售渠道，让农特产品进入粉丝群体。

目前，我国农产品上行效率不高，主要原因有农村地区生产组织化程度低、产业规模小，农产品生产、加工、运输、销售等方面运营主体规模小、服务能力和市场竞争力不强，未形成完整的产业链服务，未形成规模效应；农产品标准化程度低，地方特色农产品无法在电商平台"合规"销售；资金保障不足，可持续经营能力差；农村电商人才数量短缺与质量不高，特别缺乏创新人才、复合人才和领军人物。电商扶贫长效机制不健全，一些地区未按市场规律来发展，缺乏长远规划。农村电商各类参与主体之间协同比较欠缺，还需大力提倡整合资源、协同共建的新模式。

电商作为数字经济的重要组成部分，将为乡村振兴提供新动能、新载体。农村电商将继续向产业链加速延伸，让数据链带动和提升农业产业链、供应链、价值链，实现农村传统产业的数字农业系统性改造，为农业农村发展提供新动能。2018年来阿里、京东、腾讯等各类农业服务在线化新技术应用纷纷涌现。农村电商将迎来高质量发展新阶段，未来中国农村电商的发展将向品牌、品质、服务、体验导向的新阶段，驱动农业发展向现代农业转型升级。

任务三　茶叶食品在网上销售需要什么资质条件

1. 我国电子商务法的发展

2013 年 12 月 27 号，中国全国人大常委会正式启动《中华人民共和国电子商务法》（以下简称《电子商务法》）的立法进程。2018 年 8 月 31 日，十三届全国人大常委会第五次会议表决通过《电子商务法》，并于 2019 年 1 月 1 日起正式施行。

《电子商务法》是为应对当今新技术、新模式的创新环境下，电子商务在促进传统产业转型升级，规范电子商务市场秩序，为促进电子商务健康、有序、可持续发展需要而设立的。《电子商务法》是电子商务领域第一部综合性、基础性法律。对保障电子商务各方主体权益、规范电子商务行为、维护市场秩序、加强知识产权保护提供依据，对相关违法行为制定处罚标准，进一步营造线上线下公平竞争的市场秩序。

（1）科学界定《电子商务法》的调整对象

依据本法，电子商务是指通过互联网等信息网络销售商品或者提供服务的经营活动。

法律、行政法规对销售商品或者提供服务有规定的，适用其规定。金融类产品和服务，利用信息网络提供新闻信息、音视频节目、出版以及文化产品等内容方面的服务，不适用本法。例如 P2P、网络游戏、爱奇艺、优酷、喜马拉雅 FM 等。

（2）规范电子商务经营主体权利、责任和义务

本法将电子商务者划分为一般电子商务经营者和电子商务平台经营者。对一般电子商务经营者做了义务与责任规定，对电子商务平台经营者的义务做了 20 条特别规定。

电子商务经营者在登记与准入上需要进行市场主体登记，建立电子商务平台首先要取得相关部门的登记、许可，销售茶叶等食品需要申请食品流通许可证，并在销售首页公示。电子商务平台经营者要履行纳税义务，个人卖家、微商、代购纳入依法纳税范围，需开具纸质发票、电子发票、服务单据。

（3）完善电子商务运行中的法律问题

在业务与运营中尊重和保护消费者合法权益对规范广告、搭售提示、押金退还、不正当竞争制定了处罚内容；对电子合同签订依据、法律效力、合同成立、知情权、意向变更、合同履行等方面作为详细规定；对支付服务提供者注意事项做了详细规定；对电子商务物流服务存在的风险担责、信守承诺、查验、代收、环保原则、受托代收等做了详细规定。

（4）强化电子商务安全保障

本法对电子商务数据信息的开发、利用和保护，市场秩序与公平竞争，加强消费者权益保护和争议解决进行规定。

如电子商务对信息的收集使用需要经过用户同意，电子商务交易信息需要有三年的保存期，电子商务平台信息披露成为电子商务经营者合规的重要工作。争议解决对消费者权益保证金、先行赔偿追偿、举报机制、投诉制度、纠纷解决、在线解决机制、平台经营者

的证明责任、监管机构的协助义务等做了规定。

（5）促进和规范跨境电子商务发展

本法在跨境电子商务上对海关申报、纳税、检验检疫等环节综合服务和监管体系建设做了说明，电子商务经营者可凭电子单证在国家进出口管理部门办理有关手续。

总之，《电子商务法》的出台，对电子商务市场、保护消费者权益、保护个人信息、争议解决等方面进行了规范，对平台和商家的要求更加严格，同时也给予了平台和商家相应的权益保护，理顺了线上与线下的关系、网络规范与网络自律的关系、政府与市场的关系、创新发展与规范的关系。

思考题

1. 互联网发展对电子商务的影响？

2. 2018 年之后，电子商务的新业态、新模式有哪些？

3. 一般电子商务经营者通过电子商务平台进行茶叶食品销售需要什么资质条件？

项目二　茶叶电子商务实务

任务目标

1. 了解电子商务服务业发展现状。

2. 理解与掌握茶叶电子商务服务业的交易服务类型操作流程。

3. 理解与掌握茶叶电子商务服务业的支撑服务操作流程。

4. 理解与掌握茶叶电子商务服务业的衍生服务内容。

任务一　了解茶叶电子商务服务业发展现状

1. 电子商务服务业发展现状

中国服务业在 2018 年对国内生产总值（GDP）的增长贡献率达到 59.7%，作为现代服务业重要组成部分的电子商务服务业近几年一直保持稳步增长（见图 6-4），增速较上年同期加快了 1%。

图 6-4　2011—2018 年中国电子商务服务业市场规模情况

数据来源：综合赛迪顾问、阿里研究院、艾瑞咨询、易观千帆等机构数据测算。

根据业务维度，我们将电子商务划分为交易服务、支撑服务、衍生服务。交易服务是指以促进网上交易为目的的电子商务交易平台服务，2018 年交易服务的营业收入达到 6 626 亿元，增速较上年提升 31.8%；支撑服务是指以围绕电子商务的物流、资金流及信息流三方面而开展的服务活动，2018 年该服务领域的电子支付、电子商务物流、信息技术服务等市场营业收入达到 1.3 万亿元，增速较上年提升 16.1%；衍生服务是指伴随着电子商务应用的深入发展而催生的各类专业服务，2018 年该领域业务收入达到 1.55 万亿元，增速较上年提升 19.5%。

2018 年，近 3.52 万亿元的中国电子商务服务业支撑了 31.63 万亿元的中国电子商务交易额。随着新技术、新业务、新模式的出现多元化的电子商务服务业，促进了电子商务与产业融合的创新发展。从区域发展水平来看，发展不均衡，贵州省发展水平滞后（见表6-1）。

表 6-1　2018 年部分省市电子商务服务发展情况统计表

序号	省份	网络零售额/亿元（同比增长/%）	农村网络零售额/亿元	农特产品网络零售额/亿元	跨境电子商务进出口额/亿元
1	贵州省	180.4（37.1）	未统计	未统计	未统计
2	四川省	4 269.2（28.6）	926.2	未统计	未统计
3	重庆市	1 030.9（32.4）	164.4	56.7	246.6
4	云南省	779.4（44.7）	379.9	未统计	未统计
5	广西壮族自治区	984（13.6）	167	未统计	570
6	湖南省	2 041.1（31.1）	未统计	135.2	未统计
7	北京市	2 632.9（10.3）	未统计	未统计	18.95
8	上海市	>10 000（29.7）	未统计	未统计	未统计
9	浙江省	16 718（25.4）	未统计	667.6	810.4
10	广东省	20 345（23.7）	665.5	未统计	759.8

数据来源：《中国电子商务报告报告 2018》。

2. 茶叶交易服务业发展现状

电子商务服务业的核心业务是交易服务，根据交易对象进行分类，可将交易服务分为企业对企业的电子商务（Business-to-Business，B2B）；企业对消费者的电子商务（Business-to-Consumer，B2C）；企业对政府的电子商务（Business-to-Government，B2G）；消费者对政府的电子商务（Consumer-to-Government，C2G）；消费者对消费者的电子商务（Consumer-to-Consumer，C2C）。目前主要类型有 B2B 交易服务、B2C 交易服务、C2C 交易服务三种，它们依靠的主体是电子商务平台企业，2018 年这三种平台服务交易营收规模见图 6-5，电子商务交易服务营收规模主要是指电子商务交易平台所提供交易服务而产生的收入规模，包括平台交易服务费和相关增值服务费，不包括平台自营产品所赚取的差价部分。

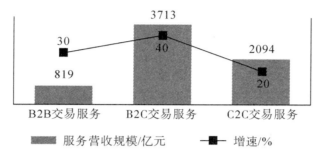

图 6-5 2018 年中国电子商务交易服务营收规模

数据来源：综合阿里巴巴、京东、拼多多等上市公司财报测算。

通过调查可得出，西部地区的黔南州有 1 300 多家茶企、茶叶合作社，但互联网用户数量太少，比例不超过 5%（见表 6-2）。

表 6-2 黔南州企业电子商务服务应用情况

序号	交易模式	重点商务交易平台	2015年国内占有率①	黔南州重点发展领域		黔南用户数量2016年10月30日
1	B2B	阿里巴巴1688	42%③	煤电磷企业装备制造业医药养生企业等		12
				现代山地高效农业	茶	28
					刺梨	2
					蔬果	16
2		慧聪网	4.2%④	工业		225
				现代山地高效农业		151
3	B2C	天猫网	65.2%	现代山地高效农业	茶	8
					其他	0
4		京东商城	23.2%	现代山地高效农业	茶	3
					其他	1
5		苏宁易购	5.3%	现代山地高效农业		2
6		微店	<0.43%	各类小微企业		6277
7	C2C	淘宝网	79.83%②	各类中小微企业		452
8		美团网大众点评	>90%	团购类（吃、住、玩）		吃：650户住：448户景点：7
9	O2O	百度地图	73.5%	导航+服务		景点：275
10		携程网艺龙网等	52.6%	线上旅游服务类		1（荔波旅游）
11		滴滴出行	>80%	出行专车服务类		规模小无数据

注：①2015 年国内占有率数据来源中国互联网管理中心"2015 年中国网络购物市场"报告；② 79.83%数据来源中国互联网数据平台 2016 年 10 月 24-30 日采样；③42%；④4.2%数据来源于中国电子商务研究中心（100EC. CN）2015 年监测数据。

3. 茶叶电子商务采用的支撑服务业发展现状

电子商务支撑服务业主要包括电子支付服务、电子商务物流服务、信息技术服务三种类型。电子支付服务是指第三方支付服务企业为电子商务中的商家、消费者等提供在线货币支付、资金清算、查询统计等相关支付交易功能的服务，并向商家收取一定的服务费。电子商务物流服务是指为电子商务活动提供的运输、储存、装卸搬运、包装、流通加工、配送、信息处理等服务，特指由第三方专业物流服务商提供的服务，其中，快递服务是中国零售电子商务中最广泛采用的物流服务方式。

（1）电子支付服务业发展现状

2018年我国网络购物用户为6.1亿，手机网络购物用户为5.92亿，这大力推动了电子支付的高速发展。根据人民银行统计数据，中国银行业金融机构2018年网上支付业务量和金额达到570.1亿笔（增速为17.4%）和2 126.3万亿元（同比增长2.5%），移动支付业务量和金额为605.3亿笔（同比增长61.2%）和277.4万亿元（同比增长36.7%），非银行支付机构处理网络支付业务量和金额达到5 306.1亿笔（同比增长85.1%）和208.1万亿元（同比增长45.2%）。第三方支付企业营业收入达到2 080.7亿元左右。人民币跨境支付系统共处理业务量和金额达到144.2万笔（同比增长14.8%）和26.5万亿（同比增长81.7%）。

（2）电子商务物流服务业发展现状

根据国家邮政局统计，2011至2018年全国快递服务企业业务量增长快速（见图6-6），其中同城业务量114.1亿件，同比增长23.1%，异地业务量381.9亿件，同比增长27.5%。

图6-6　2011—2018年全国快递服务企业业务量

数据来源：国家财政局。

（3）电子商务信息技术服务业发展现状

电子商务信息技术服务是指为客户搭建电子商务平台并提供技术支持，或为已有的电子商务平台提供平台规划、开发、测试、维护及运营服务，属于信息技术外包服务范畴。

根据工业与信息部运行监测协调局《2018 年软件和信息技术服务业统计公报》数据显示，电商平台 IT 服务保持高速增长，电子商务平台技术服务收入为 4 846 亿元，同比增长 21.9%。

4. 茶叶电子商务衍生服务业发展现状

电子商务衍生服务是随着电子商务应用的发展而产生的各类专业服务，具有服务水平高、技术含量高的特点，如电子商务策划、电子商务咨询服务、电子商务代运营服务、电子商务营销服务、电子商务品牌服务、电子商务安全服务、电子商务教育培训服务等。

电子商务代运营服务是为企业提供全托式电子商务服务的一种服务模式，即指传统企业以合同的方式委托专业电子商务服务商为企业提供部分或全部的电子商务运营服务。2018 年中国电子商务代运营市场保持高速增长，交易规模达到 9 623 亿元，同比增长 23%。

电子商务营销服务是借助互联网、移动互联网平台完成一系列营销环节，辅助客户实现营销目标，包括营销方案制定、互联网媒体筛选、传播内容策划及效果监测等。是电商企业开拓市场的一种网络营销服务，2018 年服务外包行业互联网营销推广服务的合同签约额和执行金额分别为 28.8 亿美元（同比增长 39%）和 23.1 亿美元（同比增长 42%）。

电子商务咨询服务是指电子商务咨询服务机构对已从事电子商务工作或即将从事电子商务工作的企事业单位或政府的有关电子商务业务进行诊断、提出相应解决方案、协助执行落实方案，以提高客户的经济或社会效益，并从中收取一定的服务费。2018 年电商咨询服务合同签约额和执行额分别为 12.7 亿美元和 6.9 亿美元。

电子商务教育培训服务是指专业教育培训机构（包含各类高校教育机构）为电子商务从业者、电商企业、在校学生等相关人员和机构提供电子商务理论实务、实践操作等教育培训服务。

5. 发展特点与趋势

2016 年 10 月在阿里云栖大会上，阿里巴巴集团创始人马云先生在演讲说到"未来的十年、二十年，没有电子商务这一说，只有新零售"。今天随着新技术、新业务、新模式的不断应用，电子商务服务平台价值链将不断延伸，跨界布局和竞争成为新常态，产业边界越来越模糊，催生出更加广泛的细分领域，最终衍生出新零售成为新的市场力量。服务专业化、多元化也将是必然趋势，也会间接带来电子商务物流、支付、认证、营销等就业岗位的需求。阿里、京东、腾讯三大电商均根据国家需求采取了多种电子商务进农村措施，2018 年全国淘宝村带动就业机会就超过 180 万。根据国家"一带一路"倡议跨境电子商务也将进入增长快车道。

任务二　理解与掌握茶叶电子商务服务业的交易服务类型操作流程

1. 阿里巴巴 B2B 交易服务操作流程

阿里巴巴创立于 1999 年，是中国领先的网上批发平台，是国内 B2B 占有率最高的电子商务平台，2018 年市场份额 28.4%，业务覆盖普通商品、服装、电子产品、原材料、工业部件、农产品和化工产品等 16 个行业大类，提供从原料采购—生产加—现货批发等一系列的供应服务。用户注册超过 1.2 亿，日访问量为 1 200 万，每天再线浏览次数 1.5 亿，企业在线开通旺铺 1 000 万家。

黔南布依族苗族自治州作为西部欠发达地区，对 B2B 电子商务平台的应用近年开始逐步普及（见图 6-7）。

B2B企业	黔南茶企	地区	运营时间	主营行业	成交量	成交金额（元）
1阿里巴巴	贵州启鸿商贸有限公司	贵定	2 年	茶叶	6	300
	都匀高赛水库茶场有限公司	都匀	2年	茶叶	2	1028
	黔南州梅渊商贸有限公司	都匀	3年	茶叶	358	94039
	都匀供销茶叶有限责任公司	都匀	2年	茶叶	110	19444.2
	贵州福茶商贸有限责任公司	都匀	2年	茶叶	223	33886
	都匀匀山茶叶有限责任公司	都匀	2年	茶叶	4	366
	平塘县新光茶叶农民销售专业合作社	平塘	2年	茶叶	3	292
	都匀市大定平安茶叶销售有限公司	都匀	1年	茶叶	7	648
	都匀市匀城春茶叶有限公司	都匀	1年	茶叶	10	2181

注册用户还有以下企业：
都匀市红驷君茶业有限公司　　都匀市森宝绿色食品有限公司　　都匀市剑江茶叶有限责任公司
贵州都云毛尖茶叶有限公司　　都匀市艺峰茶叶商贸有限公司　　贵州都匀岭秀茶社有限公司
贵州黔南州源和茶业有限公司　黔南州贵天下茶业有限公司　　贵州贵台红制茶科技有限公司
平塘县山海原生茶业有限公司　都匀市一脉香茶业商贸有限公司　都匀市甘塘匀香种植有限责任公司
贵州都匀毛尖茶生产贸易有限公司　　都匀市螺丝壳河头茶叶农民专业合作社　等

图 6-7　1688 电子商务平台贵州省黔南州茶企应用情况（2016.9.16 统计）

（1）用户注册

阿里巴巴电子商务平台操作流程，阿里巴巴用户注册用户分企业账户、个人账户。企业账户采取企业信息登记，手机验证完成。

（2）开店准备

要开店首先应完成认证，认证分企业名称认证、个人实名认证（见图 6-8 和 6-9）；其次绑定支付宝（见图 6-10）；最后可使用千牛工作平台开启买卖沟通（见图 6-11）。

企业名称认证需要银行开户名、工商注册号、开户银行、银行对公账号、企业银行账号、手机号码进行验证。个人实名认证需要进行个人类型支付宝来完成认证。绑定支付宝可使买卖双方安全、快速进行网上交易，并实现交易资金记录查询和管理。千牛工作平台是一站式服务，支持店铺经营管理、业务咨询、数据查询等功能。

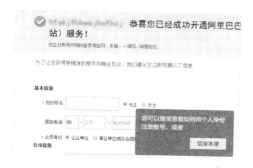

图 6-8　企业账户、个人账户注册页面

图 6-9　企业名称认证、个人实名认证页面

图 6-10　绑定支付宝及企业支付宝账户注册页面

图 6-11　千牛工作平台

（3）开通旺铺

第一，发布公司介绍。发布公司介绍信息，是公司实力的重要展示。信息有主营行业、产品类别、产品占比、供应信息、企业相关证书等。

第二，开通旺铺。旺铺是企业在阿里巴巴网站的店面，是网上的企业形象。在进行身份验证、完善旺铺信息后，就可开通免费旺铺入门版。

（4）发布产品，在线销售

通过平台上架企业产品、管理供应信息，发布供应信息给采购商，吸引采购商进店咨询和采购。采购商下单后，卖家可通过平台查看交易订单，选择物流发货，填写运单号，确保订单及时发货。完成交易后，买卖双方均需要对该笔交易做出评价，交易评价是交易诚信的重要标记。卖家完成交易后，可通过支付宝账户将钱提取到和支付宝账户名字一致的银行卡里，实现货款进账。

（5）会员增值服务

诚信通是阿里巴巴自2002年推出的电子商务会员服务，可采取平台基础应用，实现旺铺建设、商品力打造、店铺营销、B类特色交易、客户管理等数字化生意的全链路应用；可通过构建官方小二与商家的协同服务和培训体系，帮助商家成长。

2. 京东商城B2C交易服务操作流程

京东商城（www. jd. com）创立2004年，是国内B2C交易服务的垄断企业之一，在线销售13大类3 150万种商品。企业入驻方式有第三方零售平台POP商家、自营合作零售平台、拼购合作模式，B2C模式有跨界电商平台：海囤全球、京东海外站；集"零售+餐饮+生活方式"一体化的美食生鲜超市7FRESH；为响应国家"精确扶贫"及"大众创业万众创新"的政策开设的第三方特色店铺：京东优创。

图6-12是京东商城电商平台黔南州的茶企运营情况（2016.9.18统计）。

B2C企业	黔南茶企	主营行业	运营时间	成交量	成交金额（元）
京东商城	黔南州贵天下茶业有限责任公司	茶叶	2014.6.10	4699	1217428.8
	贵州天诚茶业有限公司	茶叶	2016.1.9	879	78965
	山夫道食品专营店	茶叶	2015.5.3	8679	1796395.2

入驻的资费标准是：茗茶/地方土特产 平台使用费1 000元/月 保证金：50 000元
企业入驻条件：
1、公司注册资金不能低于50万人民币。
2、要提供营业执照复印件，组织机构代码证复印件，税务登记证复印件，开户银行许可证复印件，商标注册复印件，品牌销售授权证明复印件，质检报告复印件或产品质量合格证明。
3、所有证件均需在有效期内。
在京东商城上开店需要缴纳入驻费，平台使用费及保证金根据店铺经营类目不同。

图6-12 京东商城电商平台黔南州茶企应用情况（2016.9.18统计）

POP商家入驻流程如图6-13所示。

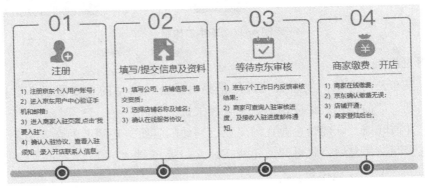

图6-13 POP商家入驻流程

3. 淘宝网C2C交易服务操作流程

淘宝网是亚太地区较大的网络零售、商圈，由阿里巴巴集团在2003年5月创立，有近十亿的注册用户数，每天有超过 6 000 万的固定访客，同时每天的在线商品数已经超过 8 亿件，平均每分钟售出 4.8 万件商品，是国内 C2C 交易服务的寡头垄断市场。

图 6-14 是淘宝网电商平台黔南茶企发展情况（2016. 9. 18 统计）

	C2C企业	黔南茶企	主营行业	运营时间	成交量	成交金额（元）
1	淘宝网	贵州背篼姑娘茶叶发展有限责任公司	茶叶	2010.10.15 2016.8.17-9.18本月热销	17336 291	95246
2		黔南州贵天下茶业有限责任公司	茶叶	2015.11.9	879	78965
3		都匀市正义茶叶专业合作社	茶叶	2016.6.30	138	11538
4		聚福轩茶农合作社	茶叶	2014.7.7	783	44158

图 6-14　淘宝网电商平台黔南茶企发展情况（2016. 9. 18 统计）

淘宝网采用与阿里巴巴相同的电子商务管理平台千牛工作平台开展一站式服务，支持淘宝店铺管理、交易管理、物流管理、商品管理、退款管理等功能。

4. 美团 O2O 交易服务操作流程

O2O 是指将互联网与线下的商务有机结合，让互联网成为线下交易的前台。美团网是 2010 年 3 月 4 日成立的团购网站，2018 年全年美团的交易金额达 5 156.4 亿元，同比增加 44.3%，是国内 O2O 交易服务的领军企业。商务服务涉及餐饮、外卖、酒店旅游、电影、休闲娱乐等 200 多个品类，业务覆盖全国 2 800 个县区市，交易用户总数达 4.0 亿人，平台活跃商家总数达 580 万个。

截至 2019 年 6 月 30，贵州省黔南州茶企只有 44 家通过美团网开展 O2O 交易服务，占黔南州茶企业总数不到 3.5%，服务应用渗透率低，处于较低水平，但对于大部分茶企而言，未来市场发展空间巨大。

美团网开店宝操作流程：

第一步，在手机上下载"美团开店宝"并安装，打开软件后下方点击"注册"，采取手机认证注册；

第二步，选择入驻经营店铺，输入门店名，创建门店，输入门店电话、门店地址、选择经营品类、上传门头图，完成后确认创建；

第三步，等待客服联系，签订协议即开店成功。

开店宝自助操作流程见图 6-15。

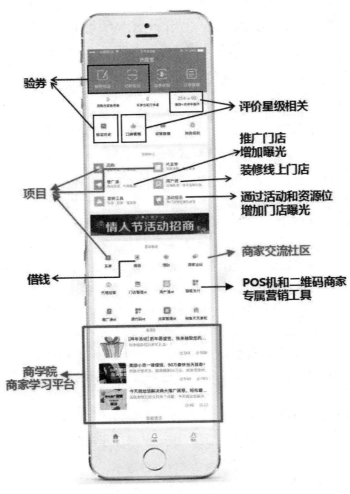

图 6-15 美团开店宝自助操作

思考题

1. 试分析阿里巴巴的电子商务交易服务模式以及营销方式。
2. 试分析京东商城的电子商务交易服务模式以及营销方式。
3. 试分析淘宝网的电子商务交易服务模式以及营销方式。
4. 试分析美团网的电子商务交易服务模式以及营销方式。

学习情境七　都匀毛尖茶文化与茶艺

项目一　都匀毛尖茶文化

任务目标

1. 掌握茶文化的概念。
2. 掌握茶文化传播的历程。
3. 掌握茶文化与茶艺、茶道、茶俗的关系。
4. 了解都匀毛尖茶发展的历史。

任务一　茶文化的概念

茶文化是指人类在种茶、制茶及饮茶的历史实践过程中所创造的物质财富和精神财富的总和。它包括有关茶的历史、著作、传说以及人类品茶的技艺，还有茶在人际交往和文化交流中所具有的特殊作用和意义。

茶文化起源于我国。中国数千年古老而悠远的文明发展史为茶文化的形成和发展奠定了极为丰厚的底蕴。中国茶文化在漫长的孕育与成长过程中，不断融入民族优秀传统文化精髓，并在民族文化巨大而深远的背景下逐步走向成熟。中国茶文化以其独特的审美情趣和鲜明的个性风采成为中华民族灿烂文明的一个重要组成部分。

任务二　茶文化的起源与发展

1. **唐代之前：萌芽时期**

我国是茶叶的故乡。上古时期，神农氏已经发现了茶叶可以解毒。《神农本草经》记载："神农尝百草，日遇七十二毒，得荼而解之。"这里的"荼"就是指茶。春秋战国之前，由于食物匮乏，先民们常常嚼茶叶果腹，并根据茶叶的味道将其归于苦菜一类。到了春秋战国之后，人们往往直接采茶树生叶烹煮成羹汤而饮，饮茶类似喝蔬菜汤。两晋南北朝时期，巴蜀地区已经开始大量种植茶树，饮茶之风慢慢在全国范围内传开。普通百姓以茶待客，文人学士以茶助兴，坐而论道。随后，又衍生出茶与道教养生、茶与祭祀等方面的联系。在这个时期，茶叶不仅从之前的生活必需品转变成了饮品，还进入文学作品和祭祀中，茶成为礼仪交往的载体，进而转变为精神的载体。

2. 唐代：形成时期

到了唐代，饮茶风气已经传遍全国，上至王公贵族，下至平民百姓，都加入饮茶者之列。唐德宗建中元年（公元780年）开始征收茶税。另外，唐朝政府规定每年各地都要选送优质名茶进贡朝廷。贡茶的出现促使各地提高制茶技术，茶叶的加工、贮存和保管技术都上了一个台阶。

唐代的茶叶生产以饼茶为主，饮茶方式主要是煎茶法。茶叶的沏泡包括备器、选水、取火、候汤、习茶等环节。开始强调对泡茶用具、泡茶用水的选择，提出"茶需缓火炙，活火煎"，认为"候汤"是煎茶的关键。沏泡程序主要有：藏茶、炙茶、碾茶、罗茶、煎茶、酌茶、品茶等。

伴随着饮茶风尚的盛行，出现了很多茶书和与茶相关的文学、绘画作品，其中集茶文化之大成者是陆羽。他编著的《茶经》是唐代茶文化形成的标志。《茶经》第一次较全面地总结了唐代以前有关茶叶诸方面的经验，对种茶、采茶、制茶、茶具选择、煮茶火候、用水及如何品饮都有详细地论述，从而推动了茶叶生产和茶学的发展。

除了陆羽之外，唐代著名诗人李白、杜甫、白居易、杜牧、柳宗元、颜真卿等百余位文人共写了400多篇涉及茶事的诗歌，正宗的茶诗就有近70首，其中最著名的是卢仝的《走笔谢孟谏议寄新茶》。当时还首次出现了描绘饮茶场面的绘画，如周昉的《调琴啜茗图》，阎立本的《萧翼赚兰亭图》等。

3. 宋代：发展时期

宋代时期，饮茶风尚更为盛行，既形成了豪华极致的宫廷茶文化，又兴起了趣味盎然的市民茶文化，茶馆文化达到兴盛时期，制茶工艺和饮茶方式也有了新的突破。形成于唐代的茶馆，也叫茶楼、茶肆、茶坊等，到了宋代，饮茶之风达到了兴盛期。宋代制茶工艺有了新突破，福建建安北苑出产的龙凤茶名冠天下，这种模压成龙形或凤形的专用贡茶又称龙团凤饼。这一制茶工艺的出现拓宽了人们对茶的审美范围，即由对色、香、味的品尝，扩展到对形的欣赏，为后代茶叶形制艺术发展奠定了审美基础。

此外，宋代饮茶的方式也有了新的发展，出现了更为高雅的点茶法。点茶法所用的主要茶器有：茶炉、汤瓶、砧椎、茶钤、茶碾、茶磨、茶罗、茶匙、茶筅、茶盏等。此外，点茶法对泡茶用水提出了新的水质标准，认为水以清、轻、甘、洁、活为好，与煎茶法相同的是，点茶道同样认为"候汤"是关键，并且开始根据茶的老嫩确定煮茶的程度。点茶法的主要程序有：藏茶、洗茶、炙茶、碾茶、磨茶、罗茶、点茶、品茶等，特别注重茶汤的形状及其颜色。在品饮时，注重主客间的端、接、饮、叙礼仪。

4. 元、明、清：普及时期

（1）元代

处于唐宋、明清这两个茶文化发展高峰之间的元朝，在我国饮茶史上起了承上启下的作用。元朝的茶文化方面仍然延续了唐宋以来的优秀传统，并有所发展和创新。

元代除了继续饼茶的生产和使用外，散茶也渐渐在茶叶消费中占据一席之地。饼茶主要为皇室宫廷所用，民间则以散茶为主。此外，元代的花茶加工工艺已较为成熟，而且品种多样，有茉莉、木犀、素馨等花茶。

元代的饮茶方式可以分为清饮和调饮两大类。清饮即饮用时不加其他佐料的清茶。调饮即在茶中加入酥油，这种以酥油入茶的饮茶方式，后来影响了中国的饮茶方式。

（2）明代

饮茶风尚发展到明代，发生了具有划时代意义的变革。

第一，废团改散，促进茶及茶文化的发展。历史上正式以国家法令形式废除团饼茶的是明太祖朱元璋。他于洪武二十四年（1391年）下诏："罢造龙团，惟采茶芽以进。"从此，向皇室进贡的茶，只要芽叶形的蒸青散茶。此举是从体察民情、减轻百姓负担的方面来考虑的，却进一步推动了元朝以来"重散略饼"趋势的发展。此外，"废团改散"促进了散茶生产技术的发展，使饮茶方式更简化，也使得散茶品饮这种生活艺术更容易、更广泛地深入到社会生活的方方面面。

第二，饮茶方式的变革。明代的饮茶方式发生了具有划时代意义的变革。随着茶叶加工方法的简化，茶的品饮方式也走向简约化。穷工极巧的饼茶被散茶所代替，盛行了几个世纪的唐烹宋点也变革成用沸水冲泡的撮（cuo）泡法，即用沸水直接冲泡散茶的饮茶法。

第三，形成紫砂茶具的发展高峰。随着冲泡散茶的兴起，茶具中出现了茶壶，且以窑器为上，锡次之。窑器中又以宜兴紫砂为最。紫砂茶具始于宋代，到明代，由于各文化领域潮流的影响、文人的积极参与和倡导、紫砂制造业水平的提高和即时冲泡散茶的流行等，紫砂茶具异军突起，并逐渐走上繁荣之路。

第四，茶文化艺术广泛发展。饮茶风尚的普及，为茶著书立说在明代达到又一个高峰。明太祖第十七子朱权编写的《茶谱》一书，对饮茶之人、饮茶之环境、饮茶之方法和饮茶之礼仪等做了详细介绍。陆树声在《茶寮记》中，提倡于小园之中，设立茶室，有茶灶、茶炉，窗明几净，颇有远俗雅意，强调自然和谐美。此外，明代茶文化在艺术方面的成就也较大，除了茶诗、茶画外，还产生了众多的茶歌、茶戏等。

（3）清代

清代形成更为讲究的饮茶风尚。清初，御膳茶房下设茶房、清茶房和膳房。奶茶是清宫御膳中的主要饮料，皇帝每次用膳完毕，茶房都要适时备供。此外，闽粤地区嗜饮工夫茶者甚众。

在清代，形成茶叶外销的高峰。1886年，我国茶叶出口量达13.41万吨。茶叶的输出常伴以茶文化的传播和交流。这一时期，英国的饮茶风尚逐渐普及，并形成了特有的饮茶风俗、冲泡技艺和礼节，其中有很多中国茶礼的痕迹。

在诗文、歌舞、戏曲等文艺形式中，有很多描绘茶的内容。茶开始成为小说描写对象，在众多小说话本中，如《镜花缘》《儒林外史》《红楼梦》等，茶文化的内容都得到了充分展现，成为当时社会生活最为生动、形象的写照。

5. 现代：弘扬时期

中华人民共和国成立初期，百业待兴，茶文化活动不仅未能成为重点提倡的文化事业，并且还受到了一定的打击。不过，在民间，饮茶早已成为日常生活的一部分，自唐宋以来兴起的茶馆在大小城镇也并未完全绝迹。

改革开放后，特别是在20世纪80年代后期，随着人们物质和文化生活的改善，国内的茶文化出现蓬勃发展的态势。这是继唐宋以来茶文化出现的又一个新高潮，被称为"再现辉煌期"，主要表现在以下几方面：

（1）茶文化社团应运而生

众多茶文化社团的成立，对弘扬茶文化、引导茶文化步入文明健康发展之路和促进"两个文明"建设，起到了重要作用。其中，规模和影响较大的有成立于1992年的"中国际茶文化研究会"以及以团结中华茶人和振兴中华茶业为己任的全国性茶界社会团体"中华茶人联谊会"。除了全国性的茶文化社团，还有一些地方性社团，如浙江湖州的"陆羽茶文化研究会"、广东的"广州市茶文化促进学会"等。

（2）茶文化节和国际茶会不断举办

许多省市每年都举办规模不等的茶文化节和国际茶会或学术研讨会。有的活动是定期举行的，如西湖国际茶会、上海国际茶文化旅游节等；有的是从茶文化的不同层面举办专题性国际学术研讨会，如各国围绕以茶养生专题举行学术研讨会等。

（3）茶文化书刊推陈出新

一些专家学者对茶文化进行了系统、深入的理论研究，出版了数百种茶文化专著。在茶文化书籍大量涌现的同时，还有众多茶文化专业期刊和报纸、报道信息、研讨专题，这些使茶文化活动具有较高的文化品位和理论基础。例如，江西社科院农业考古编辑部出版的《中国茶文化专号》，北京中华茶人联谊会的《中华茶人》，杭州的《茶博览》及各省市茶叶学会和茶文化社团编辑的茶刊等。

（4）茶文化教研机构相继建立

目前，我国已有数十所院校设有茶学专业，以培养茶业专门人才，有的高等院校还设有茶文化专门课程或茶文化研究所。在一些主要的产茶区也设有相应的省级茶叶研究所。此外，随着茶文化活动热情的高涨，除了原有综合性博物馆有茶文化展示外，上海"当代茶圣"吴觉农纪念馆、四川茶叶博物馆等一批博物馆也相继建成。

任务三　茶文化的传播

中国是茶树的原产地，之后逐渐向世界上其他国家进行传播，其传播途径可以分为国内和国外两条基本路线。

1. 茶在国内的传播

中国茶叶的始发点在巴蜀。明朝著名思想家、史学家、语言学家顾炎武曾指出："自秦人取蜀而后，使有茗饮之事"，即认为中国的饮茶，是从秦人统一巴蜀之后才慢慢传播开来。西汉成帝时期，王褒在《僮约》中写道："武阳买茶，烹茶尽具"就反映了西汉时期，在成都一带就已经饮茶成风，茶叶已经商品化了，并且出现了茶具。

茶沿长江而下，使长江中游或华中地区成为茶业中心。秦统一巴蜀以后，茶业随着巴蜀与各地之间经济文化的交流而得到增强，开始由巴蜀地区向东部南部地区传播。三国、西晋时期，随着荆楚茶业和茶文化的日益发展以及有利的地理条件，使长江中或华中地区在中国茶文化传播的地位，逐渐取代巴蜀。三国时期，茶叶已经传到了北方豪门贵族中去。西晋时期，荆汉地区茶业发展迅速，此时，巴蜀独冠全国的优势已经不复存在。

东晋南北朝时期，长江下游和东南沿海地区茶业迅速发展。西晋南渡之后，北方豪门过江侨居，建康（南京）成为我国南方的政治中心。这时，上层社会崇茶之风盛行，推动了茶业和茶文化的发展，也促进了我国茶业向东南推进。

中唐以后，长江中下游地区成为中国茶叶生产和技术中心。唐代中期后，如《膳夫经手录》所载："今关西、山东，闾阎村落皆吃之，累日不食犹得，不得一日无茶。"中原和西北少数民族地区都嗜茶成俗，使茶业得到快速发展。唐代中叶以后，长江中下游茶区，不仅茶产量大幅度提高，制茶技术也达到了当时的最高水平，当时的湖州紫笋和常州阳羡茶还成了贡茶。

宋代茶业重心开始由东向南移。五代至宋初，中国东南及华南地区茶业发展迅速并且逐渐取代长江中下游茶区，成为宋代茶业重心，贡茶也由顾渚紫笋改为福建建安茶。其主要原因是气候的变化，福建气候较暖，如欧阳修所说，"建安三千里，京师三月尝新茶"。由此可见，到了宋代，茶已经传播到了全国各地。

2. 茶向国外的传播

茶在亚洲地区的传播：中国茶业是随着中外文化交流的开展向世界传播的。最早传入朝鲜、日本，之后由南方海路传至印度尼西亚、印度、斯里兰卡等国家，16世纪传至欧洲各国进而传到美洲大陆，并且由我国北方传入波斯和俄国。

（1）茶在东亚地区的传播

4世纪以后，茶叶开始传入朝鲜半岛。当时的朝鲜半岛是高句丽、百济和新罗三国鼎立时期。南北朝和隋唐时期，中国与新罗交往更加密切。新罗使节大廉，在唐文宗太和后期，从中国将茶籽带回新罗种植，朝鲜真正种茶史便由此开始。朝鲜《三国本纪》云："入唐回使大廉，持茶种子来，王使植地理山。茶自善德王时有之，至于此盛焉。"

宋代，新罗人也学习宋代的烹茶技术，同时他们还建立了自己的一套茶礼。高丽时代后期，新罗茶礼的程度和内容，与宋代的宫廷茶宴茶礼有很多相通之处。

唐代中期，中国茶籽被带到日本种植。文献记载：805年，日本高僧最澄，从天台山国清寺师满回国时，带去茶种，植于日本近江。南宋时期，日本僧人荣西两次来华。第一次入宋，带回了茶籽到日本种植。第二次入宋回到日本，在京都修建了建仁寺，在镰仓修建了圣福寺，并在寺院中种植茶树，宣传禅教和茶饮。唐代至元代，日本遣使和学问僧络绎不绝，来到浙江各佛教圣地求学，回国时，不仅带去了茶的种植知识、煮泡技艺，还带去了中国传统的茶道精神，是茶道在日本发扬光大，并形成了具有日本民族特色的艺术形式和精神内涵。

（2）茶在亚洲其他地区的传播

南北朝时期，我国茶叶开始向东南邻国传播。佛教自东汉末年传入越南，10世纪后，佛教被尊为国教。我国茶叶传入越南，最迟也是在这一时期。

1684年，印度尼西亚从我国引入茶籽进行试种。至此，我国茶叶开始传入东南亚地区。

南亚的印度是在1780年由英属东印度公司引入我国茶籽进行种植，到了19世纪后期已是"印度茶之名，充噪于世"。

17世纪，斯里兰卡开始从我国引入茶籽进行试种。

唐代，我国茶叶开始传入西亚阿拉伯国家。

（3）茶在欧洲的传播

宋、元时期，我国对外贸易加强，陶瓷和茶叶成为当时我国主要的出口商品。据记载，欧洲人自己将茶叶在欧洲进行传播，最早是在1517年，葡萄牙海员将中国茶叶带回自己的国家。明神宗万历三十五年（1607），荷兰海船自爪哇来我国澳门贩茶转运欧洲，这是我国茶叶直接销往欧洲的最早记载。1631年，英国船长威式率船队东行，首次从中国直接运去大量茶叶。1658年，英国出现了第一则茶叶广告，是至今为止发现的欧洲最早的茶叶广告。

（4）茶在美洲、大洋洲的传播

茶是在16世纪传入欧洲各国以后，再传到北美大陆的。1784年，美国正式与中国开始茶叶贸易。之后，茶在南美洲国家也开始传播。1812年，巴西引进中国茶叶。1824年，阿根廷引入中国茶籽并在国内种植茶树。

大洋洲饮茶大约是在19世纪初开始的，由一些传教士、商船将茶带到新西兰等地。

（5）茶在非洲的传播

茶传入非洲，始于明代。郑和七次下西洋，历经越南、爪哇、印度、斯里兰卡及阿拉伯半岛，最后到达非洲东岸，每次都带有茶叶，从而将茶叶从中国传入非洲。

任务四　茶文化与茶艺、茶道、茶俗

1. 茶道的概念

茶道属于东方文化，早在我国唐代就有"茶道"这一词语，至今已使用一千多年。2000年出版的《中国茶叶大辞典》对"茶道"的解释为："茶道是以吃茶为契机的综合文化活动。起自中国，传到海外，并形成日本茶道、韩国茶礼等茶道强调环境、气氛和情调，以品茶、置茶、烹茶、点茶为核心，以语言、动作、器具、装饰为体现，以饮茶过程中的思想和精神追求为内涵。"

通俗地说，茶道就是人们在品茗过程中所应遵循之道。它是人们在操作茶艺过程中所追求、所体现的精神境界和道德风尚，经常和人生处世哲学结合起来而具有一种教化功能，从而成为茶人们的行为准则。

2. 茶俗的概念

茶俗是在长期的社会生活中，逐渐形成的以茶为主题或以茶为媒介的风俗、习惯、礼仪，是一定社会政治、经济、文化形态下的产物。茶俗名目繁多，从不同角度可划分为不同类别。例如：以民族划分，有藏族茶俗、回族茶俗、蒙古族茶俗；以阶层划分，有文士茶俗、世俗茶俗等。

3. 茶文化与茶艺、茶道、茶俗

茶艺、茶道、茶俗是茶文化的三个重要方面。其中，茶俗是基础，茶艺指技艺，茶道重精神。三者之间既相互独立，又存在着交叉关系，呈现出你中有我，我中有你的态势。

茶艺是茶道的基础，是茶道的必要条件，茶艺可以独立于茶道而存在。茶道以茶艺为载体，依存于茶艺。茶艺重点在"艺"，重在习茶艺术，以获得审美享受；茶道的重点在"道"，旨在通过茶艺修身养性、参悟大道。

茶道深深根植于茶俗，借用禅宗大师马祖道一的一句话来概述就是"平常心是道"。人们的家居生活、衣食住行之中自有道。因此，茶俗之中蕴含茶道也是情理之中的事。

茶艺重在茶的品饮艺术，追求品饮情趣。茶俗则侧重喝茶和食茶，目的是解决生理需要、物质需要。有些茶俗经过加工提炼可以为茶艺，但绝大多数的茶俗只是民族文化、地方文化的一种，虽然也可以表演，但不能算是茶艺。茶俗，或者说大众的茶事活动，是催生茶艺的土壤，也是培育茶道精神的基础。茶艺来源于茶俗，但并非所有的茶俗都可以上升为茶艺。只有那些经过艺术加工的、富于韵味的茶俗才能畅游于艺术世界。

任务五　都匀毛尖茶发展历史

都匀毛尖茶又名"都匀细毛尖""白毛尖""鱼钩茶""雀舌茶"，产于贵州南部的都匀市。都匀毛尖茶生产历史悠久，迄今已有五百多年。据史料记载，早在明代，都匀产出"鱼钩茶""雀舌茶"已列为"贡品"进献朝廷。都匀毛尖茶是明代崇祯年间以来的历代

皇室贡茶，素有"北有仁怀茅台酒，南有都匀毛尖茶"之美誉。它以优美的外形，独特的风格列为中国名茶珍品之一。茶香飘万里，吸引着中外来客。含多酚类化合物高于一般茶叶10%左右，氨基酸含量也较高。1915年在巴拿马国际赛会上获得优胜奖。1983年被评为全国十大名茶之一。

都匀毛尖茶是中国历史名茶，属绿茶类，有着比较精细的传统加工工艺并流传至今。加工出来的茶叶突出"毛"和"尖"两个根本特征，加工手法独特，技术精湛，原料要求极其考究，每年"清明"前采摘茶树头道芽头，选一芽一叶初展，俗称"瓜米茶"或"雅雀嘴"的茶青，用手工炒制而成，讲究"火中取宝""一气呵成"。制成的毛尖茶翠绿滋润，毫毛满布，紧细卷曲，有一种特别的清香气，饮后生津口爽，余味悠长。

《都匀县志稿》上记载："茶，四乡多产之，产小菁者尤佳（即今都匀市的团山、黄河一带），以有密林防护之。"而且说都匀毛尖茶在1915年在巴拿马万国食品博览会上茶获优奖。

黔南《农业名特优资源》（黔南州农业区划办公室主编，1988）上说："都匀毛尖茶有悠久的历史，成名也较早，据史料记载，早在明代，毛尖茶中的'鱼钩茶''雀舌茶'便是皇室贡品，到乾隆年间，已开始行销海外""1982年6月，在中国名绿茶评比会上，毛尖茶名列中国第二，仅次于南京雨花茶。"

《都匀市志》（贵州人民出版社，1999）中提道："都匀毛尖茶，原产境内团山黄河，时称黄河毛尖茶。该茶在明代已为贡品敬奉朝廷，深受崇祯皇帝喜爱，因形似鱼钩，被赐名'鱼钩茶'。1915年，曾获巴拿马茶叶赛会优质奖。……1982年被评为中国十大名茶之一。"

《都匀县志稿》卷十一"祠庙寺观"中记载"西岳庙，在长秀（今都匀团山一带），旧建，乾隆间毁，知府宋文型重建。"在重建西岳庙时，宋文型刻立有《重建西岳庙碑序》，上面提道："庚子岁（即清乾隆四十五年，1780年）余守匀疆，兼理厂务茶园一局，中在间有西岳王之庙，奉为本厂之神"，"爰是捐俸五十两，命薛允忠督造重修"，希望"镇彼西方，维兹厂局"以求"上裕国课，下佐工商"。由此可知，早在二百多年前都匀就已经有了官办茶园，而且直接由知府兼理，规模已经不小了，以至关系到"上裕国课，下佐工商"之大事。都匀毛尖茶在清乾隆年间，生产规模颇大，行销各地是不争的事实。

都匀毛尖外形可以和碧螺春媲美，内质可以和信阳毛尖并论，鲜叶要求嫩绿匀齐，细小短薄，一芽一叶初展，形似雀舌。外形条索紧细卷细，毫毛显露，色泽绿润；内质香气清嫩鲜，滋味鲜浓回甜，汤色清澈，叶底嫩绿匀齐。

思考题：

1. 简述茶文化传播的意义。
2. 简述茶文化与茶道、茶艺、茶俗之间的关系。
3. 简述都匀毛尖茶的发展史。

4. 简述都匀毛尖茶的品质特征。

项目二　茶艺

任务一　人之美

在茶艺诸要素中茶由人制、境由人创、水由人鉴、茶具器皿由人选择组合、茶艺程序由人编排演示，人是茶艺最根本的要素，同时也是景美的要素。人之美包括：仪表美、风度美、语言美、心灵美。

1. 仪表美

仪表美是形体美、服饰美与发型美的有机综合美。仪表美在一定程度上反映了茶艺表演者个人精神面貌和审美修养，反映出企业总体素质和管理水平，所以必须充分重视。

（1）形体美

从美学的角度看形体美的标准，形体美有五个基本要素，即均衡、对称、比例、曲线、韵律。

（2）服饰美

服饰会影响到茶艺表演的效果，因此服饰应与所要表演的茶艺内容相配套，最好穿着具有民族特色的服装表演。

在正式的表演场合，表演者不可戴手表，不宜佩带过多的装饰品不宜涂抹有香味的化妆品，不宜浓妆艳抹和涂有色指甲油等。如果有条件，女性表演者戴一个玉手镯能平添不少风韵。

（3）发型美

发型美是构成仪表美的三要素之一，同时，是比较容易被忽视的一个要素。

茶艺表演发型的"个性化"不可以与所表演的内容相冲突。发型设计必须结合茶艺的内容，服装的款式，表演者的年龄、身材、脸型、头型、发质等因素，尽可能取得整体和谐美的效果。

2. 风度美

风度美包括仪态美、神韵美、语言美三部分。风度，是在长期的社会生活实践中和一定的文化氛围中逐渐形成的，是社交活动中的无声语言。

（1）仪态美

茶艺表演者的仪态美主要表现在礼仪周全、举止端庄。

在茶事活动中所常用的礼节有五种，即鞠躬礼、伸手礼、注目礼和点头礼、叩手礼和其他。

如斟茶时只能斟到七分满，谓之"酒满敬人，茶满欺人"；当茶杯排为一个圆圈时，斟茶一定要以逆时针方向巡壶，不可顺时针来。

（2）神韵美

神韵美是一个人的神情和风韵的综合反映，它主要表现在表演者的眼神和脸部表情上，即有些文学作品中所描写的眉目传神、顾盼生辉或"一笑百媚生""倾国倾城"。

（3）语言美

茶艺中的语言美包含了语言规范和语言艺术两个层次。要求茶人在人际交往中要谈吐文雅、语调轻柔、语气亲切、态度诚恳、讲究语言艺术。

在茶楼中的语言规范可归纳为：待客有"五声"，待客时宜用"敬语"，杜绝"四语"。

"五声"是指客来有迎声、客问有答声、客助有谢声、客歉安有问声、客走有送声。

"敬语"包含尊敬语、谦让语和郑重语。

"四语"是指蔑视语，烦躁语，不文明的口头语，斗气语。

语言艺术一是要"达意"，二是要"舒适"。

口头语言之美辅以身体语言之美，如手势、眼神、脸部表情的配合则更能让人感受到情真意切。

4. 心灵美

心灵美是人的其他美的真正依托，这种美与仪表美、神韵美、语言美等表层的美相和谐，才可造就出茶人完整的美。

任务二　茶之美

茶之美可分为：茶名之美、茶的外形之美、茶色之美、茶香之美和茶味之美五个方面。

1. 茶的名之美

我国名茶茶名大体上可分为五大类。

第一类是地名加茶树的植物学名称。如西湖龙井、武夷肉桂等。其中的西湖、武夷是地名，龙井、肉桂是茶树的名称。第二类是地名加茶叶的外形特征。如六安瓜片、君山银针等。其中六安、君山是地名，瓜片、银针是茶叶的外形。

第三类是地名加上富有想象力的名称。如庐山云雾、舒城兰花等。其中庐山、舒城是地名，而云雾、兰花等都可引起人们美妙的联想。

第四类是有着美妙动人的传说或典故。如碧螺春、大红袍等。

其他统统可归为第五类型，如寿眉、银毫、金佛、佛手等。

2. 茶的外形美

我国茶分为绿茶、红茶、乌龙茶（青茶）、黄茶、白茶、黑茶六大类。绿茶、红茶、黄茶、白茶等多属于芽茶，一般都是由细嫩的茶芽精制而成。乌龙茶（青茶）属于叶茶。例如安溪"铁观音"就有"青蒂绿腹蜻蜓头"之说。

3. 茶的色之美

茶的色之美包括干茶的茶色和茶汤的汤色两个方面，在茶艺中主要是鉴赏茶的汤色之美。不同的茶类应具有不同的标准汤色。在茶叶审评中常用的术语有"清澈""鲜艳""鲜明""明亮""混浊"等。

4. 茶的香之美

茶香的表现性质就有清香、高香、浓香、幽香、纯香、毫香、嫩香、甜香、火香、陈香等，按照茶香的香型可分为花香型和果香型或细分为水蜜桃香、板栗香、木瓜香、兰花香、桂花香等等。

对于茶香的鉴赏，茶人们一般至少要三闻：一是闻干茶香气，二是闻冲泡后的茶的本香，三是要闻茶香的持久性。

闻香的办法也有三种：一是从氤氲的水汽中闻香，二是闻杯盖上的留香，三是用闻香杯慢慢地细闻杯底留香。茶香有一大特点，就是会随着温度的变化而变化。

5. 茶的味之美

茶有百味，其中主要有苦、涩、甘、鲜、活。苦是指茶汤入口，舌根感到类似奎宁的一种不适味道。涩是指茶汤入口有一股不知的麻舌之感。甘是指茶汤入口回味甜美。鲜是指茶汤的滋味清爽宜人。活是指品茶时人的心理感受到舒适、美妙、有活力。

人生有百味，茶亦有百味，从一杯茶中我们可以有良多的感悟，所以人们常说"茶味人生"。

任务三　水之美

唐代陆羽在《茶经》中说："其水用山水上、江水中、井水下。"

张大复在《梅花草堂笔谈》中提出："茶性必发于水。八分之茶，遇十分之水，茶亦十分矣；八分之水，试十分之茶，茶只八分耳。"说明了在我国茶艺中精茶必须配美水，才能给人至高的享受。

最早提出美水标准的是宋徽宗赵佶，他提出了"水以清、轻、甘、洌为美。"后人在此基础上，又增加了个"活"字。现代茶人认为"清、轻、甘、洌、活"五项指标俱全的水，才称得上宜茶美水。即水质要清、水体要轻、水味要甘、水温要洌、水源要活。水可分为天水和地水。其中，天水类包括了雨、雪、霜、露、雹等。在接收天水时一定要注意卫生。地水类包括了泉水、溪水、江水、河水、湖水、池水、井水等。在地水类中，茶人们最钟爱的是泉水。在中国茶艺中十分注重泉水之美。

任务四　器之美

按质地来分类，茶具可分为陶土茶具、瓷器茶具、金属茶具、漆器茶具、竹木茶具、玻璃茶具和其他茶具七大类。

1. 陶土茶具

最初是粗糙的土陶，然后逐渐演变成比较坚实的硬陶和彩釉陶。

陶器中的佼佼者首推宜兴紫砂茶具。紫砂茶具创始于宋，明代以后大为流行，成为各种茶具中最惹人珍爱的瑰宝。

2. 瓷器茶具

有白瓷茶具、青瓷茶具、黑瓷茶具。

3. 金属茶具

金属茶具是指由金、银、铜、锡等金属制作的茶具。

4. 漆器茶具

漆器茶具较有名的有北京雕漆茶具、福州脱胎茶具、江西鄱阳等地生产的脱胎漆器等，均具有独特的艺术魅力。它具有轻巧美观，色泽光亮，能耐高温耐酸的特点，这种茶具更具有艺术品的功用。

5. 竹木茶具

竹木质地朴素无华且不导热，用于制作茶具有保温不烫手等优点。另外，竹木还有天然纹理，做出的茶具别具一格，很耐观赏。目前主要用竹木制作茶盘、茶池、茶道具、茶叶罐等，也有少数地区用木茶碗饮茶。

6. 玻璃茶具

玻璃茶具是茶具中的后起之秀。玻璃质地透明、可塑性大，制成各种茶具晶莹剔透、光彩夺目、时代感强且价廉物美，所以很受消费者的欢迎。

7. 其他茶具

除了上述六类常见的茶具之外，还有用玉石、水晶、玛瑙以及各种珍稀原料制成的茶具。

在众多茶具中最受人褒贬，最有美学价值的首推紫砂壶。按照壶的泥质，宜兴紫砂壶实际上包括紫砂壶、朱砂壶、绿泥壶和调砂壶等四大类，从造型上分可分为光货、花货、筋囊货等三大类。

茶具的选用要与所要泡的茶叶相适应。茶具的搭配应注意各件茶具外形、质地、色泽等方面的协调与对比，注意对称美与不均齐美的结合应用。

任务五　境之美

人们普遍认为："喝酒喝气氛，品茶品文化。"故品茶和作诗一样，也特别强调情景交融，特别视境之美。

中国茶艺要求在品茶时要做到环境、艺境、人境、心境四境俱美。

1. 环境美

环境，即品茶的场所，包括外部环境和内部环境两个部分。对于外部环境，中国茶艺讲究野幽清寂，渴望回归自然。

中国茶艺讲究林泉逸趣，是因为在这种环境中品茶，茶人与自然最易展开精神上的沟通，茶人的内心世界最易与外部环境交融，使尘心洗净，达到精神上的升华，这才是真正意义上的品茶。

品茶的内部环境要求窗明几净、装修简素、格调高雅、气氛温馨，使人有亲切感和舒适感艺境美"茶能六艺"，在品茶时则讲究"六艺助茶"。六艺是指琴、棋、书、画、诗和金石古玩的收藏与鉴赏，以六艺助茶我们特别注重于音乐和字画。

最宜选播以下三类音乐：我国古典名曲、近代作曲家专门为品茶而谱写的音乐和精心录制的大自然之声。

2. 人境美

所谓人境，即指品茗时人数的多少以及品茗者的人格所构成的人文环境。

品茶不忌人多，但忌人杂。人数不同，可以有不同的意境。一是独品得神，二是对啜得趣，三是众饮得慧。

3. 心境美

品茗是心的歇息、心的放牧、心的澡雪。在品茗时好的心境要是指闲适、虚静、空灵。

任务六　艺之美

茶艺的艺之美，主要包括茶艺程序编排的内涵美和茶艺表演的动作美、神韵美、服装道具美等两个方面。

1. 程序编排的内涵美

一套茶艺的程序美不美要看四个方面：

一看是否"顺茶性"。通俗地说就是按照这套程序来表演茶艺时，如果不能把茶的色、香、味最充分地展示出来，泡不出一壶真正的好茶，那么表演得再花哨也称不得好茶艺。

二看是否"合茶道"。通俗地说就是看这套茶艺是否符合茶道所倡导的"精行俭德"的人文精神，和"和静怡真"的基本理念。茶艺表演既要以道驭艺又要以艺示道。

三看是否科学卫生。目前我国流传较广的茶艺多是在传统的民俗茶艺的基础上整理出来的。有个别程序按照现代的眼光去看是不科学、不卫生的。

四看文化品位。这主要是指各个程序的名称和解说词应当具有较高的文学水平，解说词的内容应当生动、准确、有知识性和趣味性，应能够艺术地介绍出所冲泡的茶叶的特点及历史。

2. 茶艺表演的动作美和神韵美

在表演时要准确把握个性，掌握尺度，表现出茶艺独特的美学风格。

"韵"是我国艺术美学的最高范畴。可以理解为传神、动心、有余意。

在古典美学中常讲"气韵生动"，在茶艺要达到气韵生动要经过三个阶段的训练。

第一阶段要求达到熟练，这是打基础。第二阶段要求动作规范、细腻、到位。第三阶段阶段才是要求传神达韵。

参考文献

潘玉华，2011. 叶加工与审评技术［M］. 厦门：厦门大学出版社．

夏涛，2016. 制茶学［M］. 北京：中国农业出版社．

叶乃兴，2014. 学概论［M］. 北京：中国农业出版社．

成洲，2016. 茶叶加工技术［M］. 北京：中国轻工出版社．

宛晓春，2016. 茶叶生物化学［M］. 北京：中国农业出版社．

施兆鹏，2010. 茶叶审评与检验［M］. 第四版，北京：中国农业出版社．

农艳芳，2012. 茶叶审评与检验［M］. 北京：中国农业出版社．

杨亚军，2017. 评茶员培训教材［M］. 北京：金盾出版社．

潘玉华，2011. 茶叶加工与审评技术［M］. 厦门：厦门大学出版社．

夏涛，2016. 制茶学［M］. 北京：中国农业出版社．

叶乃兴，2014. 茶学概论［M］. 北京：中国农业出版社．

刘宝祥，1980. 茶树的特性与栽培［M］. 上海：上海科学技术出版社．

骆耀平，2014. 茶树栽培学［M］. 北京：中国农业出版社．

陈祖规，1981. 中国茶叶历史资料选集［M］. 北京：农业出版社．

段建真，1992. 遮阴与覆盖对茶园生态的研究［J］. 安徽农学院学报（3）：189-195.

江俊昌，2006. 茶树育种学［M］. 北京：中国农业出版社．

徐泽，2005. 茶树扦插繁育综合技术研究［J］. 西南园艺，33（1）：4-6.

阮建云，吴洵，1997. 土壤水分和施钾对茶树生长及产量的影响［J］. 土壤通报，28（5）：232-234.

王校常，2008. 当前茶园培肥管理中的几个问题探讨［J］. 贵州科学，6（2）：44-47.

谢继金，周继法，2004. 鲜叶采摘及其质量管理［J］. 茶叶，30（4）：232-233.

邹勇，胡根贵，2005. 茶叶采摘与管理［J］. 安徽农学通报，11（1）：71.

毛祖法，1993. 机械化采茶技术［M］. 上海：上海科学技术出版社．

胡翔，2002. 机械化采摘茶园管理技术［J］. 西南园艺，30（2）：49.

谭济才，2017. 茶树病虫害防治学［M］. 北京：中国农业出版社．

陈雪芬，2012. 茶树病虫害防治［M］. 北京：金盾出版社．

科特勒，2010. 营销管理［M］. 第3版. 北京：中国人民大学出版社.

黄彪虎，2008. 市场营销原理与操作［M］. 北京：北京交通大学出版社.

姜含春，2010. 茶叶市场营销学［M］. 北京：中国农业出版社.

万东操，2017. 发展"四众"新模式，推进黔南州人才创业创新［J］. 中国国际财经（中英文），（6）.

万东操，张金华，侯山，等，2018. 都匀毛尖产业与电子商务专业产教融合发展探析［J］. 黔南民族师范学院学报（2）.

张红艳，2016. 电子商务基础与应用［M］. 北京：清华大学出版社.

附　录

附录一　国务院办公厅关于加强我国非物质文化遗产保护工作的意见

国办发〔2005〕18 号

各省、自治区、直辖市人民政府，国务院各部委、各直属机构：

我国是一个历史悠久的文明古国，不仅有大量的物质文化遗产，而且有丰富的非物质文化遗产。党和国家历来重视文化遗产保护，弘扬优秀传统文化，为此做了大量工作并取得了显著成绩。但是，随着全球化趋势的增强，经济和社会的急剧变迁，我国非物质文化遗产的生存、保护和发展遇到很多新的情况和问题，面临着严峻形势。为贯彻落实党的十六大有关扶持对重要文化遗产和优秀民间艺术的保护工作的精神，履行我国加入联合国教科文组织《保护非物质文化遗产公约》的义务，经国务院同意，现就进一步加强我国非物质文化遗产保护工作，提出以下意见：

一、充分认识我国非物质文化遗产保护工作的重要性和紧迫性

非物质文化遗产是各族人民世代相承、与群众生活密切相关的各种传统文化表现形式和文化空间。非物质文化遗产既是历史发展的见证，又是珍贵的、具有重要价值的文化资源。我国各族人民在长期生产生活实践中创造的丰富多彩的非物质文化遗产，是中华民族智慧与文明的结晶，是联结民族情感的纽带和维系国家统一的基础。保护和利用好我国非物质文化遗产，对落实科学发展观，实现经济社会的全面、协调、可持续发展具有重要意义。

非物质文化遗产与物质文化遗产共同承载着人类社会的文明，是世界文化多样性的体现。我国非物质文化遗产所蕴含的中华民族特有的精神价值、思维方式、想象力和文化意识，是维护我国文化身份和文化主权的基本依据。加强非物质文化遗产保护，不仅是国家和民族发展的需要，也是国际社会文明对话和人类社会可持续发展的必然要求。

随着全球化趋势的加强和现代化进程的加快，我国的文化生态发生了巨大变化，非物质文化遗产受到越来越大的冲击。一些依靠口授和行为传承的文化遗产正在不断消失，许多传统技艺濒临消亡，大量有历史、文化价值的珍贵实物与资料遭到毁弃或流失境外，随意滥用、过度开发非物质文化遗产的现象时有发生。加强我国非物质文化遗产的保护已经刻不容缓。

二、非物质文化遗产保护工作的目标和方针

工作目标：通过全社会的努力，逐步建立起比较完备的、有中国特色的非物质文化遗产保护制度，使我国珍贵、濒危并具有历史、文化和科学价值的非物质文化遗产得到有效保护，并得以传承和发扬。

工作指导方针：保护为主、抢救第一、合理利用、传承发展。正确处理保护和利用的关系，坚持非物质文化遗产保护的真实性和整体性，在有效保护的前提下合理利用，防止对非物质文化遗产的误解、歪曲或滥用。在科学认定的基础上，采取有力措施，使非物质文化遗产在全社会得到确认、尊重和弘扬。

工作原则：政府主导、社会参与，明确职责、形成合力；长远规划、分步实施，点面结合、讲求实效。

三、建立名录体系，逐步形成有中国特色的非物质文化遗产保护制度

认真开展非物质文化遗产普查工作。要将普查摸底作为非物质文化遗产保护的基础性工作来抓，统一部署、有序进行。要在充分利用已有工作成果和研究成果的基础上，分地区、分类别制订普查工作方案，组织开展对非物质文化遗产的现状调查，全面了解和掌握各地各民族非物质文化遗产资源的种类、数量、分布状况、生存环境、保护现状及存在问题。要运用文字、录音、录像、数字化多媒体等各种方式，对非物质文化遗产进行真实、系统和全面的记录，建立档案和数据库。

建立非物质文化遗产代表作名录体系。要通过制定评审标准并经过科学认定，建立国家级和省、市、县级非物质文化遗产代表作名录体系。国家级非物质文化遗产代表作名录由国务院批准公布。省、市、县级非物质文化遗产代表作名录由同级政府批准公布，并报上一级政府备案。

加强非物质文化遗产的研究、认定、保存和传播。要组织各类文化单位、科研机构、大专院校及专家学者对非物质文化遗产的重大理论和实践问题进行研究，注重科研成果和现代技术的应用。组织力量对非物质文化遗产进行科学认定，鉴别真伪。经各级政府授权的有关单位可以征集非物质文化遗产实物、资料，并予以妥善保管。采取有效措施，防止珍贵的非物质文化遗产实物和资料流出境外。对非物质文化遗产的物质载体也要予以保护，对已被确定为文物的，要按照《中华人民共和国文物保护法》的相关规定执行。充分发挥各级图书馆、文化馆、博物馆、科技馆等公共文化机构的作用，有条件的地方可设立专题博物馆或展示中心。

建立科学有效的非物质文化遗产传承机制。对列入各级名录的非物质文化遗产代表作，可采取命名、授予称号、表彰奖励、资助扶持等方式，鼓励代表作传承人（团体）进行传习活动。通过社会教育和学校教育，使非物质文化遗产代表作的传承后继有人。要加强非物质文化遗产知识产权的保护。研究探索对传统文化生态保持较完整并具有特殊价值的村落或特定区域，进行动态整体性保护的方式。在传统文化特色鲜明、具有广泛群众基

础的社区、乡村，开展创建民间传统文化之乡的活动。

四、加强领导，落实责任，建立协调有效的工作机制

要发挥政府的主导作用，建立协调有效的保护工作领导机制。由文化部牵头，建立中国非物质文化遗产保护工作部际联席会议制度，统一协调非物质文化遗产保护工作。文化行政部门与各相关部门要积极配合，形成合力。同时，广泛吸纳有关学术研究机构、大专院校、企事业单位、社会团体等各方面力量共同开展非物质文化遗产保护工作。充分发挥专家的作用，建立非物质文化遗产保护的专家咨询机制和检查监督制度。

地方各级政府要加强领导，将保护工作列入重要工作议程，纳入国民经济和社会发展整体规划，纳入文化发展纲要。加强非物质文化遗产保护的法律法规建设，及时研究制定有关政策措施。要制定非物质文化遗产保护规划，明确保护范围、保护措施和目标。中国民族民间文化保护工程是非物质文化遗产保护工作的重要组成部分，要根据其总体规划，有步骤、有重点地循序渐进，逐步实施，为创建中国特色的非物质文化遗产保护制度积累经验。

各级政府要不断加大非物质文化遗产保护工作的经费投入。通过政策引导等措施，鼓励个人、企业和社会团体对非物质文化遗产保护工作进行资助。要加强非物质文化遗产保护工作队伍建设。通过有计划的教育培训，提高现有人员的工作能力和业务水平；充分利用科研院所、高等院校的人才优势和科研优势，大力培养专门人才。

要充分发挥非物质文化遗产对广大未成年人进行传统文化教育和爱国主义教育的重要作用。各级图书馆、文化馆、博物馆、科技馆等公共文化机构要积极开展对非物质文化遗产的传播和展示。教育部门和各级各类学校要逐步将优秀的、体现民族精神与民间特色的非物质文化遗产内容编入有关教材，开展教学活动。鼓励和支持新闻出版、广播电视、互联网等媒体对非物质文化遗产及其保护工作进行宣传展示，普及保护知识，培养保护意识，努力在全社会形成共识，营造保护非物质文化遗产的良好氛围。

国务院办公厅

二〇〇五年三月二十六日

附录二　国家级非物质文化遗产保护与管理暂行办法

（2006 年 10 月 25 日文化部部务会议审议通过，自 2006 年 12 月 1 日起施行）

第一条　为有效保护和传承国家级非物质文化遗产，加强保护工作的管理，特制定本办法。

第二条　本办法所称"国家级非物质文化遗产"是指列入国务院批准公布的国家级非物质文化遗产名录中的所有非物质文化遗产项目。

第三条　国家级非物质文化遗产的保护，实行"保护为主、抢救第一、合理利用、传承发展"的方针，坚持真实性和整体性的保护原则。

第四条　国务院文化行政部门负责组织、协调和监督全国范围内国家级非物质文化遗产的保护工作。

省级人民政府文化行政部门负责组织、协调和监督本行政区域内国家级非物质文化遗产的保护工作。

国家级非物质文化遗产项目所在地人民政府文化行政部门，负责组织、监督该项目的具体保护工作。

第五条　国务院文化行政部门组织制定国家级非物质文化遗产保护整体规划，并定期对规划的实施情况进行检查。

省级人民政府文化行政部门组织制定本行政区域内国家级非物质文化遗产项目的保护规划，经国务院文化行政部门批准后组织实施，并于每年十一月底前向国务院文化行政部门提交保护规划本年度实施情况和下一年度保护工作计划。

第六条　国家级非物质文化遗产项目应当确定保护单位，具体承担该项目的保护与传承工作。保护单位的推荐名单由该项目的申报地区或者单位提出，经省级文化行政部门组织专家审议后，报国务院文化行政部门认定。

第七条　国家级非物质文化遗产项目保护单位应具备以下基本条件：

（一）有该项目代表性传承人或者相对完整的资料；

（二）有实施该项目保护计划的能力；

（三）有开展传承、展示活动的场所和条件。

第八条　国家级非物质文化遗产项目保护单位应当履行以下职责：

（一）全面收集该项目的实物、资料，并登记、整理、建档；

（二）为该项目的传承及相关活动提供必要条件；

（三）有效保护该项目相关的文化场所；

（四）积极开展该项目的展示活动；

（五）向负责该项目具体保护工作的当地人民政府文化行政部门报告项目保护实施情况，并接受监督。

第九条　国务院文化行政部门统一制作国家级非物质文化遗产项目标牌，由省级人民政府文化行政部门交该项目保护单位悬挂和保存。

第十条　国务院文化行政部门对国家级非物质文化遗产项目保护给予必要的经费资助。

县级以上人民政府文化行政部门应当积极争取当地政府的财政支持，对在本行政区域内的国家级非物质文化遗产项目的保护给予资助。

第十一条　国家级非物质文化遗产项目保护单位根据自愿原则，提出该项目代表性传承人的推荐名单，经省级人民政府文化行政部门组织专家评议后，报国务院文化行政部门批准。

第十二条　国家级非物质文化遗产项目代表性传承人应当符合以下条件：

（一）完整掌握该项目或者其特殊技能；

（二）具有该项目公认的代表性、权威性与影响力；

（三）积极开展传承活动，培养后继人才。

第十三条　国家级非物质文化遗产项目代表性传承人应当履行传承义务；丧失传承能力、无法履行传承义务的，应当按照程序另行认定该项目代表性传承人；怠于履行传承义务的，取消其代表性传承人的资格。

第十四条　国务院文化行政部门组织建立国家级非物质文化遗产数据库。有条件的地方，应建立国家级非物质文化遗产博物馆或者展示场所。

第十五条　国务院文化行政部门组织制定国家级非物质文化遗产实物资料等级标准和出入境标准。其中经文物部门认定为文物的，适用文物保护法律法规的有关规定。

第十六条　国家级非物质文化遗产项目保护单位和相关实物资料的保护机构应当建立健全规章制度，妥善保管实物资料，防止损毁和流失。

第十七条　县级以上人民政府文化行政部门应当鼓励、支持通过节日活动、展览、培训、教育、大众传媒等手段，宣传、普及国家级非物质文化遗产知识，促进其传承和社会共享。

第十八条　省级人民政府文化行政部门应当对国家级非物质文化遗产项目所依存的文化场所划定保护范围，制作标识说明，进行整体性保护，并报国务院文化行政部门备案。

第十九条　省级人民政府文化行政部门可以选择本行政区域内的国家级非物质文化遗产项目，为申报联合国教科文组织"人类非物质文化遗产代表作"，向国务院文化行政部门提出申请。

第二十条　国家级非物质文化遗产项目的名称和保护单位不得擅自变更；未经国务院文化行政部门批准，不得对国家级非物质文化遗产项目标牌进行复制或者转让。

国家级非物质文化遗产项目的域名和商标注册和保护，依据相关法律法规执行。

第二十一条 利用国家级非物质文化遗产项目进行艺术创作、产品开发、旅游活动等，应当尊重其原真形式和文化内涵，防止歪曲与滥用。

第二十二条 国家级非物质文化遗产项目含有国家秘密的，应当按照国家保密法律法规的规定确定密级，予以保护；含有商业秘密的，按照国家有关法律法规执行。

第二十三条 各级人民政府文化行政部门应当鼓励和支持企事业单位、社会团体和个人捐赠国家级非物质文化遗产实物资料或者捐赠资金和实物用于国家级非物质文化遗产保护。

第二十四条 国务院文化行政部门对在国家级非物质文化遗产保护工作中有突出贡献的单位和个人，给予表彰奖励。

第二十五条 国务院文化行政部门定期组织对国家级非物质文化遗产项目保护情况的检查。

国家级非物质文化遗产项目保护单位有下列行为之一的，由县级以上人民政府文化行政部门责令改正，并视情节轻重予以警告、严重警告，直至解除其保护单位资格：

（一）擅自复制或者转让标牌的；

（二）侵占国家级非物质文化遗产珍贵实物资料的；

（三）怠于履行保护职责的。

第二十六条 有下列行为之一的，对负有责任的主管人员和其他直接责任人员依法给予行政处分；构成犯罪的，依法追究刑事责任：

（一）擅自变更国家级非物质文化遗产项目名称或者保护单位的；

（二）玩忽职守，致使国家级非物质文化遗产所依存的文化场所及其环境造成破坏的；

（三）贪污、挪用国家级非物质文化遗产项目保护经费的。

第二十七条 本办法由国务院文化行政部门负责解释。

第二十八条 本办法自2006年12月1日起施行。

附录三 中华人民共和国非物质文化遗产法

（2011年2月25日第十一届全国人民代表大会常务委员会第十九次会议通过）

第一章 总 则

第一条 为了继承和弘扬中华民族优秀传统文化，促进社会主义精神文明建设，加强非物质文化遗产保护、保存工作，制定本法。

第二条 本法所称非物质文化遗产，是指各族人民世代相传并视为其文化遗产组成部分的各种传统文化表现形式，以及与传统文化表现形式相关的实物和场所。包括：

（一）传统口头文学以及作为其载体的语言；

（二）传统美术、书法、音乐、舞蹈、戏剧、曲艺和杂技；

（三）传统技艺、医药和历法；

（四）传统礼仪、节庆等民俗；

（五）传统体育和游艺；

（六）其他非物质文化遗产。

属于非物质文化遗产组成部分的实物和场所，凡属文物的，适用《中华人民共和国文物保护法》的有关规定。

第三条　国家对非物质文化遗产采取认定、记录、建档等措施予以保存，对体现中华民族优秀传统文化，具有历史、文学、艺术、科学价值的非物质文化遗产采取传承、传播等措施予以保护。

第四条　保护非物质文化遗产，应当注重其真实性、整体性和传承性，有利于增强中华民族的文化认同，有利于维护国家统一和民族团结，有利于促进社会和谐和可持续发展。

第五条　使用非物质文化遗产，应当尊重其形式和内涵。

禁止以歪曲、贬损等方式使用非物质文化遗产。

第六条　县级以上人民政府应当将非物质文化遗产保护、保存工作纳入本级国民经济和社会发展规划，并将保护、保存经费列入本级财政预算。

国家扶持民族地区、边远地区、贫困地区的非物质文化遗产保护、保存工作。

第七条　国务院文化主管部门负责全国非物质文化遗产的保护、保存工作；县级以上地方人民政府文化主管部门负责本行政区域内非物质文化遗产的保护、保存工作。

县级以上人民政府其他有关部门在各自职责范围内，负责有关非物质文化遗产的保护、保存工作。

第八条　县级以上人民政府应当加强对非物质文化遗产保护工作的宣传，提高全社会保护非物质文化遗产的意识。

第九条　国家鼓励和支持公民、法人和其他组织参与非物质文化遗产保护工作。

第十条　对在非物质文化遗产保护工作中做出显著贡献的组织和个人，按照国家有关规定予以表彰、奖励。

第二章　非物质文化遗产的调查

第十一条　县级以上人民政府根据非物质文化遗产保护、保存工作需要，组织非物质文化遗产调查。非物质文化遗产调查由文化主管部门负责进行。

县级以上人民政府其他有关部门可以对其工作领域内的非物质文化遗产进行调查。

第十二条　文化主管部门和其他有关部门进行非物质文化遗产调查，应当对非物质文化遗产予以认定、记录、建档，建立健全调查信息共享机制。

文化主管部门和其他有关部门进行非物质文化遗产调查，应当收集属于非物质文化遗产组成部分的代表性实物，整理调查工作中取得的资料，并妥善保存，防止损毁、流失。其他有关部门取得的实物图片、资料复制件，应当汇交给同级文化主管部门。

第十三条　文化主管部门应当全面了解非物质文化遗产有关情况，建立非物质文化遗产档案及相关数据库。除依法应当保密的外，非物质文化遗产档案及相关数据信息应当公开，便于公众查阅。

第十四条　公民、法人和其他组织可以依法进行非物质文化遗产调查。

第十五条　境外组织或者个人在中华人民共和国境内进行非物质文化遗产调查，应当报经省、自治区、直辖市人民政府文化主管部门批准；调查在两个以上省、自治区、直辖市行政区域进行的，应当报经国务院文化主管部门批准；调查结束后，应当向批准调查的文化主管部门提交调查报告和调查中取得的实物图片、资料复制件。

境外组织在中华人民共和国境内进行非物质文化遗产调查，应当与境内非物质文化遗产学术研究机构合作进行。

第十六条　进行非物质文化遗产调查，应当征得调查对象的同意，尊重其风俗习惯，不得损害其合法权益。

第十七条　对通过调查或者其他途径发现的濒临消失的非物质文化遗产项目，县级人民政府文化主管部门应当立即予以记录并收集有关实物，或者采取其他抢救性保存措施；对需要传承的，应当采取有效措施支持传承。

第三章　非物质文化遗产代表性项目名录

第十八条　国务院建立国家级非物质文化遗产代表性项目名录，将体现中华民族优秀传统文化，具有重大历史、文学、艺术、科学价值的非物质文化遗产项目列入名录予以保护。

省、自治区、直辖市人民政府建立地方非物质文化遗产代表性项目名录，将本行政区域内体现中华民族优秀传统文化，具有历史、文学、艺术、科学价值的非物质文化遗产项目列入名录予以保护。

第十九条　省、自治区、直辖市人民政府可以从本省、自治区、直辖市非物质文化遗产代表性项目名录中向国务院文化主管部门推荐列入国家级非物质文化遗产代表性项目名录的项目。推荐时应当提交下列材料：

（一）项目介绍，包括项目的名称、历史、现状和价值；

（二）传承情况介绍，包括传承范围、传承谱系、传承人的技艺水平、传承活动的社会影响；

（三）保护要求，包括保护应当达到的目标和应当采取的措施、步骤、管理制度；

（四）有助于说明项目的视听资料等材料。

第二十条　公民、法人和其他组织认为某项非物质文化遗产体现中华民族优秀传统文化，具有重大历史、文学、艺术、科学价值的，可以向省、自治区、直辖市人民政府或者国务院文化主管部门提出列入国家级非物质文化遗产代表性项目名录的建议。

第二十一条　相同的非物质文化遗产项目，其形式和内涵在两个以上地区均保持完整的，可以同时列入国家级非物质文化遗产代表性项目名录。

第二十二条　国务院文化主管部门应当组织专家评审小组和专家评审委员会，对推荐或者建议列入国家级非物质文化遗产代表性项目名录的非物质文化遗产项目进行初评和审议。

初评意见应当经专家评审小组成员过半数通过。专家评审委员会对初评意见进行审议，提出审议意见。

评审工作应当遵循公开、公平、公正的原则。

第二十三条　国务院文化主管部门应当将拟列入国家级非物质文化遗产代表性项目名录的项目予以公示，征求公众意见。公示时间不得少于二十日。

第二十四条　国务院文化主管部门根据专家评审委员会的审议意见和公示结果，拟订国家级非物质文化遗产代表性项目名录，报国务院批准、公布。

第二十五条　国务院文化主管部门应当组织制定保护规划，对国家级非物质文化遗产代表性项目予以保护。

省、自治区、直辖市人民政府文化主管部门应当组织制定保护规划，对本级人民政府批准公布的地方非物质文化遗产代表性项目予以保护。

制定非物质文化遗产代表性项目保护规划，应当对濒临消失的非物质文化遗产代表性项目予以重点保护。

第二十六条　对非物质文化遗产代表性项目集中、特色鲜明、形式和内涵保持完整的特定区域，当地文化主管部门可以制定专项保护规划，报经本级人民政府批准后，实行区域性整体保护。确定对非物质文化遗产实行区域性整体保护，应当尊重当地居民的意愿，并保护属于非物质文化遗产组成部分的实物和场所，避免遭受破坏。

实行区域性整体保护涉及非物质文化遗产集中地村镇或者街区空间规划的，应当由当地城乡规划主管部门依据相关法规制定专项保护规划。

第二十七条　国务院文化主管部门和省、自治区、直辖市人民政府文化主管部门应当对非物质文化遗产代表性项目保护规划的实施情况进行监督检查；发现保护规划未能有效实施的，应当及时纠正、处理。

第四章 非物质文化遗产的传承与传播

第二十八条　国家鼓励和支持开展非物质文化遗产代表性项目的传承、传播。

第二十九条　国务院文化主管部门和省、自治区、直辖市人民政府文化主管部门对本级人民政府批准公布的非物质文化遗产代表性项目，可以认定代表性传承人。

非物质文化遗产代表性项目的代表性传承人应当符合下列条件：

（一）熟练掌握其传承的非物质文化遗产；

（二）在特定领域内具有代表性，并在一定区域内具有较大影响；

（三）积极开展传承活动。

认定非物质文化遗产代表性项目的代表性传承人，应当参照执行本法有关非物质文化遗产代表性项目评审的规定，并将所认定的代表性传承人名单予以公布。

第三十条　县级以上人民政府文化主管部门根据需要，采取下列措施，支持非物质文化遗产代表性项目的代表性传承人开展传承、传播活动：

（一）提供必要的传承场所；

（二）提供必要的经费资助其开展授徒、传艺、交流等活动；

（三）支持其参与社会公益性活动；

（四）支持其开展传承、传播活动的其他措施。

第三十一条　非物质文化遗产代表性项目的代表性传承人应当履行下列义务：

（一）开展传承活动，培养后继人才；

（二）妥善保存相关的实物、资料；

（三）配合文化主管部门和其他有关部门进行非物质文化遗产调查；

（四）参与非物质文化遗产公益性宣传。

非物质文化遗产代表性项目的代表性传承人无正当理由不履行前款规定义务的，文化主管部门可以取消其代表性传承人资格，重新认定该项目的代表性传承人；丧失传承能力的，文化主管部门可以重新认定该项目的代表性传承人。

第三十二条　县级以上人民政府应当结合实际情况，采取有效措施，组织文化主管部门和其他有关部门宣传、展示非物质文化遗产代表性项目。

第三十三条　国家鼓励开展与非物质文化遗产有关的科学技术研究和非物质文化遗产保护、保存方法研究，鼓励开展非物质文化遗产的记录和非物质文化遗产代表性项目的整理、出版等活动。

第三十四条　学校应当按照国务院教育主管部门的规定，开展相关的非物质文化遗产教育。

新闻媒体应当开展非物质文化遗产代表性项目的宣传，普及非物质文化遗产知识。

第三十五条　图书馆、文化馆、博物馆、科技馆等公共文化机构和非物质文化遗产学术研究机构、保护机构以及利用财政性资金举办的文艺表演团体、演出场所经营单位等，应当根据各自业务范围，开展非物质文化遗产的整理、研究、学术交流和非物质文化遗产代表性项目的宣传、展示。

第三十六条　国家鼓励和支持公民、法人和其他组织依法设立非物质文化遗产展示场所和传承场所，展示和传承非物质文化遗产代表性项目。

第三十七条　国家鼓励和支持发挥非物质文化遗产资源的特殊优势，在有效保护的基础上，合理利用非物质文化遗产代表性项目开发具有地方、民族特色和市场潜力的文化产品和文化服务。

开发利用非物质文化遗产代表性项目的，应当支持代表性传承人开展传承活动，保护属于该项目组成部分的实物和场所。

县级以上地方人民政府应当对合理利用非物质文化遗产代表性项目的单位予以扶持。单位合理利用非物质文化遗产代表性项目的，依法享受国家规定的税收优惠。

第五章 法律责任

第三十八条 文化主管部门和其他有关部门的工作人员在非物质文化遗产保护、保存工作中玩忽职守、滥用职权、徇私舞弊的，依法给予处分。

第三十九条 文化主管部门和其他有关部门的工作人员进行非物质文化遗产调查时侵犯调查对象风俗习惯，造成严重后果的，依法给予处分。

第四十条 违反本法规定，破坏属于非物质文化遗产组成部分的实物和场所的，依法承担民事责任；构成违反治安管理行为的，依法给予治安管理处罚。

第四十一条 境外组织违反本法第十五条规定的，由文化主管部门责令改正，给予警告，没收违法所得及调查中取得的实物、资料；情节严重的，并处十万元以上五十万元以下的罚款。

境外个人违反本法第十五条第一款规定的，由文化主管部门责令改正，给予警告，没收违法所得及调查中取得的实物、资料；情节严重的，并处一万元以上五万元以下的罚款。

第四十二条 违反本法规定，构成犯罪的，依法追究刑事责任。

第六章 附 则

第四十三条 建立地方非物质文化遗产代表性项目名录的办法，由省、自治区、直辖市参照本法有关规定制定。

第四十四条 使用非物质文化遗产涉及知识产权的，适用有关法律、行政法规的规定。

对传统医药、传统工艺美术等的保护，其他法律、行政法规另有规定的，依照其规定。

第四十五条 本法自 2011 年 6 月 1 日起施行。

附录四 贵州省非物质文化遗产保护条例

（2012 年 3 月 30 日贵州省第十一届人民代表大会常务委员会第二十七次会议通过）

第一章 总 则

第一条 为了继承和弘扬优秀传统文化，推动社会主义文化大发展大繁荣，促进社会主义精神文明建设，加强对非物质文化遗产的保护，根据《中华人民共和国非物质文化遗产法》和有关法律、法规的规定，结合本省实际，制定本条例。

第二条 本省行政区域内非物质文化遗产的保护和管理适用本条例。

第三条 本条例所称非物质文化遗产，是指各族人民世代相传并视为其文化遗产组成部分的各种传统文化表现形式，以及与传统文化表现形式相关的实物和场所。包括：

（一）传统口头文学以及作为其载体的语言；

（二）传统美术、书法、音乐、舞蹈、戏剧、曲艺和杂技；

（三）传统技艺、医药和历法；

（四）传统礼仪、节庆等民俗；

（五）传统体育和游艺；

（六）其他非物质文化遗产。

属于非物质文化遗产组成部分的实物和场所，凡属文物的，适用《中华人民共和国文物保护法》的有关规定。

第四条 对非物质文化遗产实行保护为主、抢救第一、合理利用、传承发展的方针，坚持真实性和整体性的原则。

第五条 县级以上人民政府应当制定非物质文化遗产保护规划，将非物质文化遗产保护工作纳入国民经济和社会发展规划，所需保护经费列入本级财政预算。

第六条 县级以上人民政府文化主管部门负责本行政区域内的非物质文化遗产保护和管理工作。

县级以上人民政府有关部门按照各自职责，做好非物质文化遗产保护和管理工作。

乡镇人民政府、街道办事处（社区）会同县级人民政府文化主管部门做好非物质文化遗产保护工作。

村（居）民委员会协助当地人民政府做好非物质文化遗产保护工作，文化主管部门应当给予指导和支持。

第七条 县级以上人民政府及有关部门应当在资金、项目上对民族地区的非物质文化遗产保护给予支持。

第八条 鼓励单位和个人通过捐赠等方式依法设立非物质文化遗产保护资金，专门用于非物质文化遗产保护。

任何单位和个人不得侵占、挪用非物质文化遗产保护资金。

第二章　非物质文化遗产调查

第九条　县级以上人民政府负责组织对非物质文化遗产进行普查、调查，文化主管部门具体实施，并对非物质文化遗产予以认定、记录，建立档案和数据库。

单位和个人应当在调查所在地人民政府文化主管部门的管理下依法进行非物质文化遗产调查。

第十条　中华人民共和国境外的组织或者个人在本省进行非物质文化遗产调查，应当向省人民政府文化主管部门提出申请，载明调查的内容、对象、时间、地点、调查组织或者人员等情况；省人民政府文化主管部门应当自受理申请后15日内做出是否批准的书面决定；获得批准的申请人应当将批准文件送交调查所在地县级人民政府文化主管部门后，方可开展调查活动。

中华人民共和国境外的组织在本省进行非物质文化遗产调查，应当与境内非物质文化遗产学术研究机构合作进行。

第十一条　开展非物质文化遗产的调查、考察、采访和实物征集等活动时，应当征得被调查对象同意，尊重民族风俗、信仰和习惯，尊重真实性、完整性，不得歪曲和滥用，不得非法占有、损毁非物质文化遗产的资料、实物，不得侵害被调查对象的合法权益。

第十二条　对濒临消失的非物质文化遗产项目，县级人民政府文化主管部门应当及时予以记录和收集有关实物，并立即采取抢救性保护措施。

第十三条　县级以上人民政府文化主管部门和其他有关部门对在调查中取得的非物质文化遗产实物和资料，应当妥善保存，防止损毁、流失；其他有关部门取得的实物图片、资料复制件及电子档案，应当在30日内汇交给同级人民政府文化主管部门。

县级以上人民政府文化主管部门对捐赠非物质文化遗产相关资料和实物的单位和个人应当予以奖励。

第三章　非物质文化遗产代表性项目名录

第十四条　县级以上人民政府应当建立本级非物质文化遗产代表性项目名录，将体现优秀传统文化，具有历史、文学、艺术、科学价值的非物质文化遗产列入名录予以保护。

县级以上人民政府文化主管部门制定本行政区域内非物质文化遗产代表性项目的保护规划，并组织实施。

第十五条　县级以上人民政府文化主管部门应当建立非物质文化遗产代表性项目专家评审制度。

第十六条　单位和个人可以向所在地人民政府文化主管部门提出列入非物质文化遗产代表性项目名录的申请。

单位和个人认为某项非物质文化遗产体现优秀传统文化，具有历史、文学、艺术、科学价值的，可以向县级以上人民政府或者文化主管部门提出列入非物质文化遗产代表性项目名录的建议。

鼓励单位和个人向县级以上人民政府文化主管部门提供非物质文化遗产线索。

第十七条　列入非物质文化遗产代表性项目名录的，应当符合下列条件：

（一）具有突出的历史、文学、艺术、科学价值；

（二）具有优秀传统文化的典型性、代表性；

（三）具有在一定群体或者地域范围内世代传承传播的特点；

（四）具有地域和民族特色，在本行政区域内有较大影响力。

第十八条　列入非物质文化遗产代表性项目名录的项目，文化主管部门应当确定相应的保护责任单位；保护责任单位应当具有该项目相对完整的资料，具备实施该项目保护计划的能力和开展传承、展示活动的场所及条件。

第十九条　保护责任单位应当履行下列职责：

（一）收集该项目的实物、资料，并登记、整理、建档；

（二）保护该项目相关的文化场所；

（三）开展该项目的展示展演活动；

（四）为该项目传承及相关活动提供必要条件；

（五）定期报告项目保护实施情况，并接受监督。

第二十条　县级以上人民政府文化主管部门应当将拟列入本级非物质文化遗产代表性项目名录的项目予以公示，征求公众意见。公示时间不得少于20日。

公示期间，单位和个人可以书面提出异议。县级以上人民政府文化主管部门经过调查，认为异议不成立的，应当在30日内书面告知异议人并说明理由；异议成立的，应当重新组织专家按照规定的程序进行评审。

第二十一条　县级以上人民政府文化主管部门根据专家评审委员会的意见和公示结果，拟定本级非物质文化遗产代表性项目名录，报本级人民政府批准、公布，并报上一级人民政府文化主管部门备案。

第二十二条　市、州、县级人民政府可以从本级非物质文化遗产代表性项目名录中向上一级文化主管部门推荐列入上一级非物质文化遗产代表性项目名录的项目。

上级人民政府文化主管部门经本级人民政府批准，可以将下级名录的非物质文化遗产项目列入本级名录。

第二十三条　县级以上人民政府文化主管部门应当每2年对本级非物质文化遗产代表性项目的保护情况进行评估。评估不合格的，责令限期整改，整改后仍不合格的，变更非物质文化遗产代表性项目保护责任单位；无法变更或者项目失传的，命名机关取消其非物质文化遗产代表性项目名录资格。

第四章　非物质文化遗产代表性项目的代表性传承人

第二十四条　符合条件的个人可以申请非物质文化遗产代表性项目的代表性传承人。

单位和个人可以推荐非物质文化遗产代表性项目的代表性传承人；单位和个人推荐非物质文化遗产代表性项目的代表性传承人，应当征得被推荐人的书面同意。

申请和推荐非物质文化遗产代表性项目的代表性传承人，应当向县级以上人民政府文化主管部门提交以下材料，材料应当真实、准确：

（一）被推荐人或者申请人的基本情况；

（二）该项目的传承谱系以及被推荐人或者申请人的学艺与传承经历；

（三）被推荐人或者申请人的技艺特点、成就及相关的证明材料；

（四）被推荐人或者申请人持有该项目的相关实物、资料的情况；

（五）其他说明被推荐人或者申请人代表性的材料。

非物质文化遗产代表性项目的代表性传承人名单经县级以上人民政府文化主管部门认定后公布。

第二十五条　非物质文化遗产代表性项目的代表性传承人应当依法履行义务，并享有下列权利：

（一）开展传艺、技艺展示、讲学以及艺术创作、学术研究等活动；

（二）享受人民政府规定的传承补贴；

（三）按照师承形式或者其他方式选择、培养传承人；

（四）依法提供有关原始资料、实物、场所等；

（五）参加有关活动取得相应的报酬；

（六）其他与非物质文化遗产保护相关的权利。

第二十六条　对做出重要贡献的非物质文化遗产代表性项目的代表性传承人和保护责任单位，由省人民政府文化主管部门报省人民政府核准，授予杰出传承人和优秀保护责任单位称号，并给予奖励。

市、州、县级人民政府对在非物质文化遗产的传承或者保护中做出突出贡献的非物质文化遗产代表性项目的代表性传承人和保护责任单位，给予表彰和奖励。

第二十七条　县级以上人民政府文化主管部门应当采取下列措施支持非物质文化遗产代表性项目的代表性传承人和保护责任单位开展传承活动：

（一）记录、整理、出版有关技艺资料；

（二）提供必要的传承活动场所；

（三）给予必要的经费资助；

（四）组织开展研讨、展示、宣传、交流等活动；

（五）其他有利于项目传承的措施。

第二十八条　县级以上人民政府文化主管部门应当每 2 年对非物质文化遗产代表性项目的代表性传承人进行考评。

非物质文化遗产代表性项目的代表性传承人无正当理由不履行法律规定义务，或者在传艺、展示、讲学等活动中随意改变非物质文化遗产性质谋取非法利益的，命名机关可以取消其代表性传承人资格，重新认定该项目的代表性传承人；丧失传承能力的，命名机关可以重新认定该项目的代表性传承人。

第五章　文化生态保护区

第二十九条　非物质文化遗产资源丰富、保存较完整、特色鲜明、历史文化积淀丰厚、存续状态良好，具有重要价值和广泛群众基础的特定区域，可以申请设立文化生态保护区，实行区域性整体保护。

第三十条　设立文化生态保护区，由所在地县级人民政府组织有关部门编制保护规划，听取保护区内村（居）民的意见，提出申请，经上一级人民政府审核后，报省人民政府批准、公布。

文化生态保护区跨两个以上县级行政区域的，可以联合申报。

申请设立国家级文化生态保护区，按照国家有关规定办理。

第三十一条　县级以上人民政府应当划定文化生态保护区保护范围，并设立保护标志。

文化生态保护区内对列为非物质文化遗产代表性名录项目所涉及的建（构）筑物、场所、遗迹等，文化生态保护区所在地人民政府应当在城乡规划和建设中采取措施予以保护。

第三十二条　文化生态保护区内的建设项目选址和设计方案应当符合文化生态保护区的保护规划。

文化生态保护区内与非物质文化遗产相关的建（构）筑物、场所、遗迹等不得擅自修缮、改造；确需修缮、改造的，其风格、色彩及形式应当与相邻传统建筑的风貌相一致，并接受文化、住房和城乡建设等相关部门的指导和管理。

第三十三条　文化生态保护区应当建立非物质文化遗产展示馆（室）。

鼓励单位和个人在文化生态保护区建立非物质文化遗产馆和传习所，开展对非物质文化遗产研究，展示非物质文化遗产项目。

第三十四条　县级以上人民政府文化主管部门应当对文化生态保护区的保护规划的实施情况进行监督检查；发现保护规划未能有效实施的，应当及时纠正、处理。

第六章　传播与利用

第三十五条　县级以上人民政府应当采取措施，支持非物质文化遗产的传播与利用，加强对非物质文化遗产研究人才的扶持和培养。

第三十六条　县级以上人民政府应当有计划地建立收藏、展示、研究和传承非物质文化遗产的专门场所；对列为非物质文化遗产代表性项目名录的相关建（构）筑物、场所、遗迹等，在不改变其原有风貌、文化内涵的前提下，应当向公众开放。

对与非物质文化遗产相关的具有重要历史、文化、艺术、科学价值的建（构）筑物、场所、遗迹等，有关部门应当提供必要的维护经费。

第三十七条　鼓励、支持单位和个人结合节庆、当地民间习俗等，开展非物质文化遗产代表性项目的展示、展演等活动。

第三十八条　广播、电视、互联网、报刊等新闻媒体应当宣传非物质文化遗产保护工作，普及非物质文化遗产保护知识，培养全社会非物质文化遗产保护意识。

鼓励和支持教育机构以开设相关课程等形式开展传播、弘扬优秀非物质文化遗产活动。

鼓励和支持中小学校将本地优秀的非物质文化遗产项目内容纳入素质教育。

鼓励和支持科研机构、高等院校开展非物质文化遗产保护的研究和专门人才培养。

第三十九条　县级以上人民政府可以结合本地非物质文化遗产资源优势，鼓励、支持单位和个人合理利用非物质文化遗产代表性项目，进行弘扬优秀民族传统文化的文艺创作，开发具有地方特色、民族特色和市场潜力的文化产品和开展文化服务。

第四十条　对合理利用非物质文化遗产代表性项目发展民族文化产业的单位和个人，文化产业发展专项资金应当予以扶持。

第四十一条　涉及国家秘密或者商业秘密的非物质文化遗产代表性项目，应当按照有关法律、法规的规定进行传播、利用。

第七章　权利保障

第四十二条　非物质文化遗产代表性项目保护责任单位和代表性传承人依法行使该非物质文化遗产代表性项目的相关权利。

第四十三条　县级以上人民政府文化主管部门应当会同有关部门，鼓励、支持非物质文化遗产代表性项目的代表性传承人和保护责任单位将项目申请专利、注册商标、申报地理标志、登记版权等。

单位和个人合法拥有的非物质文化遗产代表性项目的实物、资料、建（构）筑物、场所等，其所有权或者使用权受法律保护。

第四十四条　利用非物质文化遗产代表性项目应当注明项目名称及所在地、所属民族等相关信息，不得进行虚假或者误导性宣传。

第四十五条　在特定区域利用非物质文化遗产项目从事整体开发经营活动的，应当与该区域相关组织及村（居）民代表约定利益分配方式。

第四十六条　单位和个人开发非物质文化遗产产品、开展非物质文化遗产旅游服务等相关产业的，依照国家和省的相关规定享受税收等优惠政策。

第八章　法律责任

第四十七条　县级以上人民政府文化主管部门和其他有关部门的工作人员在非物质文化遗产保护工作中玩忽职守、滥用职权、徇私舞弊，以及在进行非物质文化遗产调查时侵犯被调查对象风俗习惯，造成严重后果，尚不构成犯罪的，依法给予行政处分。

第四十八条　违反本条例规定，在申报非物质文化遗产代表性项目、代表性传承人过程中弄虚作假的，由县级以上人民政府文化主管部门给予警告；被列入非物质文化遗产代表性项目名录或者取得代表性传承人资格的，由县级以上人民政府文化主管部门予以撤销，责令返还项目保护经费或者传承补贴，处以 1 000 元以上 1 万元以下罚款，有违法所得的，没收违法所得。

第四十九条　违反本条例第十一条规定的，由县级以上人民政府文化主管部门对考察、调查、采访、实物征集等活动者予以警告，责令改正；情节严重的，处以 1 000 元以上 1 万元以下罚款。造成不良影响的，责令消除影响；损毁非物质文化遗产的资料、实物的，依法承担赔偿责任。

第五十条　违反本条例第十九条规定，项目保护责任单位不履行职责的，由县级以上人民政府文化主管部门责令限期改正；导致非物质文化遗产实物、资料损毁、流失的，对项目保护责任单位和直接责任人处以 1 万元以上 3 万元以下罚款。

第五十一条　违反本条例第三十二条第二款规定，情节轻微的，由县级以上人民政府文化、住房和城乡建设等有关部门给予警告，责令限期改正；拒不改正，情节严重的，处以 2 000 元以上 2 万元以下罚款。

第五十二条　违反本条例第四十四条规定，情节轻微的，由县级以上人民政府文化主管部门给予警告，责令改正；造成不良影响的，责令消除影响，并处以 1 万元以上 10 万元以下罚款。

第九章　附　则

第五十三条　对传统医药、传统工艺美术等的保护，其他法律、行政法规另有规定的，依照其规定。

第五十四条　本条例自 2012 年 5 月 1 日起施行。2002 年 7 月 30 日贵州省第九届人民代表大会常务委员会第二十九次会议通过的《贵州省民族民间文化保护条例》同时废止。

附录五　贵州省黔南布依族苗族自治州促进茶产业发展条例

(2014 年 2 月 21 日黔南布依族苗族自治州第十三届人民代表大会第 4 次会议通过，

2014 年 5 月 17 日贵州省第十二届人民代表大会常务委员会第 9 次会议批准)

第一章　总　则

第一条　为了保护利用茶产业资源，维护茶叶正常生产经营活动，促进茶产业可持续发展，根据国家有关法律、法规的规定，结合自治州实际，制定本条例。

第二条　在自治州行政区域内进行茶产业相关活动，适用本条例。

本条例所称的茶产业是指茶树品种选育繁育、种植、加工、综合利用、包装、营销、品牌建设以及与茶文化、教学科研相关的活动等。

第三条　自治州、县（市）人民政府应当加强茶产业发展工作的领导，健全与茶产业发展目标任务相适应的工作机构，建立茶产业发展机制。

第四条　自治州人民政府应当制定以都匀毛尖茶为龙头的全州茶产业发展规划，县级人民政府根据全州茶产业发展规划制定本行政区域茶产业发展规划及年度计划。

茶产业发展规划应当与土地利用、林地保护利用、水土保持、生态环境保护、旅游以及自然保护区等规划相衔接。

第五条　自治州、县（市）人民政府农业（茶产业）主管部门负责本行政区域内的茶产业发展工作，其主要职责：

（一）编制茶产业发展规划，制定茶产业政策措施；

（二）制定茶产业项目资金计划，监管项目实施及验收；

（三）茶产业技术指导及服务、调查研究、培训与交流；

（四）茶叶品牌宣传，茶文化的挖掘、保护、传承及推广；

（五）都匀毛尖证明商标、都匀毛尖茶地理标志产品保护的推广应用；

（六）其他相关工作。

第六条　自治州人民政府农业（茶产业）、发展与改革、财政、林业、环保、食品药品监督、国土资源、住房与城乡建设、质量技术监督、工商行政管理、供销、文化、水利、教育、扶贫等有关部门和组织应当按照各自职责，研究制定相应的茶产业发展扶持措施，促进茶产业可持续发展。

第七条　自治州、县（市）人民政府应当支持茶叶行业组织依法开展茶产业相关活动，对在茶产业发展工作中做出突出贡献的单位和个人给予表彰和奖励。

第二章　保护与发展

第八条　自治州人民政府农业（茶产业）主管部门应当会同县级人民政府加大对优良地方茶树种质资源的保护、开发与利用，重点开展都匀毛尖茶本地种、贵定鸟王种等地方品种的提纯复壮、繁育、推广和生产。鼓励和支持发展其他优良品种。

第九条　自治州人民政府应当依法加强都匀毛尖茶品牌保护和建设，以品牌带动茶产业的健康发展；鼓励和支持其他品牌的发展，扶持系列茶产品开发。

第十条　自治州人民政府农业（茶产业）主管部门及有关职能部门应当加强都匀毛尖茶品牌的统一管理。符合都匀毛尖茶地方标准生产加工的法人、组织及个人，可申请使用都匀毛尖证明商标和都匀毛尖茶地理标志产品保护。鼓励州内茶叶企业生产、销售都匀毛尖茶及其系列茶产品。

未取得都匀毛尖证明商标、都匀毛尖茶地理标志产品保护使用许可，任何法人、组织及个人不得生产加工都匀毛尖茶；未经商标持有人同意，不得以都匀毛尖、都匀毛尖茶名义举行或者参加各类茶叶奖项评选及其他重大茶事活动。

第十一条　自治州人民政府应当加强茶产业标准化建设，实行标准化体系管理。

茶叶生产企业、合作社及个人必须严格按照生产茶类技术标准组织生产、加工、销售。

第十二条　自治州、县（市）人民政府应当鼓励和支持企业、合作社及个人采取租赁、承包、转让土地经营权等方式建设符合茶产业发展规划的茶园基地。

第十三条　在茶园规划区禁止新建、改（扩）建对茶园土壤、水源、空气等产生污染的企业，原有企业产生污染的应当按照国家和自治州人民政府的相关规定治理污染或者搬迁。

第十四条　自治州、县（市）人民政府鼓励和支持在茶园中推广使用生物有机肥，开展测土配方施肥，推广病虫害综合防治技术，实施精细化管理、集约化经营，提高茶叶质量和产量。

禁止使用剧毒、高毒、高残留农药及重金属超标肥料。严禁生产和销售重金属、农药残留超标的茶叶产品。

第十五条　自治州、县（市）人民政府应当建立茶叶质量安全追溯信息服务平台，实行茶叶质量可追溯制度。

茶叶生产企业、合作社及个人应当建立茶叶生产备案制度，做好对所生产茶叶的检验检测，不得伪造茶叶生产记录。

茶叶经营企业应当建立购进、销售茶叶产品的登记制度，如实记录茶叶的名称、等级、规格、数量、供货者、进货日期等内容。

第十六条　自治州、县（市）人民政府相关行政主管部门对符合条件的茶叶企业、合作社以及茶产品手工制作企业和个人申报食品生产许可证的，应当及时办理。

第十七条　自治州内成品茶包装和标识应当符合国家有关规定，减少包装性废物的产生；成品茶包装应当标明产品的名称、引用标准、质量等级、产地、生产者、生产日期、保质期等内容。

第十八条　自治州、县（市）人民政府应当加强茶叶物流基础设施和茶叶交易平台的建设，鼓励和扶持企业、个人建立都匀毛尖茶直销、代销、批发或者电子商务等销售平台。

第十九条　自治州、县（市）人民政府应当加强茶叶科学技术研究机构建设，鼓励和支持教学科研机构、茶叶企业开展茶树优良品种选育繁育、茶叶高产优质栽培、精深加工等技术的研发推广；鼓励和支持茶叶加工企业进行技术改造、技术创新；茶产业科技成果转化项目按照有关规定享受优惠政策。

第二十条　自治州、县（市）人民政府农业（茶产业）主管部门、科技教育部门应当加强茶叶新品种、新技术、新工艺、新产品、新机具、新农药、新肥料的推广应用。

第二十一条　自治州、县（市）人民政府农业（茶产业）主管部门、人力资源、教育等部门应当加强茶叶种植、加工、营销和茶文化等方面的人才培养、引进和使用，开展技能鉴定和职称评定。有条件的大中专院（职）校可以开设茶产业专业，培育茶产业人才，促进茶产业人才队伍建设。

第二十二条　自治州、县（市）人民政府对列入非物质文化遗产保护名录的茶叶传统制作技艺及其传承人给予保护，鼓励和支持其培养手工制作技艺传承人。

第二十三条　自治州人民政府应当定期举办都匀毛尖茶文化节及茶艺大赛等茶事活动，推动茶文化有序健康发展。

自治州、县（市）人民政府鼓励和支持各类茶叶行业组织开展茶文化建设，挖掘整理茶叶历史、民俗、典籍、民族茶艺等，开发茶乡旅游及茶旅产品，支持茶叶行业组织开展茶叶产品评定及各种茶事活动，普及茶叶知识。

第三章　保护措施

第二十四条　自治州、县（市）人民政府设立茶产业发展专项资金，列入财政预算，重点支持都匀毛尖和贵定鸟王茶树种质资源保护、优良品种选育繁育和应用推广、有机茶园建设、茶叶质量检验检测、茶叶品牌提升、茶叶营销渠道及茶文化建设等。

自治州、县（市）两级人民政府农业（茶产业）、发展与改革、工业与信息化、财政、国土资源、住房与城乡建设、交通运输、水利、商务粮食、林业、环保、扶贫等部门应当按照茶产业发展目标任务，安排项目资金支持茶产业发展，其项目资金规模要与目标任务相适应。

第二十五条　县级人民政府应当制定茶产业自然灾害防控预案。

第二十六条　自治州、县（市）茶园规划区内土地开发项目形成的新增耕地适宜种茶的应当用于种植茶叶。

自治州、县（市）人民政府鼓励社会资本投资进行种植茶叶的土地开发，土地开发项目达到新增耕地标准并种植茶叶的，国土资源部门应当予以验收。

茶叶企业、合作社及个人建设茶叶加工厂及配套设施需用土地的，优先安排建设用地指标，用地企业只承担土地征收或者征用费的成本部分，已建成的加工厂厂房及配套用房应依法办理产权证。

第二十七条　茶叶企业、合作社、个人以及国有企业种植、租赁、承包、转让茶园需要办理林权证的，有关行政主管部门应当在60日内办结。

自治州茶叶生产基础设施建设项目需要征收征用林地的，国土资源、林业行政主管部门应当依法优先办理。

自治州、县（市）人民政府鼓励和支持茶园参与政策性森林保险或者农业保险。

第二十八条　自治州、县（市）人民政府应当采取措施，引导和规范茶叶合作社健康发展，鼓励支持茶农以茶园进社入股，提升茶叶合作社组织化程度及服务能力，对符合条件的茶叶合作社应当优先安排财政专项和涉农项目资金支持。

鼓励和支持茶叶合作社整合资源，实行联合或者重组，建立茶叶合作社联合社。

第二十九条　鼓励金融机构开发、创新适合茶产业发展的金融产品和服务，增加对茶产业项目的信贷投入。

鼓励保险机构做好茶产业灾害保险服务。

第三十条　自治州、县（市）人民政府应当制定茶产业招商引资优惠政策，对入驻的规模引资企业在土地、品牌宣传、基础设施建设等方面给予扶持。

第四章　法律责任

第三十一条　违反本条例第十一条第二款规定，生产、销售不符合生产茶类加工技术标准茶叶产品的，由相关职能部门没收不合格茶叶产品；不合格茶叶产品货值金额不足1万元的，并处1万元罚款；货值金额1万元及以上的，并处货值金额2倍以上5倍以下罚款。

第三十二条　违反本条例第十三条规定，属于企业治理污染而未治理的，按照有关法律法规处理；属于应搬迁拒不搬迁的，由自治州、县（市）人民政府责令限期搬迁，费用由责任企业负担。

第三十三条　违反本条例第十四条第二款规定，使用重金属超标肥料或者剧毒、高毒、高残留超标农药的，视其危害情节，由相关职能部门给予警告，并处3 000元以上3万元以下罚款；对生产和销售重金属、农残超标的茶叶产品予以没收、销毁处理，并处3 000元以上3万元以下罚款；构成犯罪的，依法追究刑事责任。

第三十四条　自治州、县（市）人民政府农业（茶产业）、国土资源、住房与城乡建设、林业等相关部门相关工作人员，在促进茶产业可持续发展工作中玩忽职守、滥用职权、徇私舞弊的，依法给予行政处分；构成犯罪的，依法追究刑事责任。

第三十五条　违反本条例的其他违法行为，法律、法规有规定的，从其规定。

第五章　附　　则

第三十六条　自治州人民政府可以根据本条例的规定制定具体实施细则。

第三十七条　本条例自2014年7月1日起施行。